BIBLIOTHÈQUE MORALE

DE

LA JEUNESSE

—

SÉRIE IN-4°

Pillage d'un village d'Esquimaux par les Indiens de l'Amérique du Nord.

VOYAGE

AU

PAYS DES ESQUIMAUX

TRADUIT DE L'ANGLAIS (de Robert Michael Ballantyne)

Par Mme SAMUEL FRÈRE

Avec gravures dans le texte

ROUEN

MÉGARD ET Cie, LIBRAIRES-ÉDITEURS

1881

PRÉFACE.

L'histoire suivante a pour but de mettre en lumière une des phases de la vie des commerçants de fourrures dans les sauvages régions de l'Amérique du Nord, qui sont entourées par la baie d'Hudson. La plupart des incidents qui constituent ce récit sont réels ; on n'a eu recours à la fiction que pour donner aux faits une forme plus compréhensible.

Si ce volume a l'avantage de tomber entre les mains de ceux qui ont eu une part active au premier établissement d'*Ungava*, ils nous pardonneront, sans doute, la liberté que nous avons prise de mettre en scène leurs personnes et de raconter leurs aventures en dénaturant parfois la matérialité des circonstances. Les transpositions et les modifications sont quelquefois nécessaires pour construire une histoire intéressante, en dehors des faits bruts et exacts. Nous saisissons cette occasion d'exprimer notre reconnaissance au chef de cette expédition, qui a bien voulu mettre à notre disposition les matériaux nécessaires à l'aide desquels ce volume a été écrit.

VOYAGE

AU

PAYS DES ESQUIMAUX.

I.

La forêt et les enfants perdus. — Un bon coup de fusil. — Une consultation. — Une montagne de glace. — Un danger vu de près.

— Ohé ! ohé ! Où êtes-vous? cria une voix qui retentit dans le vallon de la forêt, comme les vibrations d'une trompette d'argent dont la sonorité attesterait des poumons de cuir et un gosier d'airain. Ohé ! ohé !...

Les sons éclatants s'éteignirent, et l'on n'entendit plus que le bruissement du vent dans le feuillage. Le jeune homme dont l'acclamation avait troublé les échos environnants s'appuya sur le canon de son long fusil, et resta immobile comme une statue, la tête légèrement inclinée de côté, comme s'il attendait une réponse. Mais la réponse ne vint pas. Un écureuil descendit d'un pin voisin et se posa sur une branche, la queue et les oreilles levées. Ses petits yeux noirs brillaient d'un vif éclat ; il était comme surpris de la témérité de celui qui osait troubler par sa voix puissante les profondes solitudes de ce désert.

L'homme et l'animal gardèrent longtemps cette attitude particulière : on eût dit qu'ils étaient pétrifiés. Quoi qu'il en soit, le charme finit par se rompre. Le bruit sonore d'un fusil de chasse se fit entendre à une petite distance. Immédiatement l'écureuil disparut ; en un clin d'œil il gagna la cime d'un arbre élevé. Quant au jeune homme, un sourire de satisfaction lui vint aux lèvres ; il mit son fusil sur son épaule, et, faisant volte-face, il partit rapidement dans la direction indiquée par le coup de fusil. Quelques minutes de marche le menèrent du côté d'un petit ruisseau, sur les bords duquel était assis un chasseur, ayant à ses pieds une oie morte, et à son côté un fusil. L'abondance des cheveux gris qui brillaient comme des fils d'argent parmi les boucles noires de ses tempes, prouvait qu'il avait passé le midi de la vie ; néanmoins le port élevé de sa haute stature et la vivacité de ses yeux noirs attestaient également qu'il avait conservé la vigueur de la jeunesse.

— Quoi ! Stanley, dit le jeune homme en approchant, j'ai crié à me rompre la gorge depuis une demi-heure au moins. En vérité, je commençais à penser que vous m'aviez abandonné tout à fait.

— En ce cas, Frank, répondit l'autre, je vous aurais traité comme vous le méritez, car votre gibecière vide me prouve que vous êtes un indigne camarade de chasse.

— Allons, allons, ami, ne vous vantez pas, répliqua le jeune homme avec un sourire. Sans doute, cette oie volait encore dans les environs il n'y a pas dix minutes. Si j'étais arrivé une demi-heure plus tôt, je suppose que vous ne m'eussiez pas accueilli dans les mêmes termes, car je n'ai vu ni plume ni poil, excepté un écureuil sur un arbre, depuis que je vous ai quitté ce matin.

— Moi, j'ai été également malheureux jusqu'au moment où le hasard me fit rencontrer cette oie infortunée ; maintenant que je lui ai envoyé mon coup de fusil, j'ai assez de la promenade, et je vais retourner au fort. Qu'en dites-vous ? Voulez-vous aller dans mon canot ou marcher ?

Le jeune homme resta silencieux pendant quelques secondes ; puis, sans répondre directement à la question qui lui était posée, il reprit :

— A propos, n'est-ce pas cette nuit que vous essayez de faire une autre tentative pour amener les hommes à faire partie de l'expédition ?

— En effet, répliqua Stanley avec un léger froncement de sourcils.

— Et s'ils persistent à refuser de partir ?

— J'essaierai encore une fois. Je leur ferai honte de leur lâcheté ; enfin, s'ils n'acceptent pas, je les convaincrai par de plus puissants arguments que des mots.

— Il n'y a pas à cela de lâcheté, vous leur faites injure, dit Frank en secouant la tête.

— Cela se peut, jeune homme, vous avez raison, repartit Stanley avec un sourire qui corrigea les plis dédaigneux de ses lèvres. Ils ne se soucient pas plus du danger de l'expédition que de toute autre chose, cela est bien possible ! Ils hésitent simplement, parce qu'ils craignent d'isoler leur vie dans les solitudes d'Ungava.... Mais nous n'y pouvons rien, Frank.... Avant tout, les intérêts de la compagnie ! Ainsi, ils partiront ; il le faut, qu'ils le veuillent ou non.... N'importe, je suis ennuyé de cette difficulté inattendue, car il y a une différence considérable entre des hommes qui s'engagent spontanément et des hommes qui partent parce qu'ils ne peuvent faire autrement.

Le jeune homme frotta lentement la monture de son fusil avec la manche de son manteau, et regarda son ami, comme s'il eût compris ses chagrins.

— Si Prince était seulement ici, dit-il en levant la tête, il n'y aurait pas de difficultés. Ces braves gens ont besoin d'un camarade hardi, qui marche en avant et leur montre le chemin : celui-là, ils le suivraient au pôle nord, s'il le fallait, tandis qu'ils soupçonnent notre empressement, comme si nous ne cherchions qu'un prétexte pour voyager ; d'ailleurs je ne vois pas pourquoi nous aimerions la vie plus qu'eux-mêmes.... Ah ! si Prince était là !

— Bien, bien, Prince n'est pas ici, donc nous devons faire le mieux possible sans lui, dit Stanley.

Tout à coup on entendit à quelque distance le cri perçant d'une oie.

— La voilà ! Couchez-vous, s'écria Frank.

Et il se lança derrière le tronc de l'arbre, à côté de son compagnon. Tous deux commencèrent à imiter à haute voix le cri de l'oiseau. En sa qualité d'oie, la bête fut assez sotte pour accepter l'invitation. Elle vola directement vers eux, comme les oies le font toujours au printemps lorsqu'elles sont appelées ; mais elle passa à une telle distance, que l'aîné des deux chasseurs crut devoir abaisser son arme.

— Elle est trop loin, Frank, vous êtes sûr de la manquer.

— Vous croyez cela ! répliqua son compagnon, en s'indignant d'une remarque aussi déplacée.

Il visa rapidement et fit feu. Pendant quelques minutes, l'oie continua à voler en s'éloignant, sans paraître blessée ; mais tout d'un coup elle s'abattit lourdement sur le sol.

— Bravo ! mon ami, cria Stanley. Allons, n'ayez pas l'air vexé ; je plaisantais. Je sais que vous êtes un fin tireur ! Maintenant, ramassez votre oiseau, et jetez-le dans le canot ; car je m'en vais.

Pendant que Frank rechargeait son fusil et ramassait son oie, Stanley se rendait près de la petite rivière, où il dégageait sa légère embarcation des longues herbes et des joncs qui la cachaient presque à la vue.

— Dépêchez-vous, Frank, cria-t-il, voici la glace qui remonte avec la marée et qui entre dans l'anse.

A une petite distance, en effet, de l'endroit où étaient les deux hommes, coulait une large rivière dont le courant conduisait à quelques milles de là dans la baie de Saint-James. Comme tout le monde le sait, cette baie est située au sud de la baie d'Hudson, dans l'Amérique du Nord. L'embouchure de la rivière a deux milles environ de largeur ; et ses rivages étant fort bas de chaque côté, elle a l'aspect d'un immense lac. Au printemps, après la destruction de la glace, ses eaux sont chargées de champs de glace, et plus tard ces masses se désagrégent, suivent l'impulsion de la marée, et se portent avec le flot tantôt sur un point, tantôt sur un autre. C'était l'approche de ces glaces qui provoquait la réflexion de Stanley.

Le jeune homme s'élança vers le canot, où son camarade était déjà assis ; il y plaça l'oiseau mort, et donna à la barque un puissant élan.

— Allez, pressez-vous, s'écria-t-il. Vous n'avez pas de temps à perdre. Moi, je ferai le tour par le bois.

En effet, il était grand temps de partir ; l'énorme masse venait rapidement fermer l'anse et rétrécir le seul passage par lequel le canot devait, en s'échappant, rejoindre la rivière. Stanley pouvait à la vérité, s'il le voulait, tirer son canot sur le bord et rejoindre son habitation par un circuit à travers les bois ; mais, en agissant ainsi, il perdrait beaucoup de temps et se mettrait dans la nécessité de transporter lui-même son fusil, sa couverture, sa bouilloire en fer-blanc, et l'oie par-dessus le marché. Ses larges épaules étaient admirablement disposées pour un tel fardeau ; mais il n'en préférait pas moins le canot à la voûte terrestre. Après tout, le seul risque qu'il courait était de mettre sa chaloupe en pièces. Aussi, plongeant vigoureusement sa rame dans l'eau, il glissa sur le canal comme une flèche, et se jeta dans le milieu de la large rivière, juste au moment où la glace touchait le rivage et s'y brisait en mille morceaux.

— Parfait ! cria Frank en saluant du chapeau, comme s'il approuvait le succès de son ami.

— Ça y est, répondit Stanley, en regardant aussi par-dessus son épaule.

Peu de temps après, le canot disparaissait derrière un groupe de saules qui croissaient à l'embouchure de la rivière ; le jeune homme resta seul. Pendant quelques minutes il contempla l'endroit derrière lequel son compagnon venait de disparaître ; puis, donnant un regard rapide à l'amorce de son fusil, il le chargea sur son épaule. Enfin, sautant rapidement sur le rivage, il s'enfonça dans l'épaisseur des taillis qui bordaient la forêt.

II.

Le quartier général. — Les hommes. — Disputes et incertitudes. — Singulière utilisation de la peau humaine après la mort. — Rébellion.

Moose-Fort est le quartier général des commerçants qui exercent leur profession dans presque toutes les parties des régions inhabitées de l'Amérique du Nord ; il est situé sur une île, et près de l'embouchure d'une rivière. Comme la plupart des établissements des commerçants de fourrures, il se compose d'un groupe de bâtiments en bois, éloignés de tout voisinage, de toute influence sociale, loin du monde civilisé, et entourés par le désert primitif.

Les seuls tenants de Moose-Fort étaient, au moment où commence ce récit, un petit nombre de tribus d'Indiens Muskigons, qui se nourrissent exclusivement de la chair des animaux sauvages, et se vêtissent de peaux de bêtes.

Le luxe était inconnu à Moose-Fort ; les murs des maisons, formés de palissades en planches peintes ou non peintes, à l'intérieur, servaient plutôt de défense que d'ornement. Les planchers, les plafonds, les chaises, les tables ; en un mot, tout l'ameublement était également en bois.

On avait élevé un échafaudage autour des bâtiments environnants. Du haut de cet observatoire, on plongeait le regard sur la mer. C'est là qu'on épiait l'arrivée du navire anglais qui revenait chaque année sur les côtes pour nouer des relations d'affaires.

Plusieurs larges canons étaient placés devant la porte ; mais leur rôle était plutôt ornemental que pratique ; ils ne faisaient feu que pour saluer l'arrivée et le départ du navire attendu. Le premier coup de canon ouvrait les portes de communication entre Moose et l'Angleterre ; le second les refermait sur ses domaines glacés, jusqu'à l'année suivante.

Il y a un siècle et demi environ, une bande de commerçants aventureux de la baie d'Hudson abattirent les premiers arbres et plantèrent leurs tentes sur les rivages de la baie de Saint-James. Jusqu'ici, les générations successives des commerçants de fourrures ont gardé ce poste. A peine existe-t-il une trace d'habitation humaine autour de l'établissement, au delà de quelques milles. Le fort est bâti depuis bon nombre d'années. On l'a complété par l'érection de nouveaux bâtiments ; mais, en somme, son aspect n'a pas changé, et il est probable qu'il restera perdu dans sa solitude pendant longtemps encore.

Néanmoins, Moose est une place confortable. Comparé avec les autres établissements du même genre, c'est un vrai palais, un temple luxueux. Il y a là des hommes qui, en pensant aux cahutes où ils habitaient auparavant, et où l'on mourait de froid et de désolation, se trouvent à Moose-Fort comme dans un paradis terrestre.

Frank Morton, que nous vous avons présenté au premier chapitre, avait dit, en arrivant à Moose, qu'il lui semblait voir le rebut de la création. Pendant six semaines, il s'était cru transporté aux antipodes de la civilisation. Egaré dans les forêts inhabitées et sur les bords de rivières inconnues, il avait éprouvé, en arrivant, un sentiment de désolation si vif, qu'il appelait ce lieu « un horrible trou. » Mais Frank était d'un caractère gai, joyeux et franc; il ne fut pas longtemps sans aimer profondément le vieux fort. Pauvre garçon ! il apprit à ses dépens qu'il n'avait eu jusqu'ici qu'une notion inexacte du mot solitude.

On comptait à peu près trente humains à Moose, lorsque Stanley, un des principaux commerçants de fourrures de la place, reçut du gouverneur l'ordre de réunir une troupe d'exploration et de préparer une expédition dans le nord du désert, afin d'établir une station à plusieurs centaines de milles de là, sur les rivages de la baie d'Ungava.

Personne à Moose n'avait encore monté si haut, personne ne se doutait de la route à suivre. A peine avait-on recueilli les vagues indications de quelques Indiens. Le seul point établi sur la question était que les indigènes se composaient de tribus d'Esquimaux, toujours en guerre avec les Indiens, et massacrant ceux qui tombaient en leur pouvoir.

Quelles pouvaient être les ressources du pays en bois de charpente, en provisions? Personne ne le savait; et, heureusement pour le succès de l'expédition, personne n'y pensait. Cette indifférence absolue pour les dangers futurs était d'ailleurs une garantie de succès.

Le lecteur connaît déjà quelques-uns des chefs de l'expédition.

Georges Stanley mesurait à peu près six pieds; il avait quarante ans, et était doué, à un extrême degré, d'une décision de caractère qui pouvait être taxée d'entêtement, en dépit de sa bonne humeur. Il était délibéré dans tous ses mouvements, et exerçait sur ses sentiments un contrôle qui n'excluait point une disposition naturelle à l'enthousiasme. Il était marié et avait une fille de dix ans. Ce rôle de père de famille pouvait à première vue sembler contradictoire avec celui de chef d'expédition; mais le directeur général de la société formée par les commerçants en fourrures ne le pensait pas. Il avait recommandé à Stanley de laisser sa famille à Moose jusqu'à ce qu'un établissement fût construit et un hiver passé à Ungava. Elle pourrait alors le rejoindre là-bas.

Quant à Frank Morton, il avait un pouce de plus que son ami Stanley. Une abondante chevelure, des yeux bleus, l'air enjoué, vingt-deux ans, fort et vigoureux, tel était son signalement.

Il était présent, par hasard, lorsque Stanley lut la dépêche qui lui donnait l'ordre de partir. Aussitôt il s'élança de sa chaise, en la faisant tomber, et se précipita vers la porte, qu'il ferma brusquement devant quatre de ses amis, afin d'être le premier volontaire et le second commandant. Cette offre fut d'ailleurs rendue inutile par l'exclamation de Stanley au moment où Frank entra dans la chambre.

— Frank, mon garçon, vous êtes l'homme même que je désirais voir. Voici une lettre du directeur, m'ordonnant de partir pour une expédition à Ungava. Maintenant, il me faut des volontaires. En êtes-vous ?

Il est inutile d'ajouter que les yeux bleus de Frank étincelèrent avec animation, lorsqu'il saisit la main de son ami, en répliquant :

— Jusqu'au pôle nord, si vous voulez; et plus loin, s'il est besoin.

Il était nuit; le soleil dorait le haut des hampes des pavillons, et y déposait comme un baiser d'adieu. Les habitants de Moose-Fort, ayant fini leur journée, faisaient les préparatifs pour le repas du soir. Sur le bout du quai qui rejoignait le fleuve, était pittoresquement rassemblée une troupe de personnes, qui, d'après le ton sérieux de leur conversation et l'énergie de leurs gestes, discutaient un sujet plus intéressant que les questions ordinaires. Plusieurs étaient vêtus de culottes de gros velours, nouées sur le genou par des liens de peau de daim; leurs grosses chemises de coton rayé, ouvertes au cou, laissaient voir leurs poitrines brûlées par le soleil. Peu d'entre eux portaient des casquettes; mais elles étaient si loin de leur forme primitive, elles avaient été déformées par un tel service, qu'elles étaient devenues indescriptibles. Aussi plusieurs de ces hardis pionniers se contentaient-ils du couvre-chef fourni par leur épaisse chevelure.

— Non, non, s'écria un petit homme court, épais, au regard légèrement ironique, j'en ai vu plus qu'assez de ces coquins d'Esquimaux. Il est heureux pour moi d'être ici à l'heure qu'il est; car j'ai bien manqué d'être changé en *don*, et d'aller me faire pendre dans la baie d'Hudson, à la queue d'une baleine blanche, comme ce pauvre Peters!

— Qu'est-ce qu'un don? demanda un jeune mulâtre récemment arrivé à Moose, et qui connaissait peu les outils des Esquimaux.

— Quel cornichon vert tu es, François! pour ne pas savoir ce qu'est un don, répliqua l'autre en se moquant. Eh bien! c'est une sorte de voiture nautique que les Esquimaux attachent à la queue d'un dauphin ou d'un cheval de mer, lorsqu'ils désirent se promener. S'ils ne peuvent pas se procurer un cheval de mer, ils attrapent une baleine blanche endormie et l'éveillent, après avoir attaché le don à sa queue. Je suppose qu'ils ont des sorciers ou des enchanteurs parmi eux, puisque Massan nous a dit tout à l'heure que le pauvre Peters était....

— Farceur, interrompit François avec un sourire, en se retournant vers le premier matelot. Dites-moi donc, Massan, ce que c'est qu'un don.

— C'est une sorte de bouée, mon garçon, en usage chez les Esquimaux, et faite de la peau d'une loutre. Ils l'attachent avec une longue ligne au javelot dont ils frappent la baleine, afin d'indiquer quel chemin suit le cétacé quand il est atteint.

— Mais se sont-ils servis de la peau de Peters pour un tel usage? demanda sérieusement François.

— Parfaitement, répondit Massan.

— L'avez-vous vu?

— Oui, je l'ai vu.

François regarda fixement le visage de son camarade; mais Massan était un malin, qui ne sourcillait guère, et ce fut avec le plus imperturbable sang-froid qu'il continua.

— Oui, je l'ai vu, et je ne pus être d'aucun secours au pauvre enfant; car j'étais couché alors tout près, derrière un roc, avec une flèche piquée entre mes épaules, pendant qu'une vingtaine de ces graisseux personnages hurlaient autour de moi et brandissaient leurs lances sur ma tête.

— Racontez-nous donc votre aventure, Massan.

— Ecoutons, dirent les hommes en chœur, en se mettant en cercle autour de leurs camarades.

— Soit, commença le pionnier, en bourrant sa pipe avec le contenu d'une élégante blague suspendue à son ceinturon. Voici le point de départ. C'était environ vers l'année..... J'ai oublié l'année; mais c'est sans conséquence. Nous reçûmes l'ordre de partir pour une expédition chez les Esquimaux, exactement comme celle qu'on organise maintenant.... Mais vous avez entendu parler de cette entreprise, mes enfants?

— Oui, oui, nous savons tout ce qui la concerne. Passez.

— Bien, continua Massan, je ne perdrai pas mon temps à vous dire comment nous manquâmes l'affaire, comment les Esquimaux tuèrent plusieurs de nos hommes et brûlèrent notre navire à fleur d'eau. J'étais, comme je l'ai dit, couché derrière un gros rocher, dans une sorte de cave, regardant ces hideux scélérats, pendant qu'ils dansaient sur le rivage et prenaient possession de nos provisions. Tout à coup, j'en aperçus deux d'entre eux traîner Peters sur le bord, et je vis, lorsqu'il passa, qu'il était mort. En moins de temps que je n'en mets à compter cent, ils l'écorchèrent, lui coupèrent la tête, lièrent ses bras et ses jambes comme un nœud, le remplirent de vent, jusqu'à ce qu'il fût ballonné, et le suspendirent à une branche pour le faire sécher au soleil. En fait, ils en firent un *don.*

Un long éclat de rire accueillit cette conclusion.

Nous devons rendre à Massan cette justice que, quoiqu'il eût l'habitude d'amuser ses compagnons, en leur racontant des anecdotes exclusivement tirées de son imagination féconde, il ne les trompait jamais; mais il leur donnait invariablement à entendre, soit par un regard, soit par la forme même de sa communication, que ce n'était pas un fait vrai, mais une fiction.

— Maintenant, dit-il, passons à un autre sujet, mes enfants.

— Soit, reprit François, dont l'intelligence, reflétée par une grave et mâle physionomie, était encore rehaussée par sa stature, ensemble de qualités qui le faisaient considérer par ses compagnons comme un guide et un conseil. Que pensez-vous, mes enfants, du plan de notre patron? En ce qui me concerne, je veux bien partir pour n'importe quel coin de pays où il y a des fourrures et des Indiens; mais, quant à cette Ungava dont parle Massan, on n'y voit ni Indiens, ni fourrures, ni vivres. Pas autre chose que des rocs, des montagnes, et l'hiver éternel. Si nous retrouvons les Esquimaux, ils nous traiteront probablement comme ils le firent pendant la dernière expédition de Richmond Gulf.

— Vous pourriez dire, François, cria un des autres, pas autre chose que le froid et la famine, et personne pour nous enterrer quand nous serons morts.

— Excepté les Esquimaux, riposta un quatrième, qui ne se priveront pas de nous convertir en dons.

— Taisez-vous, mon bon; arrêtez votre langue, cria François, impatienté; c'est à nous de traiter l'affaire. Vous savez que M. Stanley espère avoir une réponse ce soir. Qu'en pensez-vous, Gaspard? Partirons-nous? Resterons-nous?

L'individu mis en jeu était un beau type d'animal, mais nullement un spécimen du genre humain. Ses proportions gigantesques, sa taille haute comme le tronc d'un peuplier, sa force d'hercule, ses yeux brillants, ses longs cheveux noirs, et la couleur de sa peau, disaient éloquemment son origine mulâtre. Sa physionomie n'était pas d'accord avec ses belles proportions physiques. Ses traits étaient beaux à la vérité, mais ils exprimaient une expression sournoise, même lorsqu'il était content. Il y avait plus de sarcasme que de jovialité dans le regard de Gaspard, lorsqu'il consentait à rire.

— Je veux être tué si je participe à un pareil fiasco, et quand ce serait pour le compte du meilleur patron, ajouta-t-il, en réponse à la question de François.

— Vous serez renvoyé du service, si vous ne le faites pas, remarqua Massan avec un sourire.

Gaspard ne poussa pas la condescendance jusqu'à répliquer. Il lui suffit de pousser un grognement peu aimable.

— Je pense que nous sommes presque tous du même avis sur ce point, continua François; et, cependant, je me sens à moitié honteux de refuser, lorsque je vois la bonne volonté avec laquelle MM. Stanley et Morton consentent à partir.

— Je suppose aussi que vous espérez être quelque jour patron, grogna Gaspard avec un haussement d'épaules.

— Et toi, gros chien? cria François avec des yeux flamboyants, s'avançant les poings fermés vers son mauvais camarade.

— Allons, François, ne vous querellez pas pour rien, dit Massan, interposant ses larges épaules entre eux et le renvoyant vigoureusement au loin.

Délibération orageuse entre plusieurs matelots.

A ce moment, une exclamation de l'un des hommes détourna l'attention des autres :

— Voilà le canot !

— Ah ! c'est le canot de M. Stanley; je l'ai vu partir ce matin avec M. Morton pour le marais.

— Je suis curieux de savoir ce que Dick Prince aurait fait dans cette occurrence, s'il eût été ici, dit François à voix basse à Massan, tout en se rendant au-devant du canot de leur patron.

— Je ne sais. Je gage qu'il serait parti.

— Il n'a aucune chance d'être de retour à temps, je le crains.

— Non, à moins qu'il n'emprunte des ailes pendant un jour ou deux; sans cela, il ne peut être revenu de la chasse avant trois semaines.

Après quelques minutes, le canot aborda au débarcadère.

— Ici, mes enfants, cria Stanley en sautant sur le bord; un de vous mettra le canot sur le sable, l'autre portera ces oies à la cuisine.

Deux hommes s'empressèrent d'obéir, et Stanley, portant le fusil et les rames sous son bras, se dirigea vers la porte du fort.

Comme il passait sur le quai, près du groupe de travailleurs dont nous venons de parler, il se tourna vers eux et dit :

— Vous viendrez dans une heure dans la salle, mes enfants. Je pense que vous serez prêts à me donner une réponse.

— Oui, oui, monsieur, répondirent plusieurs d'entre eux.

— Nous ne partirons pas tous, suivant votre attente, dit l'un d'eux à voix basse à son camarade.

— Je ne le pense pas, murmura un autre.

— Que je sois pendu, brûlé et gelé, si je le fais, dit un troisième.

Pendant ce temps, M. Stanley monta rapidement vers sa demeure, laissant les hommes continuer leurs débats et agiter la question de savoir s'ils consentaient, oui ou non, à partir pour l'expédition décidée dans les régions éloignées d'Ungava.

III.

Stanley daigne consulter le sexe féminin. — L'opinion d'un enfant. — Où la persuasion manque, l'exemple triomphe. — Les premiers volontaires pour Ungava.

En regagnant son appartement dans un angle du principal édifice du fort, M. Stanley jeta son fusil et ses rames, puis, tirant une chaise auprès de sa femme qui travaillait à l'aiguille, il lui prit la main et poussa un profond soupir.

— Voilà, Georges, ce que vous aviez l'habitude de dire, lorsque vous étiez à bout de mots pendant les jours de notre cour.

— C'est vrai, Jenny, répliqua-t-il, en caressant son épaule avec une main, que les rudes travaux auxquels il se livrait habituellement avaient rendue rugueuse, et que l'air avait brunie. Mais la cause de ces soupirs est bien différente dans les deux cas. Autrefois c'était le langage de l'amitié, aujourd'hui c'est le signe de l'anxiété.

La femme de Stanley était fille de parents anglais qui étaient restés plusieurs années dans le pays des fourrures. Ne pouvant absolument pas l'envoyer à l'école, ils avaient entrepris de leur mieux l'instruction de leur seule enfant. D'abord, la tâche fut facile ; mais à mesure que vinrent les années, et que s'ouvrit le jeune esprit de Jenny, il devint extrêmement difficile de continuer son éducation dans un pays où l'on ne pouvait acquérir de livres, où les professeurs n'existaient pas.

Lorsque cette difficulté se présenta à eux pour la première fois, leur première pensée fut d'envoyer la petite en Angleterre, pour y terminer son éducation ; mais, étant incapables de partir avec elle, ils résolurent de se faire expédier en Amérique un choix de livres d'éducation et d'instruction. La mère de Jenny était une femme habile, accomplie, essentiellement pieuse, presque une femme du monde, de sorte que la petite fleur s'épanouit à l'ombre dans toute sa pureté, et devint une femme gentille, affectueuse, tout à fait distinguée par ses pensées et ses actions, bien qu'elle n'eût jamais vu que son père et sa mère.

La nature de Mme Stanley était sérieuse, elle n'eut pas plus tôt remarqué la préoccupation de son mari, qu'elle quitta instantanément le ton léger avec lequel elle s'était d'abord adressée à lui.

— Et qui vous tourmente maintenant, cher Georges ? dit-elle, en laissant son ouvrage et en le fixant avec ce regard droit et sincère qui avait autrefois mis en feu l'honnête cœur de l'homme des bois.

— Rien de très-sérieux, répliqua-t-il avec un sourire ; seulement ces braves gens ont mis dans leurs têtes stupides qu'Ungava est pire que le pays du Styx ; et après la rude bataille que j'ai livrée ce matin contre vous, pour vous forcer à rester ici un hiver sans moi, je vais avoir à entreprendre une autre lutte avec eux, pour les engager à s'enrôler.

— Avez-vous été victorieux ? demanda Mme Stanley.

— Non, pas encore.

— Pensez-vous réellement qu'ils ont peur de partir ? Prince a-t-il refusé ? Est-ce que François, Gaspard, Massan, seraient des poltrons ? demanda-t-elle, son œil étincelant d'indignation.

— Non, ma femme, non, ces hommes ne sont pas des poltrons ; néanmoins ils n'ont aucun entrain pour partir. Quant à Dick Prince, voilà huit jours qu'il est à la chasse ; je ne l'attends pas avant trois semaines ; alors nous serons déjà loin.

Mme Stanley soupira, comme si elle sentait l'impuissance de son rôle en pareille matière.

— Mais, Jenny, ceci était le moyen dont vous usiez lorsque vous étiez à court de mots, pendant les jours de notre cour, dit Stanley en souriant.

— Ah ! Georges, comme vous, je peux le dire, la cause en est l'anxiété ; que puis-je faire pour vous aider ?

— Vraiment, presque rien ; mais j'aime à vous parler de mes peines et à les exagérer plus qu'elles ne le méritent, afin d'exciter votre sympathie. Béni soit votre cœur, dit-il dans un subit élan d'enthousiasme ; je supporterais d'une âme légère les peines de chaque jour, si je pouvais toujours mériter comme une récompense un regard sérieux et aimant de votre fier œil bleu.

Stanley imprima un chaud baiser sur la joue de sa femme, en guise de péroraison à ce speech passionné, puis il se leva pour placer son fusil de chasse au-dessus du foyer, sur les chevilles où il l'accrochait ordinairement.

La porte s'ouvrit, et une petite fille, aux yeux brillants, à la mine rosée, bondit dans la chambre.

— Maman, maman, dit-elle en brandissant joyeusement une feuille de papier, regardez, j'ai fait le portrait de Chimo. Est-il ressemblant ? Pensez-vous qu'il soit ressemblant ?

— Venez ici, ma chère Edith, venez avec moi, dit Stanley, en s'asseyant sur une chaise et en étendant les bras.

Edith laissa le portrait du chien en la possession de sa mère, et, sans attendre l'ombre d'une appréciation sur son mérite artistique, elle courut vers son père, grimpa sur son genou, enlaça ses bras autour de son cou, et l'embrassa.

Edith n'était pas une belle enfant; mais bien dénaturé, en vérité, eût été le goût de celui qui eût relevé son manque de beauté. Ses traits n'étaient pas réguliers, son nez tournait au camus, et sa bouche était grande; mais, pour contrebalancer ses défauts, elle avait deux grands yeux bleus, profonds, de beaux cheveux dorés, un teint frais et une expression de douceur dans la bouche qui trahissait son bon caractère. Elle était vive dans tous ses mouvements, avec une allure douce et gracieuse qui la rendait excessivement séduisante.

— Aimeriez-vous à partir, mon ange, pour un pays lointain, loin, loin, dans le nord, là où il y a de hautes montagnes et de profondes vallées, habitées par de magnifiques daims, de grands lacs et des rivières remplies de poissons, plages singulières où le jour se montre à peine pendant le long hiver, et où la nuit est courte pendant le long et brillant été? Mon Edith aimerait-elle à partir là-bas?

La qualité dominante d'Edith était de s'intéresser facilement à tout ce qui lui était dit. Pendant que son père parlait, ses yeux le regardaient fixement, tandis que sa tête s'inclinait de côté; lorsqu'il s'arrêta, elle répondit: « Oh! beaucoup, beaucoup, en vérité, » avec une telle énergie, que ses parents se mirent à rire.

— Ah! ma chérie, si mes paresseux de compagnons avaient seulement un peu de ce souffle! dit Stanley en caressant la tête de l'enfant.

— Prince est-il un paresseux? demanda Edith anxieusement.

— Non, certainement. Pourquoi demandez-vous cela?

— Parce que j'aime Prince.

— Et n'aimez-vous pas tous les autres hommes?

— Non, répliqua Edith, avec quelque hésitation, ou du moins je ne les aime pas beaucoup, et il y en a même un que je déteste.

— Vous en détestez un, redit Mme Stanley ; venez ici, ma chérie.

Edith glissa des genoux de son père et alla sur ceux de sa mère, en ayant l'air d'avoir quelque chose à se reprocher.

Mme Stanley n'était pas une de ces mères qui, lorsque leurs enfants ont commis une faute, leur lancent un regard de profonde horreur, sauf à faire supposer aux spectateurs qu'il vient d'arriver à la maison quelque soudaine et effroyable catastrophe. Sachant que les enfants ne méritent pas l'emploi de pareils moyens, elle exprimait exactement ce qu'elle sentait, par un léger signe de physionomie. Elle constatait avec tristesse que son enfant était capable de nourrir une passion haineuse ; mais elle espérait, avec l'aide de Dieu, l'en détourner pour l'avenir. Aussi elle embrassa Edith sur le front, en lui disant doucement :

— Lequel d'entre eux haïssez-vous donc, chérie ?

— Gaspard.

— Et pourquoi le haïssez-vous ?

— Parce qu'il frappe mon chien, dit Edith, les yeux étincelants ; il est dur avec tout le monde, et surtout très-cruel pour les chiens.

— C'est un grand tort de Gaspard ; mais, ma chère Edith, ne vous rappelez-vous pas qu'il faut aimer ses ennemis ? C'est un tort de haïr qui que ce soit.

— Je le sais, maman, et je ne désire pas haïr Gaspard ; mais je ne puis faire autrement ; je souhaite toujours de ne pas le haïr, mais c'est impossible.

— Bien, mignonne, répliqua Mme Stanley en pressant l'enfant sur son sein ; ceci n'empêche pas que vous devrez lui parler doucement lorsque vous le rencontrerez. Voilà qui sera au moins possible. Maintenant, laissez-nous nous entretenir du pays lointain dont me parlait votre père ; je veux savoir ce qu'il a encore à nous en dire.

Pendant cette conversation, Stanley n'avait cessé de regarder par la fenêtre. Inattentif en apparence, il était en réalité très-sérieusement intéressé par ce qu'il entendait.

— Je voulais dire à Edith, reprit-il, que vous aviez consenti à me suivre au nord l'année prochaine, et que peut-être alors vous l'emmèneriez avec vous.

— Vous vous trompez, Georges, je n'ai pas donné de consentement ; vous m'avez fait une simple proposition. Mais pour vous dire la vérité, je ne l'aime guère : je ne puis m'habituer à l'idée de vous laisser partir sans nous. Je ne pourrais attendre jusqu'à l'année prochaine pour vous rejoindre.

— Allons, allons, Jenny, j'ai épuisé tous mes moyens de persuasion ; faites ce que vous jugerez être le mieux.

A ce moment, on entendit des voix dans la pièce voisine, qui n'était séparée de la chambre de Stanley que par une cloison en planches. Peu de minutes après, entra Georges Barney, le sommelier irlandais et le factotum en chef de l'établissement ; il annonça que tous les hommes attendaient à côté. Stanley, donnant à Edith un dernier baiser, se leva et entra dans la salle où François, Gaspard et Massan, étaient groupés dans un coin. A l'arrivée de leur patron, ils ôtèrent leurs casquettes et saluèrent.

— Bien, mes amis, dit Stanley avec un sourire ; vous avez, je l'espère, fait vos réflexions, vous venez vous enrôler pour l'expédition ?

Mais il s'arrêta, car il lut dans leurs yeux que leur intention était toute différente.

— Qu'avez-vous à dire ? continua-t-il brusquement.

Les hommes se regardèrent entre eux, et se tournèrent vers François, qui avait été évidemment désigné comme orateur.

— Venez, François, parlez, dit Stanley ; si vous avez quelques objections à faire, vous êtes libre de dire ici ce qu'il vous plaira.

Avant que François pût répondre, Frank Morton entra.

— Ah ! ah ! s'écria-t-il en déposant son fusil dans un coin, j'arrive à temps, je le vois, pour assister au conseil.

— J'étais en train justement de demander à François ses objections au départ, dit Stanley, tandis que son jeune ami prenait place à côté de lui.

— Des objections ! répéta Frank ; quelles objections peuvent inventer des esprits courageux ? Lorsqu'il s'agit d'une expédition aussi hardie, on devrait se disputer l'honneur d'être le premier volontaire !

A ces mots, on vit s'ouvrir la porte de l'appartement de Stanley, et sa femme apparut en tenant Edith par la main.

— Voici deux volontaires, dit-elle avec un sourire ; mettez-nous, je vous prie, en tête de la liste ; nous partirons avec vous, n'importe pour quelle partie du globe.

— Bravo ! s'écria Frank en levant Edith, dont il était le grand favori, et la serrant étroitement dans ses bras.

— Mais, chère femme, c'est de la folie, vous ne connaissez pas les dangers qui vous attendent.

— Peut-être non, mais vous les connaissez, cela me suffit.

— En vérité, Jenny, je ne les connais pas, je ne puis que les deviner ; mais j'en conviens, il est inutile d'argumenter davantage. Nous mettrons en tête de la liste votre nom et celui d'Edith.

— Et mettez le mien immédiatement après, dit une voix sonore, partie des derniers rangs des hommes.

Tous se retournèrent étonnés.

— Dick Prince ! s'écrièrent-ils, vous ici !

— Moi-même, mes amis ; je suis ici, et fâché d'être arrivé à temps pour apprendre que vous hésitiez à partir, lorsque vous devriez vous réjouir d'aller en avant.

— Mais comment arrivez-vous si opportunément, Prince ? demanda Stanley.

— Un Indien, que j'ai rencontré, m'a parlé de vos projets de voyage; j'ai pensé que vous alliez avoir besoin de moi, et je suis revenu le plus promptement possible. Me voilà prêt à m'enrôler, et François aussi, continua-t-il en fixant du regard son camarade.

— Oui, certes, je suis prêt, et pour la lune, s'il le faut, dit François en tendant la main à Dick.

— Et Massan aussi, reprit Prince.

— Allons, vous l'avez dit, envoyez-moi à la Nouvelle-Zemble, si vous le voulez, répondit Massan.

— Bien, s'écria Stanley, avec un sourire satisfait, nous sommes tous du même avis, je le vois, n'est-ce pas ? Consentez-vous ?

— Nous consentons, nous consentons, répondirent-ils d'une seule voix.

— Parfait. A présent, mes amis, sortez et préparez-vous. Barney vous donnera un grog. Quant à Prince, j'ai besoin de lui parler ce soir; qu'il soit ici dans une heure. Maintenant, ajouta-t-il en prenant Edith par la main, venez, mes gentilles volontaires, allons souper.

IV.

Un mot d'explication. — Funestes intentions des Indiens réprimées par un traitement énergique. — Les bestiaux en sont le payement. — Préparatifs de départ pour un long voyage.

Afin de rendre notre histoire intelligible, il faut donner ici quelques mots d'explication sur la nature et le but de l'expédition projetée.

Plusieurs années avant le commencement de notre récit, la compagnie des fourrures de la baie d'Hudson avait résolu d'effectuer, s'il était possible, une réconciliation entre les Indiens Muskigons de la baie de Saint-James et les Esquimaux du détroit d'Hudson. La race des Esquimaux, loin d'être belliqueuse, est plutôt naturellement timide; elle se bat contre son gré avec ses voisins du Nord. Privé d'armes à feu de tout calibre, ce pauvre peuple est forcément inoffensif, tandis que les Indiens savent se procurer des fusils et des munitions par leur commerce de fourrures. Cependant, les Esquimaux sont supérieurs aux Indiens Muskigons au point de vue de la force physique et de la force morale. Ils auraient été capables de tenir tête à leurs adversaires, s'ils avaient pu les voir loyalement et en face; mais les Indiens les surprenaient toujours par derrière. A l'abri des rocs et des buissons, ils dirigeaient leurs balles meurtrières sur les campements des Esquimaux, et y causaient des ravages certains, tandis que ceux-ci ne pouvaient riposter qu'avec leurs flèches et leurs lances. Enfin, la guerre était donc plutôt une série annuelle d'assassinats. Les présomptueux Muskigons retournaient en triomphe à leurs wigwams, portant des scalpels ensanglantés à leurs ceintures, tandis que les Esquimaux s'enfonçaient plus loin dans leurs forteresses de glace et racontaient à leurs camarades, avec de profonds soupirs, ces attaques soudaines où leurs femmes et leurs enfants avaient été massacrés de sang-froid par les Peaux-Rouges.

Alors, ces pauvres habitants des froides régions juraient de se venger des Indiens; ils se prenaient à maudire les hommes blancs qui avaient fourni à leurs ennemis ces fusils et ces engins meurtriers; mais que cette malédiction était imméritée!

Les griefs des Esquimaux avaient été examinés dans les conseils des commerçants de fourrures; on avait discuté des plans destinés à améliorer cet état de choses. Des postes de commerce furent établis au golfe de Richmond et sur la petite rivière de la Baleine; mais, à cause de circonstances inutiles à détailler ici, ils ne prospérèrent pas, et ils furent définitivement abandonnés.

Néanmoins, les postes des districts de la baie d'Hudson et du Labrador continuèrent à user de tous les moyens de persuasion possibles pour déterminer les Indiens à cesser leurs incursions chez leurs voisins. Ces recommandations restant sans effet, le gouverneur du *Principal Est* (territoire existant sur les rivages de l'est de la baie de Saint-James) adopta un argument qui devait réussir, au moins pour une saison. Le fort qu'il commandait fut visité un jour par une bande de

Muskigons des districts de Moose et d'Albany, qui apportaient une grande quantité de fourrures de valeur, contre lesquelles ils demandaient des fruits et des munitions, ne faisant nul secret de leurs projets d'expédition contre les Esquimaux.

Le gouverneur, en les entendant, alla vers eux, et, d'une voix indignée, les assura qu'avec de pareilles intentions, ils pouvaient compter ne pas recevoir un atome de fournitures.

— Mais nous vous les paierons; nous ne sommes pas des mendiants, s'écrièrent les Indiens étonnés.

Ils ne pouvaient pas supposer que les commerçants blancs refuseraient de bonnes fourrures, tout simplement pour empêcher la mort de quelques Esquimaux.

— Voyez-vous ça, cria le gouverneur en colère, en saisissant une balle de fourrure. Je m'en moque comme de vous et de votre paiement.

Et il lança le paquet à la tête de son propriétaire, en le jetant par terre.

— Non, continua-t-il, en bondissant vers eux, je ne vous donnerais pas, en fait de poudre ou de plomb, seulement de quoi secouer la queue d'un lapin, quand même vous m'apporteriez toutes les peaux du Labrador.

Le résultat de cette ferme conduite déconcerta les Indiens; ils résolurent de s'éloigner, mais non sans avoir tiré vengeance de l'affront qui leur était fait. Pendant la nuit, ils abattirent tout le bétail du camp, et, avant le lever du jour, ils partirent pour leurs terres de chasse, chargés de bœuf frais, en quantité suffisante pour subvenir à leurs besoins et à ceux de leur famille pendant l'hiver. C'était chèrement payé. Mais les pauvres Esquimaux furent tranquilles cette année-là, tandis que les Indiens reçurent une leçon salutaire.

Cette paix apparente fut bientôt rompue, et il devint évident que le seul moyen d'anéantir la fureur sanguinaire des Indiens était d'armer leurs ennemis de fusils.

L'insuccès de la première expédition chez les Esquimaux, et le mauvais souvenir qu'en avaient gardé les habitants du golfe de Richmond, engagèrent les commerçants de fourrures à choisir une autre localité pour recommencer une nouvelle tentative. On pensa que l'extrême nord du Labrador, où les instruments des blancs n'avaient encore jamais paru, où la hache de leurs pionniers n'avait jamais entamé les forêts de sapins, où le bruit de leurs armes n'avait point troublé les échos de ces contrées, serait l'endroit le mieux choisi pour construire un fort.

M. Georges Stanley fut désigné comme chef de l'entreprise. Il devait partir au printemps, dès que la glace le permettrait, bâtir de son mieux un fort, s'y nourrir de ce que le pays leur fournirait, établir un commerce d'huile, d'ivoire, de peaux de renards arctiques; enfin, provoquer, si cela était possible, une réconciliation entre les Esquimaux et les Indiens de l'intérieur.

Grâce à la persévérance et aux soins de Stanley, il fut prêt à partir de Moose avec deux canots de demi-grandeur, capables de porter chacun dix ballots de quatre-vingt-dix livres, outre l'équipage. Son plan consistait à s'aventurer dans les glaces jusqu'au golfe de Richmond, à traverser ce golfe, et à remonter, si cela était praticable, quelqu'une des rivières qui devaient exister dans ces parages. Puis, dépassant les collines qu'on supposait placées à cette latitude, il descendrait par les rivières et les lacs, marchant vers l'est, jusqu'au jour où il atteindrait les bords d'une rivière appelée par les indigènes Caneapusca, ou rivière du Sud. Il la descendrait pour arriver à la scène de leurs travaux : la baie d'Ungava. Là, il pourrait obéir à son propre discernement.

Réduites à leur plus stricte signification, les instructions envoyées à notre ami lui enjoignaient de partir aussitôt qu'il le pourrait, afin d'être installé le plus vite possible au lieu du solitaire et sauvage rendez-vous.

Il espérait qu'il trouverait des arbres avec lesquels il se construirait un abri capable de les protéger contre un hiver prolongé. Il comptait en même temps sur un ciel clément.

Mais on savait, ou du moins on le supposait, que les Esquimaux étaient farouches et cruels, s'ils n'étaient même pas des cannibales. Le nom qu'ils portent, et qui veut dire mangeurs de chair crue, leur a été donné par leurs ennemis, les Muskigons, et quoiqu'ils mangent réellement de la chair crue, lorsque la nécessité l'exige, ils ne le font jamais par goût.

Cette distinction subtile n'avait rien de rassurant, et l'on comprend sans peine les répugnances des hommes de Stanley, lorsqu'il fut question de partir.

Ces répugnances ayant été surmontées grâce à l'énergie et à l'héroïque résolution de Mme Stanley, il ne s'agissait plus que de se mettre en route. La chose était facile, maintenant que les volontaires abondaient, et l'on se figure aisément le capitaine donnant la main aux derniers préparatifs avec un air de tranquille assurance.

— Venez ici, mes enfants, s'écriait-il, en faisant signe à deux hommes occupés à réparer le flanc d'un canot, au bord de la rivière, à l'entrée du fort de Moose.

Les hommes laissèrent leur ouvrage et s'approchèrent.

C'étaient deux Esquimaux, forts, larges d'épaules, épais spécimens de leur race. L'un s'appelait Oolibuck, l'autre Augustus, deux noms glorieusement inscrits dans l'histoire des expéditions boréales, depuis le jour où ces courageux et fidèles serviteurs servirent d'interprètes à Franklin, Back et Richardson, dans leur voyage de découvertes au nord-ouest.

— Je suis content de vous voir occupés à réparer vos canots, mes enfants, dit Stanley, lorsqu'ils vinrent à lui. Naturellement, vous consentez à revoir de nouveau votre pays natal.

– Oui, monsieur, oui, contents d'aller où vous voudrez nous envoyer, répondit Oolibuck, dont la face large et huileuse s'éclairait d'une nuance de bonne humeur.

— Cela vous rappellera votre voyage avec le capitaine Franklin, continua Stanley, s'adressant à Augustus.

— Nous n'avons pas besoin de cela pour nous le rappeler, dirent les Esquimaux avec un triste mouvement de tête. Nous aimons Franklin, mais nous pensons ne jamais le revoir.

— Je n'en sais rien, vieux camarades, répondit Stanley avec un sourire. Franklin n'a pas encore terminé ses découvertes; on parle de lui donner le commandement d'une autre expédition. Ainsi, vous pouvez avoir chance de le revoir.

Les yeux noirs d'Augustus étincelèrent de plaisir.

C'était un homme aux sentiments profonds. Pendant ses voyages avec le héros, il lui était devenu fort attaché, à cause de la bonté invariable et pleine de cœur avec laquelle l'illustre capitaine traita tous ceux qu'il commandait.

— Allons, j'ai besoin de vous, mes enfants, pour nous préparer à un départ immédiat, continua Stanley, en regardant le ciel. Si le temps se maintient, nous ne serons pas longtemps sans rendre visite à vos amis. Vos deux canots sont-ils réparés?

— Oui, monsieur, ils le sont, répondit Oolibuck.

— Et le bagage est-il prêt aussi? et....

— Pardon, monsieur, interrompit Massan, en mettant sa main à sa casquette, je viens du quai; il s'élève une tempête du nord-ouest et la glace arrive dans la rivière : nous serons bloqués demain matin.

Stanley apprit cette nouvelle en fronçant le sourcil. Il regarda la mer, à l'horizon de laquelle se formait une ligne noire, et que couvraient de larges champs de glace.

— Cela ne signifie rien, dit vivement Stanley. J'ai fait mes arrangements pour partir demain. Nous partirons, en dépit de la glace et du vent, si les canots peuvent flotter.

Massan, qui avait été nommé principal timonier de l'expédition, en vertu de son adresse éprouvée et de son indomptable énergie, sentit que le ton de M. Stanley indiquait un léger doute en sa bonne volonté. Aussi ajouta-t-il gravement :

— Pardon, monsieur, je ne disais pas que nous ne pourrions pas partir.

— Bien, bien, Massan, ne vous froissez pas; je me plaignais seulement du temps.

A ce moment, la première bouffée de brise remonta la rivière, dont la surface, jusqu'alors lisse comme du verre, se troubla de rides profondes.

— La voilà qui vient, cria Stanley. Allons, Massan, ayez soin que l'équipage soit assemblé à temps sur la plage. Nous partirons demain dès l'aube.

— Oui, monsieur, répliqua Massan, en tournant les talons. Parbleu oui, nous partirons, si cela vous plaît, quand bien même toute la glace et le vent des régions polaires arriveraient sur la côte et obstrueraient l'embouchure de la rivière.

V.

Crainte inspirée par les glaces. — Le départ. — Il est question d'un membre important de l'expédition qu'on faillit oublier. — Chimo.

Les présages de Stanley et les pronostics de Massan furent en partie inexacts, le lendemain matin. L'embouchure de la rivière était remplie de glace; mais le champ était coupé dans toutes les directions par des défilés d'eau libre ; de plus, il n'y avait pas de vent.

L'aube se levait ; le premier rayon de soleil levant illuminait une scène exceptionnellement belle. Le ciel était pur, et la surface de la mer disparaissait sous des masses de glaces blanches comme la neige au sommet, bleues verdâtres sur les côtés ; leur couleur formait un saisissant contraste avec l'eau environnante, qui brillait comme de l'argent poli sous les rayons du soleil.

Ces massifs de glaces variaient à l'infini de forme et de grosseur ; quelques-uns étaient flasques et plats comme des champs ; d'autres carrés, comme des bastions ou des tours. Ici un temple en miniature flanqué de clochers et des minarets, là une forteresse de cristal avec embrasures et créneaux ; au milieu, mille débris, ayant tous les proportions variées des plus larges masses, et pressés les uns à côté des autres comme les maisons, cottages ou villas, de cette ville flottante de glace.

— Oh ! comme c'est beau ! s'écria la petite Edith, lorsque son père l'amena avec Mme Stanley vers les canots qui flottaient légèrement, tandis que les hommes, groupés pittoresquement près d'eux, s'appuyaient sur leurs avirons aux palettes écarlates.

— Oui, en effet, mon amour, répliqua Stanley en souriant tristement.

— Allons, Georges, ne laissez pas les mauvais présages vous assaillir aujourd'hui, dit Mme Stanley à voix basse. Il ne convient pas au chef des enfants perdus de jeter, dès le début, une ombre sur les esprits de ces hommes.

En disant cela, elle pressait tendrement le bras de son mari, et, en dépit d'elle-même, elle mettait encore plus de tristesse dans son sourire et dans son geste qu'elle n'avait l'intention de le laisser voir.

— En vérité, Jenny, je ne puis décourager mes hommes ; mais lorsque je vous regarde, vous et notre chère Edith, il faut me pardonner si je trahis par un regard furtif l'anxiété qui m'obsède. Puisse la Providence vous protéger !

— Le pays où nous allons est-il comme celui-ci, papa? demanda Edith, que son admiration provoquée par cette scène féerique rendait oublieuse de toute autre chose.

— Oui, ma chérie. Mais l'éclat du soleil ne persistera pas longtemps, et quelquefois il y aura de terribles tempêtes de neiges ; nous vous construirons une belle maison avec un large foyer ; ainsi nous ne sentirons pas le froid.

Cependant la population entière du fort de Moose se réunissait sur la berge. La troupe d'expédition se composait de quinze personnes.

Comme nous les suivrons dans les régions glacées d'Ungava, il est utile d'indiquer leurs noms dans l'ordre suivant :

M. et Mme Stanley et Edith,

Frank Morton,

Massan, le guide,

Dick Prince, principal chasseur de la colonie,

La Roche, domestique et cuisinier de Stanley,

Bryan, forgeron,

François, charpentier,

Oolibuck, Augustus et Moses, interprètes esquimaux,

Gaspard, laboureur et pêcheur,

Oostesimow et Ma-Istequan, guides indiens et chasseurs.

Les embarcations dans lesquelles ils allaient monter consistaient en trois canots, dont deux larges et un plus étroit. Ils étaient faits d'écorce de bouleau, substance coriace, légère, flottante, et admirablement adaptée à la construction d'embarcations destinées à combattre des courants rapides ou profonds ; au besoin ils pouvaient être portés sur les épaules de l'équipage au milieu des rocs et des montagnes.

Le plus large canot avait seize pieds de longueur, sur cinq de largeur ; il se rétrécissait graduellement vers l'avant et l'arrière, et se terminait en angle aigu ; son chargement consistait en balles, barils, tonneaux, paquets de marchandises et provisions. Chaque balle ou tonneau, pesant exactement quatre-vingt-dix livres, prenait le nom de pièce. Il y avait quinze pièces dans le premier canot.

L'équipage était composé de six hommes ; M. Stanley et sa famille en occupaient le centre ; leur literie y avait été roulée en paquet et recouverte d'une toile goudronnée. Elle formait ainsi une couche confortable. En dépit des proportions importantes de cette barque, elle avait été portée sur la berge par Massan et Dick Prince.

Ils s'étaient ensuite placés à l'avant et à l'arrière, et du bout de leurs avirons, ils maintenaient le canot loin du quai pour l'empêcher de frotter ses fragiles bordages contre l'estacade ; car, bien que l'embarcation fût solide et susceptible de résister aux secousses des courants en plongeant dans les rapides, elle n'eût pas soutenu le plus léger choc contre un roc ou une autre matière dure, sans se craqueler, ou érafler tout au moins le vernis qui la couvrait.

Pour les personnes peu accoutumées à voyager dans les sauvages régions du Nord, il semblait impossible qu'un long voyage pût être accompli dans d'aussi fragiles bateaux ; mais la moindre expérience prouvait qu'en en prenant soin et en les aménageant soigneusement, on pouvait y faire en toute sécurité des courses de grande durée, qu'ils étaient bien adaptés aux nécessités du pays, qu'on pouvait les emporter avec facilité, au milieu d'une contrée aride, accidentée et montagneuse.

Le second canot était en tout point semblable à celui que nous venons de décrire, quoique de quelques pouces plus court.

Le troisième était beaucoup plus étroit, si étroit même, qu'il ne contenait que trois hommes avec leurs provisions et quelques ballots ; si léger, qu'il pouvait être aisément transporté sur les épaules d'un seul homme. On le destinait à servir d'avant-garde et d'éclaireur, tantôt montrant le chemin et se lançant çà et là à la poursuite du gibier, tantôt avertissant le gros de la troupe des dangers qui la menaçaient. Les deux guides indiens Oostesimow et Ma-Istequan montaient cette embarcation. On y avait envoyé aussi Frank Morton, reconnu pour un des meilleurs tireurs de la colonie, et considéré d'un accord tacite comme le commissaire général.

N'oublions pas que si l'on disait que le meilleur tireur était Frank, on prenait préalablement soin de proclamer bien haut que le tir de Dick Prince était parfait, et qu'il était impossible de dépasser cette habileté.

Quoique très-différents d'aspect, les hommes de l'expédition se ressemblaient au moins sur un point : ils étaient tous intelligents, et avaient été choisis soigneusement parmi leurs camarades de Moose-Fort. A les considérer ainsi dans leurs canots, s'appuyant sur leurs rames coloriées en attendant le signal du départ, on ne pouvait s'empêcher de constater leur tournure remarquable et leur air résolu. Ils portaient des vêtements neufs, qui se ressemblaient assez pour leur tenir lieu d'uniforme ; cependant leurs tons variés rompaient la monotonie de leurs formes, et réjouissaient l'œil par l'agréable contraste des couleurs.

Sur leurs épaules flottait un manteau de drap bleu clair, muni de capuchon. Leurs culottes de velours étaient arrêtées au genou par des lanières de cuir ou des guirlandes de perles, souvenirs de leurs femmes ou de leurs sœurs. Ils avaient passé dans leurs ceintures écarlates la blague destinée à contenir le tabac et les pipes ; pas une de ces blagues ne se ressemblait, les unes en drap bleu brodé de fleurs et orné de devises plus ou moins fantaisistes, les autres en baudruche agrémentées de plumes de porc-épic.

En voyant s'approcher Stanley, sa femme et son enfant, Massan donna l'ordre d'embarquer. En un instant chaque homme se dépouilla de sa capote, la plia, et la plaça sur le siége qu'il allait occuper. On se serra les mains pour une dernière fois et l'on prit sa place avec précaution.

— Tout est prêt, Massan, je le vois, dit Stanley. La glace semble ouverte, qu'en dites-vous ? Ferons-nous une bonne journée ?

Massan eut un sourire de doute. En présentant comme appui à Mme Stanley, qui s'embarquait, sa large et robuste épaule, il se rappelait la conversation de la veille. Déterminé, quoi qu'il pût arriver, à ne pas jeter, lui du moins, l'ombre d'un doute sur leurs projets, il se contentait de penser que leur voyage serait interrompu pendant longtemps, car une imperceptible brise venait du nord-ouest.

— La marée montera avant une demi-heure, répliqua-t-il. Prenez garde, mademoiselle Edith, donnez-moi votre petite main. Bien. Maintenant, sautez légèrement. Nous allons passer la pointe et nous profiterons du reflux jusqu'au soleil couchant.

— Je crains, dit Frank Morton en approchant, que la glace ne soit trop épaisse pour nous. N'importe, cela nous retardera un peu, et dans tous les cas nous ferons bon chemin jusqu'à la pointe.

— Certainement, dit Stanley; il n'y a que le premier pas qui coûte. Une fois partis, rien ne nous empêchera plus d'avancer.

— Etes-vous tous prêts, mes amis?

— Oui, oui, monsieur.

— Allons, Frank, à votre canot, et montrez-nous le chemin. Nous nous confions à vous, préservez-nous des écueils.

A ce moment, Edith, qui venait de s'occuper exclusivement de sécher ses yeux et d'envoyer des baisers à un groupe de jeunes enfants, ses compagnons de jeux pendant son séjour au fort, lança dans les airs une exclamation retentissante.

— Oh! oh! papa, maman, Chimo! nous avons oublié Chimo! Je vous en prie, ne partons pas encore.

— C'est vrai, dit M. Stanley, comme nous sommes stupides de laisser notre vieil ami. Arrêtez, Frank, nous avons oublié le chien.

Frank siffla fortement.

— Je vais le faire venir, s'il n'est pas trop loin pour m'entendre.

Lorsque cet appel bien connu arriva aux oreilles de Chimo, le brave chien était couché paresseusement près du foyer de la cheminée de la cuisine, où la protection d'Edith lui assurait une place réservée. Le cuisinier était sorti, laissant Chimo livré à son sommeil salutaire. En entendant le sifflet de Frank, il se dressa d'un bond sur ses quatre pattes et voulut sortir Hélas ! le malheureux était prisonnier.

Chimo était doué d'une forte dose de force d'esprit, de bravoure et de volonté. Il descendait de la race des Esquimaux, et ressemblait quelque peu à un chien de Terre-Neuve, quoique plus court de jambes et plus vigoureux. Sa tournure hardie et fière donnait à penser qu'il dédaignait toute flatterie et ne se laissait pas enjoler par quelque vaine considération. Tel il paraissait, tel il était réellement, n'accordant que du mépris aux prévenances de ses courtisans et ne faisant exception qu'au profit de la petite Edith. Non-seulement il autorisait les caresses de l'enfant, mais en toute circonstance il les provoquait, soit en plaçant sa grosse tête sur ses genoux, soit en se frottant contre elle et en remuant sa queue touffue, comme s'il disait : Maintenant, ma petite fille, faites de moi tout ce que vous voudrez.

Jamais Edith ne repoussait les marques d'affection de l'animal. Toute petite et dénuée encore de jugement, elle s'était prise d'amitié pour Chimo, qui, quoique très-jeune aussi, avait déjà du sens et de l'instinct. Cette affection, elle la lui témoignait en serrant ses petits bras autour de son cou, au risque de l'étouffer ; elle attrapait ses oreilles et sa queue, elle lui cachait les yeux et la bouche avec ses menottes potelées, en pensant probablement que ce petit manége devait être fort agréable à Chimo.

Au surplus, Chimo semblait très-heureux de ces chatteries, et, qu'il les aimât ou non, il venait régulièrement chaque jour se soumettre au même régime.

Lorsque Edith grandit, elle n'étouffa plus son favori, elle ne lui cacha plus les yeux, elle se contenta de le caresser.

Chimo manifestait les mêmes sentiments de partialité à l'égard de

M. Stanley et de Frank, qu'il accompagnait dans ses excursions de chasse. Il se comportait toujours vis-à-vis d'eux avec une dignité hautaine, acceptant leurs caresses et remuant légèrement la queue, mais sans rechercher jamais leurs faveurs.

Voilà l'excellente bête qu'on allait oublier ! On comprend donc bien l'intérêt que pouvait avoir la petite Edith à ne point s'éloigner du fort sans son vieux camarade.

Quand Chimo eut compris qu'il était enfermé dans la cuisine, il regarda lentement et tranquillement autour de l'appartement, comme pour décider ce qu'il avait de mieux à faire. Chimo était en effet d'une grande perspicacité, il n'avait jamais été arrêté par un événement sans avoir trouvé à lui opposer un moyen d'action. Il constata d'abord qu'il n'y avait pas un seul trou dans la pièce, si ce n'est pourtant le trou de la serrure ; mais il eût été un peu gros pour passer à travers. On voyait bien à la fenêtre, garnie de parchemin et de papier, un trou à peu près large comme une pièce de 1 fr. ; mais la route était encore trop étroite. Chimo eût donné sa peau pour une fenêtre ouverte ; il contempla le trou avec un œil d'attente pendant une minute ou deux, puis il retourna au feu, constata que le tuyau de la cheminée était impraticable, rempli de flammes et de fumée, regarda encore une fois la fenêtre et montra ses dents en gémissant.

— Ici, ici, Chimo, répétait la voix de Frank, affaiblie par la distance.

C'en était trop. Chimo prit son élan dans la direction de la fenêtre, enfonça d'un vigoureux coup d'épaule le parchemin qui servait de vitre et retomba au dehors, sans écouter les cris de stupeur du cuisinier qui rentrait au même moment.

— Le voici, il vient, bon chien, disait Frank, tandis que l'animal bondissait du côté des canots.

Chimo alla droit d'abord à l'embarcation que montait Frank ; mais, comme beaucoup de chiens et peu d'hommes, il reconnaissait un pouvoir souverain à celui de son maître; et quand la voix de sa petite

Départ de l'expédition.

maîtresse arriva doucement à son oreille, il changea de route.

— O Chimo, Chimo, mon cher bijou, venez ici.

C'était une douce petite voix. Quoique Edith voulût la rendre aussi forte que possible, elle ne réussissait pas à couvrir le bruit des rires et des paroles des hommes. Cependant Chimo l'entendit, se détourna de sa direction primitive, dépassa le léger canot, bondit dans celui de M. Stanley et se coucha à côté d'Edith, en appuyant sa tête sur ses genoux. Il fut immédiatement comblé de caresses par sa jeune maîtresse.

M. Stanley sourit à sa petite fille.

— C'est bien, Edith, l'amour d'un chien fidèle est digne d'être payé de retour.

Puis, se tournant vers l'arrière du canot, où Massan restait attentif à la barre, prêt à gouverner, il dit à ce digne serviteur :

— Allons, Massan, tout est prêt, donnez l'ordre.

— Allons, mes amis, en avant !

Les rames plongèrent simultanément dans l'eau ; les deux grands canots filèrent sur l'onde côte à côte, précédés par le plus léger, qui, poussé en avant par les bras vigoureux de Frank et des deux Indiens, traçait le chemin à travers le champ de glace. Sur le rivage, les habitants élevaient leurs bonnets en l'air et les saluaient d'un dernier adieu.

Dick Prince entonna d'une voix claire et sonore un chant plaintif sauvage, particulier aux voyageurs du désert. Les hommes s'y joignirent en chœur, et le voyage commença.

VI.

Un caractère jugé avec partialité. — Des canards pour souper. — Une menace. — Déchargement précipité sur la glace.

Le vent tourna au sud, quelque temps après le départ de Moose-Fort. Quoiqu'il ne fût pas assez fort pour strier la surface de l'eau, il suffit à chasser le flux de glace dans la baie de Saint-James. La marée commença aussi à descendre, si bien que la marche des canots fut plus rapide qu'on n'aurait pu le supposer. Longtemps avant le coucher du soleil, ils avaient dépassé la pointe de l'embouchure de la rivière et gardaient les côtes, le long de l'océan Salé.

Au loin, la mer était couverte d'icebergs, qui se heurtaient entre eux, chassés par le courant venant de la rivière. Près du rivage existait une bande d'eau libre par laquelle les canots s'avançaient facilement. La profondeur de la passe était plus que suffisante pour eux; car les plus grands canots ne tiraient pas plus d'un pied. Dans quelques endroits, ce chenal était barré par des blocs de glace. On éprouvait alors une difficulté considérable à y manœuvrer le gouvernail. Si les hommes eussent monté des chaloupes, un abordage eût été moins à redouter; mais, avec des canots, il en était autrement.

Non-seulement les parois de ces embarcations se fussent brisées facilement, mais le vernis dont elles étaient enduites se composait d'un genre de bitume qui devenait si fragile dans l'eau glacée, qu'il s'en allait comme des copeaux au plus léger choc. En mer, les chaloupes étaient évidemment préférables; mais, pour remonter les chutes et gravir les montagnes, pendant des jours et même des semaines entières, les canots étaient plus utiles, à cause de leur légèreté.

— Prenez garde, Massan, dit Stanley en approchant près des blocs; tâchez de ne pas écailler le vernis. Si nous faisions une voie d'eau, nous ne pourrions passer notre première nuit à terre; car le rivage ici n'est pas engageant.

— Soyez sans crainte, monsieur, répliqua Massan. Dick Prince est à l'avant. Tant qu'il ne dit rien, je suis tranquille.

— Vous paraissez avoir une confiance illimitée en Prince. Il ne peut donc faillir, que vous êtes si sûr de lui?

— Faillir! repartit l'homme de la barre, dont la rame passait constamment en cercle autour de sa tête, tandis qu'il la manœuvrait d'un côté ou d'un autre, suivant les mouvements que nécessitait le canot; faillir! Ah! oui, il faillit quelquefois; l'homme mortel peut avoir une mauvaise chance de temps en temps. J'ai vu Dick Prince faillir, mais je ne l'ai jamais vu commettre une erreur.

— Bien; je ne doute pas qu'il ne mérite votre bonne opinion. Néanmoins, soyez plus prudent encore que d'habitude. Si vous aviez une femme et une enfant dans le canot, Massan, vous comprendriez mieux mon anxiété.

Stanley sourit, et le digne barreur répliqua d'un ton grave :

— Mais c'est tout comme, puisque j'ai la femme et l'enfant de mon patron sous ma garde.

— C'est vrai, Massan, dit Stanley, en retournant vers son abri; et, en s'adressant à sa femme, il ajouta : On n'a jamais rien vu de pareil à la confiance que Massan met en Prince, et cependant il serait difficile de dire en quoi consiste sa supériorité.

— Peut-être dans l'influence qu'a un esprit formé sur un autre plus faible, insinua sa femme à voix basse.

— C'est possible. Prince est un homme sans éducation; il tire mieux que Massan, mais ne rame pas plus longtemps; il n'est pas plus courageux, et il est certainement moins fort. Néanmoins, Massan lui parle et le regarde comme s'il lui était très-supérieur.

— Le secret de sa puissance est peut-être dans cette constante fermeté, dans cette inflexibilité de caractère qui distingue notre bon barreur.

— Papa, dit Edith, qui avait entamé une longue conversation avec Chimo sur les merveilles de la scène qui les entourait, si tant est qu'on puisse appeler conversation un monologue où une seule partie fait le rôle des deux interlocuteurs et l'autre celui des auditeurs, papa, où coucherons-nous cette nuit?

Cette idée semblait l'avoir frappée pour la première fois; elle regarda attentivement son père, en attendant une réponse, tandis que Chimo soupirait d'un air de profonde indifférence, et s'endormait, ou prétendait au moins s'endormir, là où il se trouvait.

— Dans les bois, Edith; cela vous plaira-t-il? Oh! je suis sûr que cela vous plaira.

— Beaucoup, répliqua la petite. J'ai souvent désiré vivre dans les bois comme les Indiens, ne rien faire que me promener et cueillir des fruits.

— Ah! Jenny, dit Stanley, que votre petite fille est un petit phénomène de paresse! Elle a l'air d'un copeau oublié derrière un vieux billot.

— Lequel considérez-vous comme le vieux billot, riposta gaîment Mme Stanley, vous ou moi?

-- Permettez-moi de ne pas vous répondre, mon amie. Quant à vous, Edith, pensez-vous que se promener toujours et cueillir des fruits soit une vie utile?

— Non, répondit Edith gravement; mais maman me dit souvent que Dieu me désire heureuse, et je suis sûre qu'errer toute la journée dans les bois ferait mon bonheur.

— Ma chérie, dit Stanley, en relevant la simplicité de l'argument, ne devons-nous pas essayer de rendre les autres heureux, aussi bien que nous-mêmes?

— Ah! oui, je le sais, papa, et j'essaierai de rendre tout le monde heureux autour de moi, en allant avec tous, en montrant où sont les plus belles fleurs, en découvrant où se trouvent les plus beaux fruits, et ainsi nous serons tous heureux ensemble. N'est-ce pas cela que Dieu demande?

M. Stanley regarda sa femme d'un ton interrogateur.

— Jenny, que pensez-vous de cela?

— Et vous, mon ami, qu'en pensez-vous?

— Je pense que vos théories sur l'activité et le devoir accompli ne se sont pas encore enracinées très-profondément dans cette jeune âme.

— Et moi, j'estime que, quelque sages que puissent être certains hommes, ils sont en retard, en matière de compréhension, sur certains jeunes esprits.

— Prenez garde, Jenny, vous vous lancez dans la métaphysique. Avant de donner votre opinion sur les hommes, vous avez encore à dire ce que vous pensez de la prédilection avouée d'Edith pour la paresse.

— J'ai l'intime conviction que mes théories sur l'activité, comme il vous plaît de les appeler, ont déjà jeté de profondes racines dans le cœur d'Edith. Sa façon de parler est comme les premiers rejetons de cette bouture, rejetons qui promettent beaucoup de fruits dans l'avenir; car se rendre heureux, et rendre les autres heureux, me semble résumer le plus simple et le plus sûr abrégé de nos devoirs.

Les yeux de Stanley s'ouvrirent à cette définition.

— Peut-être bien, dit-il.

Et, baissant les yeux, il s'oublia dans une profonde rêverie.

Pendant ce temps, le canot poursuivait sa route, sous l'impulsion rapide des rames. Edith avait posé sa joue sur le front velu de Chimo, et sommeillait. Bientôt le soleil disparut à l'horizon, derrière les champs de glace. Sur la mer, une ligne foncée indiquait l'approche du vent.

Massan jetait un regard inquiet en avant. A la fin, il appela son ami à la barre.

— Ho! ho! Prince, deviendra-t-elle mauvaise, pensez-vous?

— Non, répliqua Prince, se levant et abritant ses yeux de la main; ce sera seulement une petite brise; mais elle suffira pour pousser la glace vers nous et nous fermer le chemin de l'eau libre.

— Mon opinion, dit Massan, est que nous devrions atteindre la pointe là-bas, et y camper.

Dick Prince fit un signe d'assentiment et retira sa rame.

Tout à coup l'écho d'un coup de fusil se fit entendre.

— Ah! ah! s'écria Stanley, qu'est-ce que cela?

— C'est M. Frank, dit Massan; il a tué deux oiseaux. Je les vois tomber dans l'eau.

— Parfait, reprit Stanley. Nous aurons quelque chose de frais pour le souper de ce soir; et, par parenthèse, nous avons besoin de tout ce que nous pouvons tuer; car nous n'avons pas trop de provisions. Une partie doit en être réservée en cas d'accident. Si Frank ne remplissait pas son devoir de chasseur, nous serions obligés de nous nourrir de la barque de bouleau.

— Ce serait peut-être un peu dur, répliqua le barreur en riant. J'ai goûté jadis de la peau de cerf, et il n'y a pas de quoi s'en vanter; mais je n'ai jamais goûté du bifteck de bouleau. J'incline à penser que nos efforts réunis ne seraient pas superflus pour le mâcher fortement.

Arrivée des trois canots dans les champs de glace.

Pendant ce temps, les deux grands canots avaient rejoint le premier. Comme ils approchaient, Franck ordonna à ses hommes de cesser de ramer.

— Bravo, Frank! quel succès!

— Voilà votre souper, cria Frank, en jetant un gros canard dans le canot; et voici un morceau pour les hommes, ajouta-t-il, en déposant une grosse oie grise au milieu d'eux. J'ai vu un troupeau de rennes de l'autre côté de la pointe; mais la glace ferme la passe et m'empêche de me mettre à portée; elle va interrompre notre marche en avant. Aussi j'ai attendu pour vous conseiller de camper ici.

— La voici qui vient, cria Dick Prince. Sautez lestement sur la glace, mes enfants; déchargez aussi vite que vous le pourrez.

Il sauta sur un champ de glace, près du rivage, tira le canot sur le côté, et commença à transporter vivement la cargaison. Son exemple fut immédiatement suivi par les hommes, qui grimpèrent comme des chats sur leurs fusils, mis en échelle, et disposèrent, en moins de cinq minutes, la cargaison sur la glace. La brise que Massan avait pressentie continua de fraîchir, et la glace descendit rapidement, en emplissant et en rétrécissant graduellement les passes, où les voyageurs avaient jusqu'ici trouvé leur chemin. La décision soudaine de Dick Prince avait été motivée par la vue d'un large iceberg, qui s'avançait vers eux avec une grande rapidité. A peine les marchandises étaient-elles à terre et les trois canots sortis de l'eau, que le glaçon s'abattit, avec un fort craquement, juste à l'endroit où l'on s'était arrêté. Sans la précaution de Dick, les frêles barques eussent été mises en pièces. Le passage fut clos. Tout indice d'eau courante disparut si complétement, qu'il semblait qu'elle n'eût jamais existé.

VII.

Comment la colonie s'installe dans les bois. — La conversation autour des feux de campement. — Mouvement de colère. — Concession.

L'endroit où l'expédition se trouvait ainsi brusquement arrêtée dans sa route était une petite baie formée par une pointe basse, qui s'avançait de la terre ferme et masquait la vue sur le côté. On n'y voyait pas ou presque pas d'arbres, excepté quelques saules rabougris, qui n'auraient pas, comme le remarqua La Roche, le cuisinier, fait un feu assez vif pour rôtir l'aile d'un mosquito. Quoi qu'il en soit, il fallait s'accommoder de ce refuge, puisqu'on n'en pouvait choisir un autre.

Le lieu sur lequel Massan avait d'abord résolu de camper pour la nuit était de l'autre côté de la baie, à une distance de trois milles, et comme un champ de glace, au lieu d'une nappe d'eau, en séparait désormais les compagnons de Stanley, il n'était plus possible de l'atteindre, à moins qu'un changement de vent ne débarrassât le rivage.

De plus, l'obscurité arrivait, et il était utile de se préparer à la nuit, aussi vite que possible.

En conséquence, Massan et Prince mirent un canot sur leurs épaules, François et Gaspard prirent l'autre, et le plus léger fut placé sur les épaules de Bryan, le forgeron. La Roche plaça le panier aux provisions et les instruments de cuisine sous sa responsabilité spéciale, tandis que les trois Esquimaux et les deux guides indiens s'occupaient à transporter les autres marchandises et les bagages dans le campement.

Qnant à Chimo, il s'assit tranquillement sur une éminence et parut surveiller l'ensemble des préparatifs. Sa jeune maîtresse, en compagnie de sa mère, de Frank et de Stanley, se dirigea vers le rivage, en traversant la glace, afin de choisir une place pour fixer leur abri.

Il s'écoula quelque temps avant qu'un endroit convenable fût trouvé; car cette pointe était basse et marécageuse. Les débuts de la pauvre Edith dans la vie d'aventures l'amenèrent sur un grand trou, où elle tomba et où elle eut de l'eau jusqu'aux genoux. Elle ne fut pas seule, néanmoins, à subir les effets de cette mésaventure; car, juste au même moment, Bryan, passant à travers les buissons avec son canot, s'enfonçait dans le même marais. Il s'écria, dans un patois que plusieurs années de résidence parmi les Français à demi instruits de la terre de Ruper n'avaient pu adoucir :

— Tonnerre de trêfle (pour tonnerre de Brest), je n'ai jamais vu un si sale pays. Oh! mon cher baron, pourquoi diable as-tu jamais quitté ton pays natal?

— Pourquoi, mon garçon? Pour une très-bonne raison, cria La Roche dans un affreux baragouin, composé de français et d'anglais, pour une très-bonne raison, ma foi. On était fatigué de toi au logis; tu étais un grand coquin; on ne pouvait plus te garder.

— C'est vrai, La Roche, répondit le serrurier, tu as raison; ils n'avaient plus de quoi me garder là-bas; et, comme les pommes de terre étaient toutes gelées, il fallait ou m'en aller ou mourir de faim.

Après de longues recherches, Frank Morton trouva un endroit assez conforme à la réalisation de leurs projets. C'était une élévation recouverte d'une même épaisseur d'herbe, et entourée par une ceinture de saules qui défendait suffisamment la place des atteintes du vent. Un arbre bas et touffu étendait ses branches en avant et y formait presque un abri. C'était de peu d'importance, d'ailleurs; car la nuit était belle, et même comparativement douce. Aussi la sombre voûte du firmament, éclairée par une armée de brillantes étoiles, dédommageait amplement d'autre ciel-de-lit dans le feuillage.

Frank et La Roche s'occupèrent à placer sous un saule une très-petite tente blanche pour M. Stanley et sa famille. Frank lui-même, quoiqu'y ayant droit par sa position dans le service de la compagnie, refusa de s'en servir, préférant faire comme les autres hommes, et dormir sous le petit canot. Pendant ce temps, M. Stanley battit le briquet, et Bryan, ayant déposé son fardeau près de la tente, récolta bientôt une quantité suffisante de bois mort pour allumer un bon feu. Edith et sa mère ne restaient pas oisives au milieu de cette scène. Elles s'employaient à ramasser des brindilles sèches, pour aviver la flamme. Lorsque le foyer répandit sa clarté sur le camp, et que la tente fut plantée, elles aidèrent La Roche à préparer la table pour le souper.

Naturellement, après un voyage comme celui-ci, on ne fit pas beaucoup de cérémonie, et le repas fut empreint d'un caractère de simplicité particulière.

Le chaudron servit de théière, les tasses furent remplacées par des écuelles d'étain, et la nappe, par un grand essuie-mains. La table n'était autre que le sol lui-même, sur lequel était étendue une vaste toile goudronnée, pour se préserver de l'humidité. Un peintre se fût arrêté pour contempler ce pittoresque tableau.

Campement, la nuit, dans les bois. — La Roche surveille le feu.

Au centre flambait le feu, un feu joyeux, éclatant, éblouissant, jetant des étincelles dans toutes les directions, comme l'artillerie d'une forteresse en miniature; les flammes s'étendaient fièrement en longues langues, et semblaient vouloir embrasser la place entière. La Roche paraissait tout spécialement placé pour rôtir tout vif, et ce n'était pas sans difficulté qu'il arrivait à surveiller son chaudron et ses pots. Quelquefois, les flammes montaient furieusement en roussissant le feuillage; des flammèches s'envolaient au loin dans le vent, et la tente de M. Stanley, inondée de reflets éclatants, s'accusait fortement en lignes de lumière dans la profondeur de la nuit.

Le rideau de cette tente était ouvert. On apercevait à l'intérieur le thé qui fumait, et les figures souriantes de Stanley, de sa femme, de

Frank et d'Edith, assis sur des couvertures de laine ou des châles, et s'apprêtant à livrer assaut au gros canard mentionné plus haut. Pour le faire cuire, on l'avait exposé sur un bâton devant la flamme; maintenant, il était étendu sur le dos, les ailes et les jambes écartées, comme s'il suppliait qu'on le mangeât d'urgence, désir auquel Chimo, couché près de la porte, n'aurait pas demandé mieux de répondre immédiatement.

A droite de la tente était placé le petit canot, dont la coque devait offrir une légère protection aux lits qu'Oostesimow s'était engagé à étendre pour Frank, son camarade Ma-Istequan et lui-même. En face, de l'autre côté du feu, et à gauche, le plus grand canot était renversé de la même façon, et plusieurs des hommes étaient occupés à étendre par terre une couche de feuilles et de branches, par-dessus laquelle ils devaient placer ensuite leurs couvertures de laine. D'autres se groupaient autour du feu et fumaient leurs pipes, ou surveillaient, avec des yeux impatients, les opérations de Bryan, qui, étant accoutumé à avoir des rapports continuels avec le feu, eût été vraiment digne de remplir l'office de cuisinier de la colonie.

Au reste, Bryan méritait pleinement l'honneur qu'on lui conférait; car jamais, depuis Vulcain, on n'avait vu un homme capable de jouer ainsi avec le feu, sans y penser. Il avait une telle adresse pour saisir et pour jeter les charbons ardents, qu'on eût pu croire sa main recouverte de cuir.

Les flammes ne semblaient pas avoir de prise sur ses bras nerveux, lorsqu'elles s'y enroulaient. Quant à la fumée, il la traitait avec un profond dédain.

La Roche ne lui ressemblait pas. Avec son tempérament de vif-argent, il sautait autour du feu pendant ses occupations culinaires. Ses camarades s'en amusaient, et les rires redoublaient quand il se rencontrait dans un de ses bonds désordonnés avec Bryan, l'incombustible. Celui-ci ne manquait pas de riposter au choc par un fort grognement irlandais, mêlé de dédaigneuses remarques.

Derrière le cercle de lumière projeté par le feu, s'étendait la ceinture de saules qui entourait le campement de tous côtés, excepté du côté de la mer, où, par un passage étroit, on pouvait voir l'Océan, ses champs, ses masses de glace flottante se détachant sur un fond calme, et reflétant la pâle lumière de la lune, alors dans son premier quartier.

— Comme chaque chose est confortable et agréable, dit Mme Stanley, en versant le thé, tandis que son mari découpait le canard.

— Oui, n'est-ce pas, Edith? dit Frank en caressant sa petite amie et en lui présentant son assiette. Une aile, s'il vous plaît. Tenez, donnez-lui aussi une aiguillette, ajouta-t-il. Je sais qu'elle a prodigieusement faim; car je la voyais regarder Chimo, au moment où nous touchions terre, comme si elle eût voulu le manger pour souper, sans nous donner le temps de le faire cuire.

— Oh! Frank, comment pouvez-vous être si cruel? dit Edith, en prenant son couteau et sa fourchette, et en attaquant l'aile avec une énergie qui pouvait justifier l'assertion de son ami.

— Agréable, dites-vous, Jenny? Oui, c'est le vrai mot de la situation, dit Stanley. Je ne connais pas d'endroit (et je ne suis pas né d'hier) qui soit si parfaitement agréable, et en tous points confortable, comme un campement dans les bois, par une belle nuit de printemps ou d'automne.

— Ou d'hiver, ajouta Frank, en avalant tout d'un trait un bol de thé, et en faisant un signe à Chimo, comme pour lui dire : Fais-en autant, si tu le peux, vieux camarade.

Là-dessus, il tendit de nouveau sa tasse à Mme Stanley.

— N'oubliez pas l'hiver, froid, aigu, le brillant hiver. Un campement dans la neige, par un beau temps, est aussi agréable que celui-ci.

— Un peu froid, n'est-ce pas? dit Mme Stanley.

— Froid, pas du tout, répliqua Frank, en plongeant négligemment la main dans le sac au biscuit, si vous avez assez de bois pour faire ronfler un grand feu de six pieds de haut, sur trois de large et quatre de profondeur, avec une cahute de neige de cinq pieds, abritée par les branches épaisses d'un pin, et deux grosses couvertures pour vous préserver de la gelée (une autre cuisse de cette volaille, s'il vous plaît); vous n'avez pas d'idée combien c'est agréable, je vous l'assure.

— Hum! murmura Stanley avec un sourire de doute, vous oubliez d'ajouter à votre catalogue une grande jeunesse, un robuste tempérament, un sang chaud circulant librement dans les veines comme un feu ardent. Recommandez-moi plutôt le printemps ou l'automne. Où trouver plus de joie que lorsque l'air est doux, les eaux courantes, les bois verts et embaumants?

— Pourquoi ne parlez-vous pas de l'été? dit Edith, qui avait écouté attentivement la conversation.

— L'été, mon bijou, parce que....

— Permettez-moi de répondre, interrompit Frank, en posant son couteau et sa fourchette, et en plaçant l'index de sa main droite sur son pouce gauche, comme s'il allait faire un speech. Parce que, Edith, parce que l'été amène la chaleur, une chaleur étouffante, inévitable; parce qu'il y a de détestables insectes, comme les mosquitos, les moustiques et autres bestioles désagréables, qui vous piquent, qui vous mordent, vous tourmentent, vous sucent, et vous font tomber dans une espèce de rage. Le croiriez-vous? j'ai vu même des hommes souffleter perpétuellement leurs propres visages, arracher la peau de leurs propres joues avec leurs propres ongles, et n'en obtenir aucun soulagement. J'ai vu, par-dessus tout cela, des têtes d'hommes tellement enflées, que les yeux et le nez en étaient disparus; la bouche était restée seulement visible et ouverte. Leur aspect général était celui d'un haggis écossais. Ajoutez à cela qu'il y a un moment où toutes ces misères se donnent rendez-vous sur la personne des hommes et des bêtes, si bien que celles-ci se jettent à l'eau de désespoir, et que ceux-là deviennent fous furieux. Tout ceci se passe en été. Une autre tasse, s'il vous plaît, madame Stanley. Ma parole, ça vous donne soif rien que d'y penser.

A ce moment, la conversation de la tente fut interrompue par un long éclat de rire, coupé par quelques exclamations de colère. Dans un de ses sauts fantastiques pour éviter la flamme qui s'élançait du foyer, La Roche se trouva en contact violent avec Bryan, tandis que celui-ci retirait du feu une marmite bouillante pleine de soupe et de lard. Heureusement pour la bande, dont le souper était ainsi placé en péril, Bryan ne bougea pas du sol; mais La-Roche, chancelant sur une bûche, tomba lourdement parmi les écuelles d'étain, les cuillers et les couteaux, qui venaient d'être posés par terre devant le canot.

— Ah! mauvais chien, grommela Gaspard, en ramassant les débris de sa pipe, tu es toujours à courir et à sauter partout comme un singe.

— Oh! pauvre crapaud, cria François en riant, ne l'accable pas, c'est un chien utile en son genre.

— Voilà de la jolie besogne! Ah! méchant avorton, va; il y a longtemps que je t'aurais arrangé d'une jolie façon, si tu n'étais pas si petit et si misérable. Et tu n'aurais pas renversé pour rien, dans le feu, moi et la soupe, je t'en donne ma parole par le gros doigt du pied de saint Patrice, pour ne rien dire de plus.

— Venez, venez, Bryan, cria Massan, ne dites pas de mal du

gros doigt de saint Patrice, et mettez le chaudron par terre. Si vous m'en laissiez un peu! riposta Massan, tandis que ses camarades, rangés en cercle autour du chaudron, lui livraient une attaque vigoureuse. Mon gosier n'est pas habitué comme le vôtre à avaler le feu. Je n'ai jamais vu un homme tomber sur la nourriture comme vous le faites, Bryan. Diable..., c'est chaud. Dites donc, Oolibuck, cela ne vous rappelle-t-il pas les chiens de votre pays en train de lécher à terre le chaudron?

Le sauvage visage d'Oolibuck s'épanouit, et il avala une énorme cuillerée de soupe.

— Je pense que les chiens des Esquimaux feraient bonne mine devant ce chaudron.

— Est-ce que les chiens des Esquimaux mangent avec leurs maîtres? demanda François, en fouillant dans la marmite avec sa fourchette, pour y trouver un morceau de lard.

— Ah bien! merci! Croyez-vous qu'ils mangent avec leurs maîtres? Ils lèchent le chaudron quand tout le monde a fini, répondit Moses d'un air de mépris.

— C'est vrai, s'écria Massan, en s'arrêtant quelques minutes pour reprendre haleine. Ils laissent les chiens terminer la fête; car, sachez-le, camarade, je l'ai vu moi-même; ou, dans tous les cas, j'ai vu un homme qui connaissait un bûcheron qui disait avoir un camarade qui avait passé un hiver avec les Indiens, ce qui revient presque au même. Donc, il disait que quelquefois, lorsqu'ils tuaient un gros phoque, ils le faisaient cuire en entier, et c'était une vraie fête. Vous devez savoir, mes amis, que les Indiens fabriquent de gros chaudrons faits d'une espèce de pierre molle, qu'ils trouvent dans leurs régions. Quelques-uns sont assez grands pour faire cuire un phoque entier. Lorsque la bête est cuite, ils la mettent hors du pot; et tandis qu'ils la mangent, les chiens arrivent et s'asseyent en rond autour du pot, jusqu'à ce que la soupe soit assez refroidie pour l'avaler. Ils savent bien d'abord qu'elle est trop chaude et qu'ils doivent s'armer de patience avant de commencer leur festin ; mais, au bout de quelque temps, quelques-uns des plus jeunes ne peuvent plus se contenir ; ils fourrent leur nez dans la marmite, et, naturellement, ils le retirent encore plus vite, en jetant un cri aigu, en s'asseyant pour se gratter le museau. Les vieux prennent alors courage et agitent leur queue à droite et à gauche, mais très-doucement, jusqu'à ce que le potage soit devenu plus froid ; puis ils commencent, en se tourmentant, en se débattant, en aboyant et en avalant, juste comme Moses que voilà, jusqu'à ce que le pot soit aussi propre que le jour où il fut fait.

— Ah! ah! ah! très-bien, très-bien; mon cœur, tu es splendide, cria La Roche, dont la gaîté était toujours très-facilement excitée.

— C'est tout à fait vrai, n'est-ce pas, Moses? dit Massan, en se remettant une seconde fois à la marmite, tandis que quelques-uns de ses camarades découpaient l'oie que Frank avait tuée dans la journée.

— Quelle facilité tu as pour avaler, Moses! Si tes compatriotes sont comme toi, je ne m'étonne pas qu'ils aient fait bouillir des phoques entiers et des baleines pour leur dîner.

— Il faudrait une chaudière formidable pour une baleine, balbutia Bryan, la bouche pleine ; combien de centaines de chiens comptes-tu en moyenne pour venir à bout d'une pareille soupe?

— Tu fais le malin, Bryan, rétorqua Moses, tandis qu'un sourire jovial épanouissait sa physionomie grosse et huileuse, mais tu ne l'es pas, grand cornichon.

— C'est vrai, Moses, je suis un sot de te laisser t'asseoir près de la chaudière si longtemps, répondit l'Irlandais, en tentant un effort inutile pour attraper une cuillerée de soupe au fond du pot. Ah! vous avez tout léché; c'est aussi propre que si la besogne avait été faite par un de vos chiens.

— Attention! grognon, dit Gaspard en repoussant violemment La Roche, qui renversait presque le seau d'eau, dans un de ses mouvements excentriques et désordonnés.

— Bien pardon, monsieur, s'écria La Roche d'un air de chagrin affecté, en faisant une révérence grotesque qui excita l'hilarité générale.

— Ma parole, il vaudrait mieux voyager avec un ours malade qu'avec toi, Gaspard, dit François, à demi en colère.

— Veux-tu bien garder ta langue, riposta l'autre.

— Pas sur ton ordre, reprit François, en se levant à demi, tandis que la rougeur lui montait au front.

Gaspard se leva également, et le campement allait devenir le théâtre d'une querelle, lorsque Dick Prince, habituellement silencieux, posa sa main sur la large épaule de Gaspard, en le forçant à se rasseoir sur le sol.

— Fi donc! camarades, dit-il d'une voix basse et grave, qui détermina sur-le-champ un silence mortel, fi donc! Allez-vous vous quereller pour notre première nuit passée dans les bois? Nous n'avons pas assez d'amis dans ces parages, il me semble, pour susciter des inimitiés dans nos rangs.

— Bien dit, cria Massan d'un ton très-décidé; c'est stupide de nous disputer quand nous sommes déjà si peu nombreux.

Et, appuyant son assertion d'un bon coup de pied dans les bûches, il en fit jaillir un riche nuage d'étincelles, qui semblaient vouloir compléter la justesse de sa remarque.

— Pardonnez-moi, mes enfants, je ne voulais pas quereller, dit

François, en tendant sa main à Gaspard, qui la secoua en silence et reprit sa posture indolente, en fumant sa pipe.

Cette petite scène avait pu être suivie par la colonie de la tente, qui était assez près pour entendre tout ce qui était dit par les hommes, et même pour causer avec eux, s'ils le désiraient.

Un sentiment d'inquiétude vint à l'esprit de M. Stanley; et, quelque temps après, en parlant de cet incident, il disait :

— Je ne suis pas à l'aise avec Gaspard; c'est un véritable chien hargneux, et il est tellement fort, qu'il pourrait gêner sérieusement nos projets, s'il était en colère.

Un léger sourire de mépris plissa les lèvres de Frank.

— Un bras fort sans un cœur hardi n'a pas plus de puissance que celui de mon Edith dans un jour de danger; mais j'augure mieux de Gaspard. C'est un chien boudeur, il est vrai; mais c'est un rude travailleur. Il ne murmure pas, et j'ai quelquefois surpris en lui des traces de bons sentiments que ne révèle pas son regard. Sa taille, je n'en fais aucun cas; il manque de courage; et quant à craindre sa force, François le terrassera quand il le voudra.

— Cela se peut, répliqua Stanley. J'espère qu'ils n'essaieront pas leurs forces plus tôt que nous ne le pensons. Que des marins se battent une fois en passant, on ne peut empêcher cela. Mais celui-ci paraît nourrir et entretenir sa vengeance. Dans une expédition comme la nôtre, il est précieux de garder une bonne entente. Une brebis galeuse peut causer au troupeau de sérieux dommages.

— Elle est seulement tachée, la brebis, et non galeuse, dit Frank en riant, et en se levant pour quitter la tente. Mais je vous laisse. Je vois que les yeux d'Edith refusent de rester ouverts plus longtemps. Donc je vous souhaite une bonne nuit et un sommeil tranquille.

La remarque de Frank fut entendue par Gaspard. Il s'était levé pour regarder la nuit et s'était ensuite approché près de la tente, afin de se trouver à l'écart, au moment où les hommes réciteraient la prière du soir.

Au moment où il se mettait à genoux, les paroles de Frank arrivèrent à son oreille; et lorsqu'il tira sa couverture sur sa tête, cette nuit-là, il sentit comme un adoucissement à sa peine, comme un pli de moins sur son front.

Cependant, Frank regagna son canot. L'aspect du camp différait alors essentiellement de ce qu'il était une heure auparavant. Le feu s'endormait comme tout le monde. Du monceau de braise embrasée sortait de temps en temps une petite flamme bleue, dont l'éclat momentané dessinait les silhouettes des hommes, étendus en un seul rang, côte à côte, sous le grand canot. Ils s'étaient enveloppés dans leur couverture de laine, en la serrant étroitement autour de leur corps, et en en ramenant une des extrémités par-dessus leur chevelure. Rangés ainsi sur une file, les pieds au feu, et la tête reposant sur la capote roulée, ils ressemblaient à une exposition de traversins.

Un ronflement sonore et régulier prouvait que le travail et la santé implorent rarement en vain le dieu du sommeil.

En retournant vers son propre canot, Frank constata que ses amis les Indiens s'étaient étendus dessous, en laissant une place vide, et non sans avoir soigneusement disposé son lit entre eux deux. Les enfants de la forêt s'étaient endormis longtemps avant leurs camarades blancs; ils demeuraient silencieux et paisibles comme les canots qui recouvraient leurs têtes. Le canot était si petit, qu'il ne servait d'aucune protection à leurs jambes et à leurs pieds; mais, par ce beau temps, cette particularité n'avait aucune importance; et quant au lendemain, ils n'en prenaient point souci.

Frank s'étendit à la place qu'il s'était réservée et ne tarda pas à dormir. Lorsqu'il tira sa couverture sur lui et plaça la tête sur sa capote, les étoiles étaient encore étincelantes, et la lune, au milieu d'un ciel clair, lançait des pointes d'argent sur les glaces de la mer. Tout était calme, beau, solennel, et il semblait que cela ne pût jamais être autrement.

Mais la nature ne sourit pas toujours, hélas! Ses apparences, comme celles des hommes, sont souvent trompeuses.

VIII.

Aventures de Bryan avec un ours polaire.

Glace, glace, glace ! Lorsque le jour se leva sur le camp endormi, le lendemain matin, tout semblait être converti en glace. Pendant la nuit, une gelée intense, accompagnée de neige, avait changé comme par enchantement le printemps en hiver ; et des parcelles de glaces couvraient non-seulement les boutons et les feuilles des buissons, mais encore le tronc et les branches des arbres. La neige pesait lourdement sur la tente, dont les plis avaient paru si purs et si blancs la veille ; par comparaison, ils semblaient maintenant salis. De la neige ! Il y en avait aussi sur les jambes des hommes, sur le noir foyer, où reposaient les cendres de ce feu si brillant et si gai la nuit précédente, sur les galets du rivage. La glace flottait sur la mer en formant des écueils et des montagnes à la tournure plus ou moins apocalyptique. Des icebergs montraient leurs sommets à l'horizon et tranchaient hardiment sur le bleu brillant du ciel.

Il faisait froid, mais la nature n'était pas triste ; car, lorsque Edith avança la tête hors du rideau qui fermait la tente, et ouvrit les yeux sur cette scène magique, le soleil se levait à l'horizon comme pour la saluer. Un flot de lumière courut sur les mille détails de cette immense univers, transformant la mer en un miroir, créant des îles d'argent poli, faisant sortir du néant des promontoires d'émeraude et de lapis-lazuli.

Malgré l'état presque complétement solide de la mer, on apercevait encore quelques bandes d'eau libre non loin du rivage, de sorte que, lorsque Stanley réunit un conseil composé de Frank Morton, Dick Prince et Massan, il fut décidé à l'unanimité qu'ils allaient poursuivre leur route.

Bien leur en prit d'agir ainsi ; car ils ne s'étaient pas plus tôt avancés de quelques milles en mer, qu'ils doublèrent un promontoire derrière lequel il n'y avait pas de glace en vue ; quelques blocs épars flottaient seulement çà et là et servaient encore à augmenter la beauté de la scène, par le contraste de leur légèreté aérienne et le beau bleu du ciel et de la mer.

Cela n'interrompit pas la marche des voyageurs. Les trois canots maintenaient aussi constamment que possible leurs positions relatives. Frank et les deux Indiens montraient la route dans le petit canot ; les deux autres étaient côte à côte lorsque l'eau libre le permettait. Les deux équipages unissaient leurs voix pour entonner un de ces chants splendides qui contribuèrent à égayer fréquemment la colonie durant le voyage.

Pendant cette journée, et quelques jours suivants, ils continuèrent à jouir d'un temps superbe et ils firent de rapides progrès dans le nord. Quelquefois la glace était plus épaisse ; un jour, ils furent obligés de l'escalader lestement en déchargeant leurs canots et en les tirant hors de l'eau. Dans ces moments les hommes prouvaient à quel point ils étaient de vrais camarades, tous ayant leur sang-froid, tous actifs, prompts, réunis dans la même pensée au moment du danger. En présence d'un péril imminent, La Roche se jetait aveuglément du bord du canot sur la glace, avec la légèreté d'un clown ; il ne s'inquiétait pas de retomber sur les pieds ou sur la tête, et plus d'une fois il manqua de se casser le cou en agissant de la sorte. Au fond, La Roche n'était pas poltron ; lorsque le premier moment d'excitation était passé, il se mettait à rendre service tout comme un autre. Bryan, quoique non moins hardi que La Roche, perdait la tête pendant cinq minutes, lorsqu'un danger l'assaillait ; il restait quelquefois assis en regardant d'un air hébété autour de lui, tandis que les autres déchargeaient activement les canots. Un matin, entre autres, en face d'un péril plus grave que d'habitude, il restait assis et insouciant dans le canot vide sans faire attention à l'ordre absolu de sauter à terre ; heureusement les bras vigoureux de Gaspard l'enlevèrent hors du canot, et on le déposa à terre comme un petit chien. Dans ces occasions, il essayait toujours de se disculper en déployant le plus grand zèle, et en se servant en même temps d'expressions étranges, telles que : Oh ! à l'assassin ! Savoyard de sort ! Malheur ! et d'autres moins compréhensibles encore.

Chimo était toujours le premier à terre ; il allait aussitôt aux pieds d'Edith, qui, elle aussi, se trouvait toujours débarquée dans les premières, grâce à la vigueur du bras de François. Ce brave marin, assis à l'avant, l'avait tacitement prise sous sa garde spéciale. Il était également le bras droit de Mme Stanley, qui eut recours à lui dans plus d'une aventure. Du reste, c'était à qui viendrait au secours de la première volontaire d'Ungava.

Les campements variaient suivant la nature de la côte : quelquefois on choisissait une clairière de sapins, ou une ceinture de saules nains, quelquefois le sable aride du rivage, et même, à l'occasion, l'extrémité d'un cap. Ils avaient alors à piquer leurs tentes et à dresser leurs lits dans les crevasses de la falaise ; mais, n'importe où ils bivouaquaient, sur le sable, sur le roc, ou dans l'ombre des forêts, ils trouvaient toujours, comme le faisait remarquer Mme Stanley, la première nuit de leur campement, que tout était extrêmement confortable et très-agréable.

Ils étaient fort heureux aussi de se procurer une ample provision de chair fraîche, car il y avait dans ces parages des canards, des oies de genre varié, et une quantité innombrable de pluviers, cormorans, mouettes, édredons, dont ils découvraient des œufs par milliers ; quelques-uns de ces oiseaux étaient bons à manger, leurs œufs (spécialement ceux de l'édredon) étaient excellents. Ils rencontraient aussi des rennes, et un jour même, Frank apporta un ours noir, dont quelques parties furent très-goûtées par les Esquimaux et les Indiens.

Ours noir.

Bryan, au contraire, exprima par des paroles de mépris le dégoût que lui inspirait cette nourriture de sauvage. Des idolâtres seuls étaient capables de manger pareil ragoût : ces êtres étaient à juste titre à leur place dans les régions polaires isolées.

Les phoques montraient aussi de temps en temps leur tête grotesque ; après avoir regardé les canots de leurs grands yeux de poisson, ils disparaissaient lentement derrière les vagues. Ces animaux n'étaient jamais poursuivis. Les Indiens les considéraient avec un grand respect ; ils les croyaient des dieux, et assuraient à Stanley que la destruction de l'un d'eux amènerait infailliblement une mauvaise chance sur l'équipage.

Stanley souriait intérieurement à ces réflexions, mais donnait des ordres pour qu'on ne tirât pas sur les phoques. Du reste, ces animaux ne pouvaient servir, ni pour la nourriture, ni pour quoi que ce fût.

Ours blanc.

On aperçut quelques ours blancs ; mais on les épargna également, car il fallait, pour les tuer, dépenser beaucoup de poudre, ou les atteindre du premier coup derrière l'oreille. D'ailleurs, ni leurs peaux, ni leurs corps, n'étaient utiles à nos voyageurs.

Ainsi, tout alla bien pendant un moment. Mais la vie est une étrange histoire, et le soleil de la prospérité n'éclaire pas constamment ses horizons !

Un matin, comme ils ramaient joyeusement dans les environs du cap Jones, M. Stanley voulut régler son sextant et ses autres instruments, avant d'arriver dans cette terre qui pour le plus grand nombre des voyageurs devait être absolument inconnue. Il devenait nécessaire de ne pas dépendre complétement des renseignements fournis par Oostesimow et Ma-Istequan qui avaient voyagé par là une seule fois, et qui ne connaissaient qu'une partie du pays. C'était par une de ces splendides matinées particulières aux régions arctiques, où l'air est incomparablement clair, et où la nature inanimée semble plongée dans le plus profond repos ; repos qui est plus saisissant encore lorsqu'il est troublé par les cris plaintifs des oiseaux sauvages, ou le jet d'eau retentissant d'une baleine. L'atmosphère resplendissait d'un éclat particulier. Tout s'illuminait du reflet des monts et des champs de glace, miroitement fantastique à travers une brume sèche, légère comme de la gaze, qui, sans obscurcir l'éclat des rayons du soleil, ajoutait un charme indéfinissable à chaque objet en le couvrant d'un voile mystérieux.

Les hommes, en dépassant la pointe, avaient cessé de ramer et s'apprêtaient à bourrer leurs pipes, récompense que les voyageurs réclamaient toujours comme compensation inévitable lorsqu'ils avaient accompli quelque grande tâche ou parcouru à la rame une longue distance.

— Accostez ici, Massan, dit Stanley en se retournant vers son guide. Je vais faire une reconnaissance, si c'est possible. Pendant ce temps, vous pouvez envoyer les hommes chercher des œufs ; nous en aurons besoin, car le garde-manger est un peu vide en ce moment.

Massan, murmurant un assentiment, et criant à l'autre canot d'arrêter, se mit à courir le long des rochers.

— Vous feriez mieux de héler le petit canot, dit M. Stanley, en mettant pied à terre, car j'ai besoin de l'aide de Morton.

Massan escalada un roc élevé, et, s'ombrageant les yeux avec les mains, regarda attentivement en avant ; il remarqua que le petit canot était presque hors de vue, et s'apprêtait à doubler la pointe.

Portant ses mains à ses lèvres, il s'en servit comme d'une trompette et jeta un cri comme les échos de ce pays n'en avaient jamais répété.

— Impossible! monsieur, dit Massan, M. Morton est hors de portée. J'ai peur qu'il ne soit parti dans la direction des ours blancs, espérant les tirer.

— Essayez de nouveau, Massan, insista Stanley, élevez le ton de votre voix, criez plus fort : peut-être vous ferez-vous entendre.

Massan secoua la tête.

— Essayez, Bryan, dit-il, en se retournant vers l'Irlandais, assis paresseusement sur un rocher et bourrant sa courte pipe.

— Est-ce pour appeler que vous avez besoin de moi? demanda Bryan en se levant. Je vais essayer.

Et, mettant ses mains à sa bouche, il en tira un son tellement fort, que le cri de Massan était en comparaison nul. C'était une note aiguë, éclatante, mais si irrésistiblement ridicule, que l'équipage entier partit d'un long éclat de rire.

Quelque éclatante qu'elle fût, elle ne put arriver aux oreilles de ceux qui montaient le petit canot; quelques secondes après ils doublèrent la pointe et disparurent.

— Mauvais présage, dit Bryan avec ennui, en retrouvant sa pipe à demi brisée; car c'est en cherchant à hurler que je l'ai cassée, bien sûr!

— Ça n'y fait rien, mon garçon, ce qu'il en reste n'est pas mauvais, dit Stanley en riant et en ouvrant la boîte qui contenait ses instruments scientifiques.

Pendant ce temps, Mme Stanley et Edith se promenaient sur les rochers en ramassant des coquilles et des petits galets; puis les hommes se dispersèrent, quelques-uns pour fumer et jaser, d'autres pour chercher des œufs. Bryan et La Roche demandèrent la permission de continuer leur marche vers la pointe, pour y attendre les canots. Ils s'y arrêtèrent et s'installèrent sur une plate-forme escarpée, où, comme le remarqua Bryan, il eût été impossible de grimper, si l'on avait eu des poids dans les souliers.

— Pourquoi es-tu entré dans la compagnie ? demanda La Roche en marchant.

— Parce que je n'avais pas autre chose à faire, comme dit la vieille chanson. Tu vois, Losh (Bryan avait inventé pour son ami ce nom, qu'il trouvait plus commode), tu vois, Losh, il y a plusieurs raisons pour lesquelles un gentilhomme doit quitter son pays natal et voyager à l'étranger. Je n'avais rien à faire, il est vrai, dans l'univers, car toutes les fois que je me suis procuré de l'ouvrage, je n'ai jamais pu le garder ; Dieu me pardonne si je sais pourquoi ! mais cela est. Néanmoins, je me suis assez bien tiré d'affaire, en vivant de murphies, seul dans une vieille cabane déserte.

— Qu'est-ce que des murphies ? demanda La Roche.

— Bénie soit ta face innocente. Ne sais-tu pas ce que c'est que des pommes ?

— Quoi ?

— Des pommes ! mon garçon, autrement dit, des pommes de terre, si tu veux des détails.

— Je comprends pommes de terre. Nous appelons cela, nous, des pommes de terre, et non des murphies.

— C'était ce que je disais. Donc, je me tirai d'affaire avec les pommes de terre, et le cochon ; mais un jour, le cochon est mort, il s'étouffa en avalant une pomme de terre ! Hélas ! c'était la dernière pomme de terre de la cabane, une grosse que ma grand'mère avait mise de côté pour le souper. A partir de ce moment, tout alla mal ; la maladie arriva, et je pensais à m'enrôler quand Bob-Mahane mourut d'ivrognerie et de famine. Nous eûmes une superbe fête de mort ;

mais on fit du bruit, et deux ou trois policemen se permirent d'intervenir ; je les rossai l'un après l'autre, et je m'enfuis. J'allai droit à Dublin, où je rencontrai un vieil ami qui était barreur sur un navire en fer, en partance pour New-York. Il me dit : « Bryan, viens-tu ? » Je dis oui, bien entendu, et je suis parti. J'ai traversé la mer jusqu'à Meriky ; mais je n'ai jamais pu me mettre d'aplomb ni d'une façon ni de l'autre. Je suis venu à Montréal rejoindre la compagnie. Enfin, après avoir été dans la Colombie et la rivière de Mackenzie pendant quelques années, je fus envoyé à Moose, et me voici, Losh, ton serviteur.

— Bon, très-bon, mais original, dit La Roche, que son intimité avec le fils de l'Irlande rendait capable de comprendre, à travers ce jargon irlandais, le sens général de ce discours.

— Tu veux dire que j'ai eu une fameuse chance de quitter le pays, dit Bryan, en se baissant pour ramasser une pierre qu'il jeta à la mer ; tu as peut-être raison ; mais il y a une chose que je n'ai pu accepter.

Et ici la voix du forgeron devint grave.

— Qu'était-ce donc ? demanda La Roche.

— Vois-tu, Losh, j'ai été tellement poursuivi par la police, que j'ai été forcé de partir sans dire adieu à ma pauvre vieille mère, et on m'a dit que cela lui avait presque brisé le cœur. Depuis, j'ai reçu une ou deux lettres au bas desquelles elle avait fait une croix. Je sais qu'elle a surmonté cette peine, et elle attend mon retour, la chère âme. Je lui envoie tous les ans 125 fr. J'ai la ferme espérance de la revoir, Losh, quoiqu'elle soit vieille, car elle est bien coriace, elle appartient à une souche de longue vie.

Pauvre Bryan, il n'était jamais entré dans son insouciante cervelle que sa vie d'aventures pût abréger ses jours bien avant que sa vieille mère quittât la terre d'exil. Comme beaucoup de ses compatriotes, il était d'une nature forte, passionnée, mais remarquablement désintéressée.

— Ton pays ressemble-t-il à celui-ci? demanda La Roche en désignant la mer couverte de champs de glace, aussi loin que la vue pouvait s'étendre.

— Par le nez de ma bisaïeule (et il était loin d'être court), non, répliqua Bryan en riant. On dit que la vieille Irlande n'a jamais été entourée de bonbons semblables. Mais qu'est-ce que nous avons ici?

Tout en causant, ils atteignirent le point où ils devaient attendre les canots. La remarque de Bryan portait justement sur la présence du petit canot lui-même, qui restait à vide sur la plage, au delà de la pointe. D'après la façon dont il se trouvait là, il était évident que Frank et les deux Indiens l'avaient placé tel quel, mais aucun d'eux ne donnait de signes de présence; à peine pouvait-on distinguer une ou deux traces de pas imprimées dans le sable.

Pendant que La Roche les examinait, son compagnon marcha vers une pointe de rocher dont la masse, se détachant de la ligne normale de la falaise, interceptait la vue assez loin. En la tournant, il aperçut un animal dont l'apparition le cloua de stupeur sur le sol. Juste à deux pieds de lui, arrivait un énorme ours polaire, dont la course fût soudainemt arrêtée par l'apparition imprévue de Bryan.

Il est difficile de dire lequel de l'homme ou de la bête fut le plus surpris de la rencontre. Ils s'arrêtèrent tous deux brusquement, et ouvrirent leurs yeux grands comme des fenêtres. Le pauvre Irlandais était évidemment pétrifié par cette apparition. Il devint mortellement pâle, ses mains tombèrent sans force le long de son corps. L'ours recouvrait ses esprits, se levait sur ses jambes de derrière et avançait vers lui, signe certain qu'il n'était nullement épouvanté et qu'il s'apprêtait à livrer bataille.

Quant à La Roche, lorsqu'il jeta les yeux sur le féroce quadrupède, il poussa un hurlement effroyable, bondit vers un arbre voisin, et ne cessa pas de grimper jusqu'à ce que les plus hautes branches pliassent sous son poids.

Pendant ce temps, l'ours marchait vers Bryan ; mais, ne se rencontrant pas aux prises avec un ennemi habituel, et sentant quelque chose d'étrange dans l'état cataleptique du pauvre homme (car Bryan était arrêté encore pétrifié d'horreur), il tourna lentement autour de lui, et mit son nez froid sur sa joue comme s'il tentait de l'émouvoir.

Bryan continuait à ne pas broncher ; généralement il passait cinq bonnes minutes à reprendre ses esprits ; les cinq minutes n'étaient pas écoulées, et Bryan demeurait toujours si parfaitement immobile, que l'ours, dédaignant sans doute un ennemi pétrifié, se laissa tomber sur ses jambes de devant et reprit une attitude absolument indifférente.

On ne peut dire s'il y a quelque chose de vrai dans l'opinion bien connue que le tranquille regard d'un œil humain peut quelquefois dompter un animal. Sans doute, on raconte là-dessus des histoires plus ou moins authentiques ; mais que cela soit ou non, nous sommes forcés de constater, pour la véracité de notre récit, que sous l'influence du regard du forgeron, ou peut-être de son silence, la bête se calma comme par enchantement.

Après mûre réflexion, l'ours se décida même à se retirer lentement, en regardant par-dessus son épaule à droite et à gauche, comme s'il prévoyait qu'on allait profiter de son mouvement de retraite.

Nous avons déjà dit que Bryan n'était pas un lâche ; lorsqu'il recouvrait ses facultés, il était capable de se montrer aussi brave que n'importe qui dans les occasions dangereuses.

En conséquence, il n'eut pas plus tôt vu son adversaire velu en pleine retraite, que son sang paresseux lui remonta à la face avec une violence qui lui causa un éblouissement et gonfla les larges veines deson front. Poussant un vrai hurlement de chien irlandais, il bondit comme un tigre, enleva sa casquette et la lança violemment devant lui, tira la hache qui pendait toujours à sa ceinture, et se plaça face à face devant le monstre.

Combat contre un ours polaire.

L'ours accepta instantanément le défi, et s'assit sur ses jambes de derrière pour recevoir Bryan. Levant sa hache avec ses deux mains, Bryan en déchargea sur la tête de l'ours un coup furieux ; mais celui-ci, d'un rapide mouvement de sa patte, détourna l'arme et la jeta en l'air. Encore un peu, et l'agression imprudente du forgeron allait avoir une lamentable conclusion, lorsque le bruit d'un fusil s'entendit tout à coup. L'écho s'en répercuta dans les falaises et glissa dans la mer. Quant à l'ours polaire, il tombait mort aux pieds de Bryan.

— Hourra ! cria Frank Morton, en s'élançant des buissons son couteau à la main, prêt à terminer l'œuvre si bien commencée par son adresse.

Mais c'était inutile, Frank avait atteint derrière l'oreille l'endroit vulnérable ; une seconde balle était inutile. L'ours était sans vie.

IX.

Un orage menaçant. — Il éclate et cause des désastres. — La colonie a recours à la pleine mer. — Tout est sauvé.

— Ah! Bryan, que le secours d'un ami est précieux en cas de besoin! dit Frank, assis sur un rocher, en surveillant le forgeron et les deux Indiens, tandis qu'ils dépeçaient l'ours. Je n'ai jamais assisté, je peux le dire, à un rendez-vous si intime entre un de mes semblables et une bête brute comme celle-ci. Que de calme de votre côté, Bryan, et, de l'autre, que de délicatesse dans ces baisers que vous volait si chastement maître ours! Etaient-ils doux, Bryan? Vous rappelaient-ils ceux de la blonde fille de Derry?

— Ah! c'est bien vrai, répondit le serrurier en s'avançant pour affiler son couteau, votre honneur est arrivé juste à temps pour m'épargner un immense embarras. Je ne serais pas venu à bout de la bête sans une lutte soutenue. Elle a de la graisse sur les côtes assez pour empêcher le couteau d'aller loin.

— Ainsi, vous supposez que si je ne vous en avais épargné l'embarras, vous l'auriez tuée?

— Naturellement; un homme est sûrement plus fort qu'une bête; et d'ailleurs, n'avais-je pas un ami derrière moi, prêt à me secourir?

En disant cela, Bryan jeta un regard comique à La Roche. Le pauvre François rougit; car il sentit que sa conduite en cette affaire n'était pas digne d'éloges. Il faut dire cependant à sa gloire qu'il ne s'était pas vu plus tôt au haut de l'arbre, qu'il s'était senti pris d'un remords et qu'il s'était laissé glisser rapidement au pied, pour courir au secours de son ami, pas à temps néanmoins pour rendre son appui profitable; car il arrivait juste au moment où l'ours tombait.

Une demi-heure après, les deux grands canots arrivèrent. Bryan et son camarade eurent à supporter les traits d'esprit de leurs compagnons. La surprise, la satisfaction provoquaient les moqueries de toutes sortes. Moses lui-même y prenait part, et disait à Bryan :

— Vraiment, il est presque assez brave pour faire un Esquimau.

Les canots embarquèrent la peau de l'ours et reprirent leur ordre ordinaire, en continuant leur chemin. La carcasse de l'ours, n'étant d'aucune utilité pour la nourriture, fut laissée pour les loups; les griffes, presque aussi grandes qu'un doigt d'homme, furent données par Frank au forgeron, qui put en faire un collier, et le porter, comme le font les Indiens, en souvenir de leur rencontre.

Le temps commençait à changer. Dick Prince, dont les yeux noirs étaient en continuelle observation, dit à Massan qu'un orage se formait, et qu'il était souhaitable qu'on pût trouver le plus tôt possible un endroit convenable pour débarquer. Cependant, Stanley désirait poursuivre sa route; il avait devant lui un long voyage, et ne savait même pas si, en arrivant au lieu de sa destination, il aurait le temps de faire des préparatifs convenables pour se préparer un bon hivernage. Aussi continua-t-il à avancer le long du rivage jusqu'à l'extrémité d'une pointe, au delà de laquelle était une baie profonde. En coupant le golfe en ligne directe, on pouvait s'épargner une heure de navigation.

— Qu'en dites-vous, Prince? Traversons-nous? demanda Stanley, en jetant un regard sur les sombres nuages qui se montraient à l'horizon de la tranquille baie.

Prince secoua la tête.

— Je crains que nous n'ayons pas le temps de traverser. Les nuages viennent trop vite et se noircissent de plus en plus.

— Bien. Alors nous ferons mieux de camper, dit Stanley. Cette place est-elle propice, Massan?

— Non, monsieur, répondit le guide. Les pierres sont les seuls oreillers qu'on pourrait trouver d'ici à six milles.

— Alors, en avant, mes amis, un bon coup de collier, cria Stanley. Si ça commence à tomber avant que nous soyons au loin, nous pourrons, dans tous les cas, retourner en arrière.

En un instant, les canots s'élancèrent comme des chevaux marins. Quoique les nuages continuassent à augmenter, le vent ne s'éleva pas, et il sembla qu'ils allaient se disperser, lorsqu'un vent orageux arriva soudain dans une direction imprévue, en plissant la surface de l'eau.

— Force de rames! mes amis, cria Massan, en agitant son aviron avec une énergie telle, que le canot filait comme une flèche. Nous ne pouvons retourner en arrière! L'orage éclate sur le rivage!

Un lourd grondement de tonnerre couvrit la fin de la phrase. En quelques secondes, le vent siffla avec violence et couvrit la mer d'écume. Les vagues s'élevèrent bientôt le long des barques, qui, n'étant pas à même de supporter un orage, étaient enlevées violemment et embarquaient de l'eau à chaque plongeon.

C'était maintenant une question de vie ou de mort. Il fallait gagner la pointe. Chargées lourdement comme elles l'étaient, il devenait impossible de flotter longtemps sur une mer agitée. Le vent du rivage ne produit jamais, il est vrai, ce que les marins appellent une forte mer; mais, bien que la brise vînt de terre, l'anse était fort longue, et, avant d'atteindre les embarcations, elle avait eu le temps de soulever, sur une étendue considérable, la baie tout entière. D'ailleurs, on l'a déjà expliqué, les canots ne ressemblent en rien à des barques; leurs membrures sont faibles; l'écorce dont ils sont faits est mince; la gomme qui leur sert de calfatage est légère et craque facilement dans l'eau glacée. En un mot, ils ne peuvent affronter une mer sur laquelle un bateau filerait sans souci comme une mouette.

Pendant un temps considérable, les matelots mirent tous leurs efforts pour gagner la pointe de terre tant désirée; mais il devint évident qu'ils ne pourraient y réussir. Les hommes commencèrent à donner des signes d'abattement; ils jetaient des regards inquiets sur Stanley, comme s'ils perdaient tout espoir d'accomplir leur projet, et attendaient ses conseils. La pauvre Mme Stanley tenait Edith par la taille, en regardant anxieusement en avant, du côté du cap, qui disparaissait derrière un nuage épais, comme sous un noir manteau.

— Que Dieu nous assiste, murmura Stanley d'une voix basse, en examinant l'horizon couvert de brumes et rayé d'horribles éclairs, sous le fouet desquels la mer bondissait avec furie.

Mme Stanley priait tout haut.

Stanley ne l'écoutait pas; il était trop profondément absorbé par la situation critique où ils se trouvaient. Alors elle se cacha la figure dans ses mains. Edith jeta ses bras tremblants autour de sa mère et se blottit contre elle. Chimo même semblait comprendre leur danger, car il se coucha contre sa jeune maîtresse et aboya d'une voix plaintive, comme pour sympathiser avec elle.

La mer grossissait toujours ; il fallait deux hommes incessamment occupés à vider l'eau du canot, pour l'empêcher d'enfoncer. Quant aux autres canots, Stanley vit qu'ils avaient beaucoup de peine à continuer à flotter.

— Ne pourrions-nous retourner, Massan ? demanda-t-il avec désespoir.

— Impossible, monsieur, répliqua le guide, dont la voix était presque entièrement couverte par le sifflement du vent. Nous avons déjà fait plus de la moitié du chemin ; et, si nous essayions, cela ne ferait que nous jeter plus loin en mer.

Tandis que le guide parlait, Stanley regardait fixement vers l'horizon.

— Virez rapidement, Massan, cria-t-il soudain ; gouvernez au large et lofez droit vers la mer. Allons, cria-t-il aux autres canots, suivez-nous ; en avant, tout droit.

Les hommes se regardèrent, stupéfaits de cet ordre extraordinaire.

— Ouvrez les yeux, mes amis, continua-t-il, je vois une île au loin dans la mer. Peut-être n'est-ce qu'un rocher ; mais qu'importe? c'est notre unique chance de salut.

L'avant du canot se retourna, et, un moment après, ils couraient lestement vent arrière, dans la direction de la pleine mer.

— Bien, bien, murmura Dick Prince, peut-être n'est-ce qu'un morceau de glace ; mais ça vaut mieux que rien du tout.

— Si ce n'est qu'un morceau de glace, cria La Roche, nous n'avons qu'une pauvre chance.

— Sûrement ; mais, si nous y touchons, nous aurons au moins une chance, dit Bryan, dont l'esprit, en présence de ce rayon d'espoir, avait subitement passé de 50 degrés au-dessous de zéro à 50 degrés au-dessus. J'aime encore mieux être sur la glace que sur l'eau.

Poussés par la brise, les trois canots ne tardèrent pas à approcher de ce qui paraissait être un banc de sable, sur lequel la mer s'étalait en blanche écume. Du reste, il était difficile de deviner la forme exacte du banc. Par moments, on ne le voyait plus du tout, à cause de l'obscurité du jour et de la pluie qui commençait à tomber. Stanley perdait alors la tête et croyait avoir fait une erreur. Ils allaient être réellement jetés en mer ; et, dans ce cas, ils étaient perdus sans espoir !

Mais la miséricorde de Dieu s'étendit sur eux à l'heure du péril. L'île apparut plus large à mesure qu'on approchait, et enfin ils furent à portée de fusil. Mais un nouveau danger les assaillit encore. Le plus grand canot, qui le premier atteignit l'île, avait commencé à faire eau et se remplissait si vite, que tous les efforts ne parvenaient pas à le vider. Pour ajouter à l'horreur de cette scène, le ciel devenait noir comme de l'encre, le tonnerre et les éclairs redoublaient d'intensité.

— Ramez, ramez, mes amis, pour vous sauver, cria Stanley, en jetant son habit et saisissant un plat d'étain, avec lequel il commença à jeter l'eau au dehors.

Le canot s'éleva sur une haute vague qui se brisa tout autour de lui, l'emplit presque entièrement et le poussa vers le rivage avec une telle violence, qu'elle paraissait vouloir le réduire en pièces ; mais il retomba dans le creux de la lame et resta sans remuer, comme une lourde bûche, prêt à couler à fond.

— Maintenant, mes amis, attention à la prochaine, et mettez-y toutes vos forces, cria Massan.

Le digne barreur donna l'exemple avec une nouvelle énergie, et il plongea sa rame avec une telle force, qu'il la brisa en deux.

— Soyez prêts à sauter, cria Dick Prince, en se levant à l'avant, pour donner plus de puissance à ses coups de rame.

Pendant qu'il parlait, Stanley se tourna vers sa femme et lui dit :

— Jenny, saisissez-moi par le collet; je prendrai Edith dans mes bras.

A ce moment, le canot fit une embardée épouvantable, et, avant que Stanley pût saisir son enfant, elles se débattaient toutes deux dans la mer. Au lieu de suivre la recommandation de son époux, Mme Stanley avait jeté instinctivement ses bras autour d'Edith. Tandis que les vagues bondissaient au-dessus d'elle, elle serrait l'enfant étroitement de son bras gauche, et du bras droit elle essayait de se maintenir à la surface. Deux fois elle y réussit, deux fois elle coula. Une caisse de marchandises frappa providentiellement son bras ; elle la saisit et se maintint sur l'eau, en élevant convulsivement la pauvre Edith, pour lui donner de l'air. Puis la boîte fut arrachée de son étreinte par une vague. Mme Stanley jeta un affreux cri de détresse et s'enfonça de nouveau.

Alors un bras vigoureux l'étreignit; ses pieds touchèrent le sol, et, peu d'instants après, elle retomba épuisée, mais saine et sauve, sur la grève.

— Grâce à Dieu, vous êtes sauvés, murmura Mme Stanley, tandis que son mari l'aidait à se lever et la mettait à l'abri de la fureur des vagues, et pendant qu'Edith se suspendait encore au cou de sa mère, avec une frayeur mortelle.

— Ah ! Jenny, que Dieu soit béni ! car, sans lui, en vérité, nous serions perdus. Je cherchais autour du canot, lorsque votre cri m'indiqua où vous étiez et me permit de vous sauver. Restez là, dans cet endroit opposé au vent, près de ce ballot. Je ne puis rester avec vous, Frank est encore en danger.

Sans attendre de réponse, il s'éloigna et se précipita vers le bord. Là, tout était dans la plus affreuse confusion. Les deux grands canots avaient été sauvés et mis hors de la portée des vagues ; les hommes se débattaient dans l'espoir de disputer à la fureur des eaux les bagages et les provisions dont leurs vies dépendaient. Au moment où arrivait Stanley, plusieurs hommes épiaient le petit canot qui contenait Frank et les Indiens. Il avait été laissé à quelque distance en arrière des autres, et approchait avec la rapidité d'une flèche sur le sommet d'une vague. Soudain la cime de la lame s'enroula autour de lui, et, un instant après, il était complétement retourné ; il flotta comme un liége sur les vagues blanches et écumeuses, puis il fut rejeté vide sur la berge. Quant à Frank et aux deux Indiens, ils nageaient comme des phoques. La colonie suivait anxieusement leurs mouvements. On les avait vus reparaître de front sur les lames. Puis une énorme vague, qui arrivait majestueusement du large, enveloppa les trois nageurs dans une même et rude étreinte et les lança brusquement sur le banc. Ceux qui se sont baignés par une forte mer, sur une plage mauvaise, savent quelle difficulté éprouvent les nageurs à reprendre pied sur le sable mouvant. La vague qui vous jette en avant cherche à reprendre en arrière, comme pour vous rendre à l'abîme. Aussi Frank et les deux Indiens se seraient-ils débattus jusqu'à l'épuisement de leurs forces, si Stanley, Prince et Massan ne se fussent mis simultanément à l'eau pour les secourir.

Comme l'équipage entier avait maintenant, grâce à Dieu, atteint la terre sans accident, ils concentrèrent leurs efforts à saisir les boîtes et les bagages qui nageaient à la surface de la mer. Plusieurs d'entre eux avaient déjà été recueillis par Mme Stanley et Edith, qui étaient à l'abri d'un immense ballot. Ils furent apportés et empilés successivement autour de la mère et de l'enfant, qui se trouvèrent bientôt complétement abritées du vent, mais non pas de la pluie, qui tombait à torrents.

Bientôt après, Frank vint à elles et leur dit que tout était sauvé. Il était temps de songer à se pourvoir d'une sorte d'abri pour la nuit. Edith commençait à trembler du froid et de l'humidité.

— Maintenant, à l'œuvre, François, Massan, cria Frank. Donnez-moi un coup de main pour construire une maison à Edith. Nous l'aurons rendue en quelques minutes aussi confortable que possible.

En dépit du froid et de sa terreur récente, la pauvre enfant ne put s'empêcher de sourire à l'idée de se voir construire une maison en quelques minutes, et ce ne fut pas sans curiosité qu'elle surveilla les opérations des hommes.

Pendant ce temps, M. Stanley apportait un peu de vin dans une gourde, et en donnait à boire à sa femme et à Edith. Ce cordial leur redonnait un peu de vie. La pluie avait maintenant presque cessé; elles se levèrent et essayèrent de secouer l'eau de leurs vêtements.

En moins d'une demi-heure, les hommes avaient empilé les ballots, en face du plus grand canot. Trois toiles goudronnées furent étendues sur le tout, et, tombant jusqu'à terre, formèrent un abri complet pour toute la colonie. A l'extrémité de cette curieuse maison, M. Stanley fit un appartement séparé pour sa femme et son enfant, en plaçant comme une cloison deux ballots et une boîte. Dans ce petit espace, Edith s'occupa à arranger les objets et à mettre la maison en ordre, comme elle le dit plaisamment, aussi longtemps que dura le jour. La nuit venue, tout le monde s'endormit. On n'avait plus de chandelle, et, l'île ne fournissant pas de bois, on ne pouvait faire de feu. Les vêtements des hommes étaient complétement mouillés; ils furent obligés d'ouvrir un ballot de couvertures de laine moins trempées, et ils s'en enveloppèrent chaudement.

Au moment où ils luttaient contre les éléments, éclairs éblouissants, pluie intense, obscurité du jour, il avait été impossible à ces infortunés de reconnaître la nature de l'île sur laquelle ils avaient été jetés; et comme la nuit arriva, pendant qu'ils s'occupaient de la construction de leur abri temporaire, ils n'eurent pas le temps de se renseigner sur ce point.

Après une pareille journée de fatigue et d'excitation, ils étaient plus avides de repos que de nourriture. Aussi, au lieu de songer au souper, tombèrent-ils lourdement ensemble sous le canot et dormirent-ils profondément, pendant que les vents continuaient à siffler autour d'eux, et que la grande mer, en mugissant sur le rivage, semblait comme désappointée de voir nos gens échappés miraculeusement du naufrage, et hors d'atteinte de son impétueuse furie.

X.

Le banc de sable. — Aspects sombres. — Consultation. — Arrangements intérieurs.

De tous les changements qui varient constamment la face de la nature, le calme succédant à l'orage est une des plus imposantes et des plus agréables sensations de l'homme. Peu de situations dans la nature invitent l'esprit à un repos plus complet, à une plus profonde quiétude.

Lorsque le soleil se leva le lendemain matin, il brilla sur une scène si paisible, si solennelle, si peu en rapport avec les colères de la veille, qu'à la rigueur on eût pu se croire arrivé dans la terre promise. Les sombres nuages, les orages, les dangers, les fatigues d'un long voyage, les périls du désert, étaient-ils passés pour toujours? Cette scène était si éclatante, que, lorsque Edith se leva de sa couche grossière, au milieu de ses compagnons encore endormis, et sortit de l'abri du canot, en jetant les yeux sur la mer chatoyante, elle ne put retenir son impression et fit entendre un cri de joie, qui résonna sur les flots.

L'île sur laquelle les voyageurs étaient atterris était un petit monticule de sable d'une centaine de mètres de circonférence, et élevant à peine son sommet arrondi au-dessus du niveau de l'eau; il était réduit, à la pleine mer, à une légère éminence entièrement privée de végétation.

L'onde était calme, quoique remuée par de longues vagues qui s'enroulaient en flots longs, réguliers et solennels, et s'échouaient en lames majestueuses sur le sable, où, avant de s'écrouler, elles restaient quelques secondes comme des murailles liquides, puis retombaient en masses écumeuses, en roulant sur le banc les galets.

Des masses de glace flottaient çà et là sur la surface. Les pointes de ces blocs étranges brillaient au soleil. Non loin de l'extrémité nord du banc de sable, un large iceberg s'était arrêté. Ses pointes avaient été émoussées par le choc des marées, et maintenant il était échoué sur la berge.

Le cri de joie dont Edith avait salué l'aurore fit lever la bande entière, et quelques minutes après tous étaient assemblés en dehors de la hutte. Quelques-uns admiraient la nature; d'autres, d'une imagination moins enthousiaste et plus pratique, examinaient la position et cherchaient le meilleur parti à prendre, en face des difficultés qui se présentaient.

M. Stanley, Dick Prince et Massan tinrent conseil. Après avoir beaucoup examiné la mer et le ciel, ce dernier, toussant fortement, et se frottant le menton d'un air entendu, se retourna vers Dick Prince, comme s'il en appelait à sa sagesse, et dit :

— Voilà mon opinion. Sans aucun doute, la terre ferme est là (et il montrait l'est au loin), à dix milles environ de distance. On y distingue des rocs et des arbres tordus par la rafale. Quant à nos embarcations, elles sont dans un état tel, qu'on ne saurait s'en servir.

Et il indiquait la direction des grands canots, qui montraient leurs flancs maltraités par la mer, comme pour attester la violence de la tempête.

Iceberg échoué sur la berge.

— Maintenant, voici la situation. Les bagages sont trempés, le jour est parfaitement beau et le soleil assez chaud pour faire enfler la mer. Nous ne pouvons rien faire de mieux que de rester à raccommoder les canots, sécher les vivres, et nous apprêter à repartir demain matin.

Stanley regarda Prince. Il espérait une remarque; mais le silence profond du pilote indiquait qu'il était absorbé par une muette contemplation.

— Il est évident, Massan, dit Stanley, que nous devons réparer nos canots; mais quelques heures suffisent, et je n'admets pas l'idée de rester une seconde nuit sur un coin de terre comme celui-ci. Il pourrait bien être emporté par une nouvelle brise du nord-ouest. Qu'en pensez-vous, Prince? Conseillez-vous de rester?

— Oui, répliqua Dick, je le pense. Nous ne pouvons craindre un autre orage de sitôt. C'est une bonne fortune de pouvoir sécher nos vivres et nos effets; aussi je vote pour rester.

— Bien; alors, nous resterons, répondit Stanley. A dire vrai, j'étais de votre avis, Massan; mais il est toujours préférable de considérer les deux côtés d'une question.

— Oui, et de la multitude des conseils naît la sagesse, ajouta Frank Morton, arrivant à ce moment. Si vous voulez m'admettre dans votre aréopage, vous aurez le bénéfice d'une profonde expérience et d'une haute sagacité.

— Venez alors, monsieur Frank, répliqua Stanley. Que pense votre sagacité de l'avis de rester sur cette terre de sable? Devons-nous passer une autre nuit ici, afin de sécher nos vivres, ou devons-nous chercher à atteindre la terre ferme, aussitôt que nos canots en seront capables.

— Rester, naturellement, dit Frank. Le sol est assez ferme, puisqu'il a résisté aux vagues de la nuit dernière. N'avons-nous pas tout ce dont nous avons besoin, abri, nourriture, et même chauffage?

En prononçant ces derniers mots, Frank regardait d'un air piteux les débris de planches de son canot brisé.

— C'est vrai, Frank, nous avons tout ce qu'il faut pour faire bouillir la marmite; et comme la barrique d'eau était pleine hier matin, lorsque nous partîmes, il y en aura certainement encore pour un ou deux jours.

— Cela me rappelle que votre femme et Edith voudraient déjeuner, dit Frank. En réalité, elles m'ont envoyé pour vous faire part de ce désir important, et je crains qu'Edith ne se jette sur le lard cru, si son repas du matin se fait trop longtemps attendre. Quant à Ghimo, il est dans un état de désespoir furieux ; aussi dépêchons-nous.

— A l'œuvre, dit Stanley, en prenant le bras de son ami et en courant vers le canot, tandis que Prince et Massan allaient informer leurs camarades de la détermination prise par leur chef.

Examen des vêtements et des bagages sur un rocher plein de soleil.

Une heure après, le déjeuner était prêt. Les hommes, sous la direction de Stanley, arrangeaient et examinaient les bagages. Comme ils avaient été presque constamment maintenus à la surface des eaux, ils n'étaient pas aussi trempés qu'on le craignait. Les deux barils de poudre furent les premiers inspectés; car ils étaient la partie la plus importante de la cargaison, et la vie future en dépendait. Ils furent trouvés secs, à l'exception d'une portion de poudre qui, étant près des douves, s'était d'abord humidifiée, puis durcie comme une croûte, et avait empêché le reste de s'endommager. Néanmoins, quelques-uns de ces ballots, contenant des couteaux et d'autres objets de quincaillerie, eurent besoin d'être étendus et séchés. Les couvertures et autres vêtements de laine, qui avaient souffert, furent aussi exposés au soleil, si bien qu'en peu de temps la petite île fut couverte d'un étrange assortiment d'objets divers qui lui donnaient l'apparence d'un bazar. La cargaison entière des commerçants de fourrures était ainsi en vue, et il est peut-être intéressant d'en énumérer les différents articles, afin de donner une idée de tout ce que nécessitait une semblable expédition.

On trouvait d'abord les deux barils déjà mentionnés, contenant chacun trente livres de poudre, puis quatre sacs de balles, trois de cartouches à tirer, de grandeurs variées, en tout environ deux cent cinquante livres de plomb; six filets de quatre pouces et demi par maille; une large quantité de fil pour faire le filet; un petit sac de capsules à fusil; soixante livres de tabac à fumer; douze grandes haches, six coutelas, sept douzaines de couteaux à scalper; six livres de perles de couleurs variées; deux douzaines de briquets, et un assortiment assez considérable de clous, d'aiguilles, d'alènes, de fil, et de petits articles qui, quoique tous excessivement utiles, ne méritent pas d'être mentionnés en détail.

Il y avait également un ballot contenant des ornements grotesques et des articles séduisants, qui étaient destinés à être offerts aux Esquimaux, lorsqu'on les rencontrerait; deux rouleaux de porc salé, contenant chacun quatre-vingt-dix livres, et au centre de chaque rouleau, deux jambons; un tonneau de farine de blé, un tonneau de farine d'avoine, une caisse de biscuits, un sac de thé et de sucre, propriété exclusive de Stanley et de Frank Morton; une grande tente de peau de renne, capable de couvrir de vingt à trente hommes, destinée à la résidence d'hiver d'Ungava.

Quant aux armes, chaque homme avait un fusil de chasse à un coup, donné par la compagnie des commerçants de fourrures aux indigènes, et appelé fusil des Indiens.

Stanley possédait un fusil à deux coups; Frank, un fusil de chasse, très-simple, mais beaucoup plus beau que ceux des Indiens. Naturellement, chaque homme portait un couteau tranchant et une hache à sa ceinture, non-seulement pour sa propre défense, mais pour couper le bois et pourvoir à leur nourriture.

Il faut remarquer ici que les provisions et les vivres étaient destinés à des besoins imprévus et d'une nécessité immédiate. Les principaux approvisionnements et les effets nécessaires à leur commerce avaient été envoyés, dans une petite corvette, du dépôt direct à la baie d'Ungava, par le détroit d'Hudson.

Lorsque les objets eurent séché au soleil, l'après-midi était passée, et il était grand temps de dîner; aussi un feu fut-il allumé par Bryan, qui acheva de démolir, dans cette intention, une portion du canot de Frank.

Une ration de porc et une portion de farine furent disposées en très-peu de temps, tous s'y mettant avec ardeur; puis ils commencèrent à raccommoder les canots.

C'était une tâche plus difficile qu'on ne l'avait supposé d'abord; mais étant habitués non-seulement à en raccommoder, mais à en construire, ils travaillèrent avec une adresse et une diligence extrêmes. On remarquait dans le canot de Massan un trou assez grand pour y passer sa tête; ce fut du moins la réflexion de Bryan, et il fallait que le trou fût grand; car la tête de Bryan était de belle taille. Prenant un rouleau de bois de charpente qui avait été emporté à cet effet, Massan en coupa une pièce carrée, qu'il se mit à coudre sur le trou, en se servant d'une alène comme d'une aiguille, et de racines fibreuses de sapin appelées wattane, en guise de fil.

Lorsqu'elle fut fortement cousue par-dessus, les parois en furent enduites de résine fondue, et l'endroit fut aussi solide qu'auparavant. On eut à réparer également de longues fentes, entre autres une fissure de trois pieds, qui fut remplie et consolidée avec de la résine, après avoir été recousue. S'il y eût eu quelque bois dans l'île, l'habile couteau de Massan n'aurait pas tardé à découper de nouveaux bordages; mais on fit l'indispensable, en se servant de quelques débris du petit canot de Frank.

Le soleil ne se coucha pas avant que tout fût dans un ordre complet, les marchandises emballées et prêtes à partir dès le lendemain matin. Les restes du petit canot furent convertis en un feu de joie, autour duquel les hommes fatigués et affamés se mirent à fumer et à jaser, en attendant le souper que préparaient La Roche et son inséparable ami Bryan. Lorsque le jour baissa, les étoiles apparurent une à une; puis elles brillèrent par millions. Le feu devenait de plus en plus intense, à mesure que le jour s'obscurcissait. C'était une scène étrange et sauvage.

Perdue dans la nuit sombre, au milieu de l'Océan, l'île semblait plutôt flotter sur l'abîme, comme un radeau dont les étais pouvaient à peine supporter ceux qui s'y étaient réfugiés; et quand la flamme du foyer se soulevait, activée par la brise, on eût dit une pierre précieuse brillant sur le noir diadème de l'immense mer.

XI.

Un nouveau départ. — Idées superstitieuses. — Le tourbillon. — L'intérieur des terres. — Pêche à l'ancienne mode sur un nouveau terrain, et ce qui en résulta. — Un bain froid. — Le sauvetage. — Sauvé. — De plus en plus dans le désert.

On eût dit que le temps voulait se faire pardonner sa conduite passée; car, depuis la terrible nuit de l'orage, le ciel ne cessa pas d'être serein, laissant aux voyageurs la possibilité d'avancer rapidement vers leur destination. Il serait inutile et fatigant de les suivre pas à pas dans leur voyage, quelques-unes des particularités que nous avons décrites servant de type à leurs actions le long de la côte de la baie d'Hudson. Cependant, de nouveaux incidents surgissaient de temps en temps. Un jour, ils furent sur le point d'être écrasés entre deux masses de glace; une autre fois, le plus grand canot heurta un écueil. On eut besoin de le mettre à terre et de le réparer. Des mésaventures et de légers désastres leur arrivèrent successivement. Leurs lits variaient aussi continuellement. Tantôt ils restaient en repos sur le sable du rivage, tantôt sur le tapis moelleux et doux des mousses des bois. Quelquefois, ils étaient obligés de se contenter d'une couche de galets, aussi gros que le poignet d'un homme. Souvent ils s'arrangeaient le mieux possible sur un rocher plat, dont la surface aride ne semblait pas néanmoins inspirer l'idée du repos; aussi cette situation causait-elle toujours une sensation différente aux hommes de l'équipage; les uns, les maigres, grognaient, les autres riaient à gorge déployée. Bryan était un des favorisés de la nature, fort, rond et charnu, tandis que son pauvre petit ami La Roche possédait une carcasse osseuse, où la nature avait épargné le tissu moelleux. Ses amis cherchaient même à deviner comment les pierres et ses os pouvaient s'accorder entre eux. Tout cela lui attirait de fréquentes plaisanteries et des allusions piquantes de son ami Bryan, qui l'appelait sac à os, feuille de papier, lame de couteau, etc. Du reste, peu importait l'endroit où ils reposaient, il arrivait invariablement que tout l'équipage dormait profondément, depuis le moment où il se couchait jusqu'au réveil, qui avait lieu dès l'aube.

Par suite de la perte du petit canot indien, si malheureusement brisé sur le banc de sable, Frank et les deux hommes durent s'embarquer dans le plus petit des deux autres canots, changement qui fut un désavantage pour la colonie; car Frank ne pouvait plus poursuivre aussi facilement le gibier.

Quoi qu'il en soit, ils arrivèrent à l'embouchure d'une rivière, par laquelle ils résolurent de pénétrer dans l'intérieur du pays. C'était la rivière du Renne. Elle se jette dans le golfe de Richmond, situé à l'est de la baie d'Hudson, à 56° de latitude nord.

Le golfe de Richmond est long de vingt milles et a presque la même largeur; mais l'entrée en est si étroite, que la mer, en s'y précipitant au moment du flux, le transforme en torrent. Les eaux, arrêtées alors dans leur course, s'élancent d'un seul côté de cet étroit passage, tandis que, de l'autre, elles produisent un véritable tourbillon, qui pourrait engloutir un large bateau et mettrait même en danger un petit vaisseau.

Naturellement, il était impossible d'affronter en canot un tel passage, si ce n'est à marée montante et descendante, moment où les eaux se calment.

En arrivant à l'embouchure du golfe, les voyageurs trouvèrent la mer basse; les eaux s'agitaient en tourbillonnant, comme si elles se préparaient au sabbat de tous les esprits du Nord. En face de ce spectacle, Oostesimow et Ma-Istequan, de nature très-superstitieuse, dirent à Stanley qu'il était absolument nécessaire d'accomplir certaines cérémonies pour se rendre propices les dieux de la place. Leur chef sourit et répondit qu'ils pouvaient faire ce qu'ils voudraient, mais qu'il ne se joindrait pas à eux; car, ne croyant qu'au seul vrai Dieu, qui ne demandait pas d'invocation dans un lieu plutôt que dans un autre, il n'avait rien à faire de particulier à cet endroit. Les hommes rouges furent fort surpris; mais le stoïcisme proverbial de leurs sentiments personnels n'en parut pas ébranlé le moins du monde. Ils se mirent immédiatement à commencer une série de cérémonies curieuses, longues, impossibles à comprendre, et encore plus difficiles à décrire. Ils semblaient cependant attacher une importance spéciale à leurs offrandes propitiatoires. La principale consistait en quelques pincées de tabac, que les dieux du gouffre devaient consentir à fumer dans la pipe de paix, à l'heure où leurs enfants rouges risquaient de les exaspérer dans leur domaine.

En vérité, bien dur a été le cœur de ces dieux, s'ils n'ont pas accepté ce sacrifice; car, pour ces pauvres Indiens, le tabac représente la vie, le superlatif des jouissances, la quintessence de la félicité terrestre, la joie, le confort du voyageur, et leur provision était bien restreinte.

Pendant ce temps, Bryan était assis le dos au feu, une pipe remarquablement courte et bonne dans la bouche, la tête sagement inclinée d'un seul côté, comme s'il cherchait, à force de combinaisons mentales, de mouvements particuliers des yeux, de froncements de sourcils et de ménagements dans l'exhalaison de la fumée de sa pipe, à arriver à une conclusion sur ce sujet impénétrable : la superstition indienne.

La Roche restait d'une indifférence philosophique sur ces matières, et, après avoir été en proie aux déchirements de la faim, il s'occupait à digérer ni plus ni moins une assiettée de soupe.

Le reste de la bande courait sur la berge ou dans les buissons, à la recherche d'œufs. Frank et Edith eurent beaucoup de succès dans cette dernière occupation : ils revinrent les poches pleines d'excellents œufs de canard-édredon, qui furent immédiatement mis dans la marmite et servirent à augmenter encore la saveur de la soupe.

Puis, la marée étant venue, la force du courant se calma, et, vers l'après-midi, ils passèrent le dangereux détroit en sûreté. Il devint évident, d'après ce qu'ils aperçurent au loin, que la partie la plus pénible de leur voyage commençait seulement. En approchant de l'embouchure de la rivière du Renne, les montagnes s'élevaient abruptes et escarpées, et, au loin dans la baie, leurs pics d'un bleu pâle se détachaient sur le ciel.

A peine eurent-ils remonté la rivière de quelques milles, que leur course rapide fut interrompue; une cascade s'élançait violemment des rochers, comme si l'eau se réjouissait de s'échapper des montagnes et de trouver enfin le repos dans le sein de l'onde profonde.

— Qu'en pensez-vous, mon ami? demanda Stanley à Frank Morton, en sautant tous deux de leurs canots et en regardant les rochers. Il me semble que le rapport était exact, lorsqu'on disait impraticable ce chemin du lac de *Claire-Eau*. Ici, il n'y a rien à faire, et ces falaises, qui semblent à l'œil si douces et si bleues dans le lointain, seront dures et sombres lorsque nous en approcherons.

— Lorsque nous les atteindrons! répéta Mme Stanley. Quoi! est-il possible de passer sur ces montagnes avec nos canots et nos cargaisons?

— Et vous fûtes assez folle et assez insouciante pour être la première volontaire d'une expédition aussi impossible! répliqua Stanley.

— Vous êtes en contradiction avec vous-même, reprit en souriant Mme Stanley. Si je suis insouciante, je ne puis être folle; car je vous ai entendu dire que l'insouciance est un des éléments essentiels des explorateurs; et, réellement, cela me semble absolument impossible. Qu'en pensez-vous, Edith?

Mme Stanley se baissa et regarda le visage de son enfant; mais elle ne reçut pas de réponse. Ses yeux expressifs parlaient pour elle. Sa physionomie traduisait éloquemment sa pensée; ses lèvres fines, sur lesquelles jouait un intelligent et séduisant sourire, la chaude coloration de son visage et sa respiration haletante, disaient le plaisir anticipé dont elle jouirait dans ces régions inconnues.

Mme Stanley pouvait, en effet, croire ces montagnes absolument impraticables; car, excepté pour des hommes accoutumés à voyager en canot sur les lacs et les rivières de l'Amérique, leur passage eût paru aussi impossible que celui d'un navire dans les mers glacées du pôle nord, en hiver.

Les hommes n'avaient pas la même impression. Quelques-uns des plus actifs escaladaient déjà les rochers escarpés, avec de lourds fardeaux sur le dos, pendant que Stanley et sa femme causaient ensemble; deux d'entre eux s'approchaient rapidement, portant le grand canot sur leurs épaules. L'exclamation que l'on surprit au passage indiquait la présence de Bryan :

— Allons, Gaspard, ne peux-tu pas aller plus doucement? Je

vais tomber sur le nez, si tu continues à pirouetter comme cela. Assurément, Losh eût porté le canot mieux que toi.

Gaspard ne répondit pas. Bryan chancela toujours, tout en grognant. Ils furent bientôt hors de vue derrière les buissons.

— Que voyez-vous, Frank? demanda Stanley. Vous regardez aussi fixement que Bryan, quand il rencontra l'ours blanc la semaine dernière. Est-ce un homme? Parlez.

— Un poisson, répondit Frank. Je l'ai vu sauter dans le petit lac, et je suis certain que c'en est un fameux.

— Très-probablement, Frank, il doit y en avoir ici; je l'ai toujours entendu dire. Ah! ah! le voilà encore. C'est un saumon! un saumon! Frank, vite, votre ligne, mon ami.

Mais Frank n'entendit pas; il était déjà loin. Peu d'instants après il reparut avec une baguette.

Frank était pour la pêche un disciple d'Isaac Walton, qui, dans les jours de son adolescence, s'enfuyait en toutes saisons sur le bord de l'eau, par tous les temps et en dépit de tous les obstacles. Non-seulement il éprouvait le besoin de pêcher lorsqu'il le pouvait, mais souvent même, lorsque cela semblait impossible, il pêchait à des moments et à des endroits tout à fait impropres, consacrant les heures qui appartenaient exclusivement à l'étude du grec et du latin, à parcourir, la ligne à la main, des flaques bourbeuses, ayant de l'eau jusqu'aux genoux, parmi les roseaux et les plantes de son pays natal. Et cet enthousiasme de Frank ne dépendait pas de son succès. C'était même un sujet d'amusement pour ses camarades de le voir marcher, pendant six milles par jour, dans l'espoir d'apercevoir un goujon, et cela en pure perte. Malgré les railleries de ses amis, il était tellement passionné, qu'il se trouvait satisfait lorsqu'il avait pu harponner un chat noyé.

Frank avait un bon naturel; il souriait à leurs plaisanteries, restait calme, fouillant les courants avec plus de patience que son maître n'en avait pour lui, lorsqu'il faisait l'école buissonnière, se contentant de supporter la honte ou le châtiment, pour peu que son hameçon fût happé une seule fois, et heureux au delà de toute expression, quand il pouvait rentrer avec la queue d'un poisson de deux livres, mis en évidence sur le bord de son panier.

Loin de nous la pensée de ridiculiser la faiblesse d'un ami; mais nous ne pouvons omettre d'ajouter que M. Frank trichait à l'occasion, et que, pour ne pas revenir *bredouille*, il aimait mieux emprunter à un ami les truites achetées par la cuisinière dans quelque marché.

Parfois même, si l'on eût tiré les queues de poisson montrées avec orgueil, on eût risqué de ne pas voir l'animal tout entier.

Son expérience de pêcheur l'avait cependant trompé quatre-vingt-dix-neuf fois sur cent. Au premier moment, il croyait avoir pris des baleines, et cette illusion ne l'abandonnait que lorsqu'il apercevait, gisant à terre, le modeste éperlan qui s'était fourvoyé dans ses lignes.

Après de longues années d'espérances trompées et de calculs déçus, il restait aussi crédule qu'au moment où il partait pour la première fois avec sa ligne, sa pelotte de ficelle et une épingle crochue servant d'hameçon. Une telle persévérance ne pouvait manquer de donner à Frank quelques connaissances spéciales sur les détails de son art favori. Chaque trou, chaque coin de rivière, à quinze milles à l'entour de sa maison paternelle, avaient été explorés par lui. Il devint habile, par rapport au temps, à l'heure, à la saison de chaque pêche, se servant exactement de la meilleure mouche, suivant les jours; et si, par malheur, il lui manquait l'espèce voulue, il pouvait y suppléer en dix minutes.

Lorsqu'il devint plus âgé, et que ses membres bien pris et bien proportionnés commencèrent à se développer, Frank mit un panier plus grand sur son dos, se chargea d'une plus lourde ligne, et, chaussé de bottes solides, il escalada les hautes montagnes, parcourut les rivages romantiques de la côte ouest de l'Ecosse, et s'initia aux douceurs de la pêche au saumon.

Pendant son séjour en Amérique, il lui était arrivé de résider dans des régions où le poisson, quoique bon, n'est pas très-estimé. Comme ses yeux brillaient, comme son pas était rapide lorsqu'il se précipita vers l'étang sur les bords duquel nous l'avons laissé !

Celui qui n'a jamais quitté les routes tracées par les hommes, ou parcouru les déserts inconnus, ne peut avoir qu'une faible idée des sensations éprouvées par un véritable pêcheur à la ligne, assis sur le bord d'un étang sombre, qui jusqu'ici n'avait reflété que les cornes du renne sauvage, et dont les flots d'écume n'avaient jamais encore été troublés par un être humain, si ce n'est peut-être par un ours polaire. Outre l'espérance de réussir, il y a un charme indéfinissable à attendre l'imprévu, à voir courir un flocon d'écume, à entendre le bruit d'une cataracte qui surgit bondissante d'un rocher, sans avoir été déjà efflоré par les sentimentales descriptions des touristes. On est flatté de voir son image renvoyée par un miroir liquide, dont la position géographique n'est pas encore stéréotypée sur les cartes officielles. Hélas ! pour ces cartes et mappemondes, en dépit des désirs des géographes et de l'ignorance des explorateurs, nous les croyons trop complètes déjà, et nous ne pouvons imaginer une hypothèse plus affreuse et plus écrasante que l'instant (si jamais il arrive) où il sera dit qu'il n'existe plus de terre à découvrir.

Lorsque chacune de ces îles féeriques des mers du Sud et toutes les merveilles cachées des régions polaires seront transformées de sang-froid en blanc et noir, exposées sur les murs des salles d'études, et fourrées dans la cervelle d'infortunés petits garçons qui ne voudront pas l'apprendre, par les soins de leurs professeurs, que se passera-t-il, grand Dieu, et surtout qu'en adviendra-t-il? Qu'ils le savent ou non, peu importe.

Mais retournons en arrière. Tandis que Frank s'asseyait sur les rochers, attachant à sa ligne un appât qu'il avait choisi avec un soin particulier, il regarda une ou deux fois autour de lui pour se rendre compte de sa position.

Environ à cinquante mètres en avant dans la rivière, l'onde jaillissait du pied d'un large rocher et se déversait dans l'étang, qui était entouré de tous côtés par une muraille rocheuse inclinée, excepté en un seul point, où les eaux s'élançaient au loin dans une bouffée d'écume. Leur force, cependant, venait d'un autre courant qui les faisait tournoyer avant d'atteindre cet écueil; de sorte que, lorsqu'elles se précipitaient dans le plus grand étang au-dessous, elles se calmaient immédiatement, et, en arrivant à l'endroit où était Frank, elles reprenaient leur surface huileuse, tranquille, avec de petites bulles légères et de gais petits clapotements, qui suggéraient l'idée irrésistible que le poisson se trouvait là, et qu'il s'y était arrêté exprès pour se laisser prendre.

Un peu plus loin, la rivière suivait une légère courbe, et, immédiatement après, elle continuait sa ligne droite, en descendant d'une hauteur de cinquante mètres, dans un rapide tumultueux. Enfin, sa course paisible recommençait quelques centaines de mètres plus loin.

Ayant fait cette constatation d'un coup d'œil, Frank jeta l'appât dans l'eau, et releva immédiatement sa baguette pour lancer plus loin son hameçon; mais il la cassa presque en deux; car, à son grand étonnement, au lieu de retirer l'appât de l'eau, il lança violemment sur le sol une truite pesant au moins une livre.

— Bravo! cria Stanley, riant de tout son cœur du merveilleux étonnement de son ami. Bravo! Frank. Je ne suis pas pêcheur, mais j'avais toujours cru que le poisson voulait s'amuser un peu avant d'être à terre. Vous m'avez convaincu de mon ignorance. Je vois que le vrai moyen est de le lancer par-dessus la tête. Un saumon serait peut-être plus difficile à mouvoir; mais, avec de bons bras, nul doute que vous ne le fassiez aussi facilement.

— Quel appétit ils ont! répliqua Frank, en répondant au badinage de son ami par un sourire. Si les petits camarades commencent comme cela, que sera-ce pour les gros?

Tout en parlant, il dégagea le poisson, et lança sa ligne une seconde fois si rapidement, que si une autre truite eût attendu son tour, elle eût été gravement désappointée. La ligne balaya légèrement l'air, et l'appât tomba sur l'onde. Deux secondes après, l'eau tourbillonna. La baguette de Frank plia comme un cercle, la corde se tendit, et un saumon brilla dans l'air comme une barre d'argent bruni. Il retomba dans l'eau, au milieu d'une éclaboussure pailletée, se rejeta vers le rivage, rejaillit de nouveau, tourna comme une girouette, et, pris d'une belle ardeur, se mit à nager ferme vers une direction inconnue.

Tout à coup il s'arrêta comme pour reprendre ses sens, changea d'itinéraire, comme un voyageur désabusé, et remonta le courant non moins vite.

Frank déroulait sa corde, ce qui ne laissait pas que d'inquiéter fortement le poisson, évidemment indigné de voir une misérable ficelle entraver sa fuite. De dépit, il piqua une tête au fond de l'étang, en défiant toute persécution.

— Que faut-il faire, maintenant? demanda Stanley, qui se tenait prêt à harponner le saumon, lorsqu'il arriverait près du bord.

— Il faut lui faire quitter sa retraite, répondit Frank, en roulant peu à peu sa corde. Prenons une pierre et jetons-la-lui.

Stanley regarda, surpris; car il ne s'expliquait pas qu'un tel procédé pût parvenir à amener le poisson, au lieu de l'effrayer; mais, voyant Frank très-sérieux, il fit ce qu'il lui conseillait. La pierre n'était pas plus tôt tombée, que le poisson, étourdi, se mettait de nouveau à parcourir la rivière, et, reprenant sa course folle, filait comme une flèche vers l'extrémité du lac. Permettre au saumon de franchir la chute, c'était le perdre entièrement; aussi Frank cessa-t-il de dérouler sa ligne. Pendant une seconde ou deux, la baguette plia de plus belle, et la corde devint affreusement tendue.

— Vous allez la casser, Frank, cria Stanley avec anxiété.

— Evidemment, dit Frank, en serrant les lèvres. Je ne puis rien y faire. Maintenant, il ne faut pas qu'il descende là-bas. Heureusement, la ligne est neuve.

L'instrument prouva, en effet, qu'il était bon. Le poisson fut arrêté, et, après un ou deux petits tours qui démontraient son découragement, il fut attiré soigneusement vers les roches. En approchant du bord, il se retourna une ou deux fois, signe évident d'une excessive fatigue.

— Maintenant, Stanley, soyez prudent, dit Frank. J'ai vu de fameux saumons qui savaient fort bien éviter le harpon. Ne vous pressez pas. Soyez sûr de votre distance avant de frapper, et allez tranquillement. Bien! Allez! Là, lancez vite! Hourra!

Stanley venait d'atteindre le poisson au flanc. Il ne restait plus qu'à le tirer à sec sur les rochers.

Le cri de joie par lequel Frank annonça cette victoire eut un vif écho parmi les hommes qui, passant avec leurs fardeaux à cet endroit, s'étaient arrêtés pour suivre les débats de cette intéressante poursuite.

— Magnifique poisson, monsieur, dit Bryan, en jetant son sac et en soupesant le saumon par les nageoires; vingt livres au moins, à une once près.

— Presque le poids de Bryan, repartit Stanley; mais pas beaucoup moins, je crois.

— C'est un plat superbe pour le souper, remarqua La Roche.

Le petit Français avait raison, c'était une capture superbe. La bête était marquée de taches comme une truite; sa tête était petite et ses épaules rebondies, tandis que tout son corps argenté était extrêmement brillant.

— Ceci est un saumon à oreilles, dit Massan, en s'approchant du groupe. J'en ai vu des quantités sur la côte, au sud de celle-ci, et je ne doute pas que nous n'en trouvions beaucoup à Ungava.

Pendant que les hommes discutaient le mérite du poisson, Frank en avait attrapé un autre, qui, quoique aussi grand, lui avait donné bien moins de peine à mettre à terre; et, avant que les hommes eussent fini de charrier les canots et les vivres, il était devenu possesseur de trois poissons. Désirant en prendre un plus grand près de la mer, il alla essayer sa ligne sous la chute.

Pendant ce temps, La Roche, qui avait pu décharger sa cargaison longtemps avant ses camarades, allait à l'étang que Frank avait quitté, s'asseyait sur une large pierre, tirait sa blague à tabac, en jetant un coup d'œil comique à l'eau qui venait d'être si récemment privée de ses habitants naturels, et se mettait nonchalamment à bourrer sa pipe.

Il est difficile de prévoir les actions d'un être humain qui suit son impulsion. La Roche s'assit pour fumer sa pipe; mais, au lieu de fumer, il bondit sur ses pieds et pirouetta dans la rivière. Cette escapade singulière fut suivie d'autres du même genre, qui, à mesure qu'elles se renouvelaient, laissaient deviner le but de ses intentions. Tirant le couteau qui pendait à sa ceinture, il se jeta dans les buissons, d'où il revint lestement, traînant après lui une grosse branche. Il en arracha les feuilles et les pousses; puis, fouillant dans sa poche, il y prit un peloton de grosse corde, de quatre mètres de long, et y fixa un hameçon à morue.

Cette ligne avait été faite quelques semaines auparavant, lorsque, les canots ayant été jetés à la côte par le vent, La Roche, désireux d'approvisionner la marmite, avait essayé, sans succès, de pêcher du poisson de mer. Fixant la corde au bout de sa baguette improvisée, La Roche disposa son appât. Il le fit au moyen d'une plume d'un canard que Frank avait tué la veille, et d'un petit morceau de liége resté dans sa ceinture de flanelle rouge. Lorsqu'il fut fini, l'appât avait plutôt l'air d'un hideux reptile que d'une mouche à appât. Alors La Roche s'arrêta un instant avec une expression de satisfaction profonde; puis, le jetant dans l'eau, il le retira violemment.

— Cent mille tonnerres! s'écria-t-il en colère.

Le crochet venait d'attraper la jambe de son pantalon et était profondément accroché. Il fut obligé d'avoir recours au couteau.

La seconde tentative fut plus heureuse. Le bouchon toucha l'eau, en faisant une éclaboussure qui dut consterner tous les poissons de l'étang. Le faux reptile ne fut pas plus tôt sur l'onde, qu'une truite se jeta sur lui avec une telle précipitation, qu'elle manqua de le dépasser. De cette façon, elle fut légèrement accrochée. L'impatient Français gâta les choses en voulant aller trop vite; il tira violemment sa ligne, et dégagea le poisson au lieu de le maintenir.

– Ah! c'est dommage, mon garçon, très-dommage; mais essaie encore, s'écria-t-il mortifié.

Le coup suivant, quoique bien accompli, ne produisit rien. La troisième fois, le succès couronna ses efforts; il n'avait pas plus tôt fait remonter le reptile à la surface du lac, que l'hameçon fut engouffré par un saumon pesant six livres, et la baguette de La Roche fut presque entraînée malgré lui.

— Holà! Losh, holà! qu'est-ce qui t'arrive? cria Bryan, avec quelques autres hommes qui s'approchaient de l'endroit où le saumon et le Français commençaient la lutte.

— Par tous les mortels, il a harponné une baleine. Tire-la, mon garçon, ou elle va t'enlever avec elle, dit l'Irlandais, en courant à la rescousse.

Pêche à la ligne sur les bords d'un lac.

Justement, le saumon donna une secousse d'une vigueur si peu ordinaire, que La Roche perdit pied ; et, avant que Bryan pût le retenir, il tombait la tête la première. Les mains pendantes, sans force, la bouche béante, les yeux tout grands ouverts, Bryan regarda muet l'endroit où son ami avait disparu ; puis, soudain il arracha sa casquette, la jeta par terre, se mit à enlever son habit, et il se préparait à sauter dans la rivière, au secours de son ami, lorsque ses bras furent fortement serrés par la puissante étreinte de Massan.

— Arrêtez, Bryan, dit-il, vous savez bien que vous ne savez pas nager; vous aggraveriez encore la chose.

— Oh! misérable! mais il ne sait pas nager non plus! Oh! misère de misère! verrons-nous ce pauvre homme se noyer ainsi devant nos yeux! s'écria l'Irlandais, en faisant de violents mais inutiles efforts pour reprendre sa liberté.

Massan savait bien que, s'il la lui rendait, il ne ferait qu'augmenter le nombre des personnes à sauver; et, comme il ne savait pas nager non plus, il vit que le seul service à rendre, en cette circonstance, était de garder l'Irlandais à terre, en s'accrochant à lui comme un étau. Il leva la tête et appela au secours, d'une voix qui réveilla tous les échos d'alentour. Un autre cri se fit entendre au même instant; c'était Edith qui, arrivant juste au moment où l'infortuné La Roche sortait sa tête de l'eau, pour reprendre haleine, avait poussé un cri si désespéré, que tous ceux qui avaient pu l'entendre accouraient à son secours.

La Roche parut et disparut plusieurs fois. Sa figure exprimait une impression d'horreur et de sauvage désespoir; mais ses forces s'en allaient vite, et il allait couler pour la quatrième fois, lorsqu'on entendit un pas dans les buissons environnants. C'était Dick Prince qui, bondissant de roc en roc comme un renne, ne s'arrêta que lorsqu'il put deviner cette scène; un sourire s'épanouit sur son visage, lorsqu'il vit Edith saine et sauve sur le bord de l'eau. D'un saut et d'un bond agile, il se jeta dans l'étang, non loin de l'endroit où La Roche avait perdu pied. A peine y avait-il disparu, que Chimo l'y suivit, dans une intention que personne n'aurait pu deviner. Frank, Stanley et presque toute la bande s'étaient rassemblés sur le bord de la rivière, prêts à les secourir. Peu de secondes après, ils eurent la satisfaction de voir reparaître Dick Prince, tenant d'une main le pauvre La Roche par le collet, tandis que de l'autre il nageait vigoureusement vers le rivage. Mais, durant les divers épisodes de cet accident, ils avaient été peu à peu entraînés par le courant, du côté de la chute, et il devenait évident que la seule chance de salut pour Prince était de s'accrocher à une pointe de rocher. Ne faisant plus aucun effort, il se laissa donc entraîner par le courant et se dirigea, tout en nageant, vers l'écueil.

— Oh! là, là, La Roche, cria-t-il fortement, entendez-vous? me comprenez-vous?

— Ah! oui, vraiment, je ne suis pas encore mort.

— Alors quittez cette baguette et saisissez-moi par le collet. Enfoncez-vous dans l'eau; laissez seulement dépasser votre figure pour respirer, ou je vais me noyer.

Le Français obéit à l'injonction de Dick, le saisit au collet et plongea profondément dans l'eau, afin de ne pas surcharger son ami; mais rien ne put le décider à lâcher la baguette qu'il avait gardée si longtemps et si résolûment.

Les bras de Prince étaient libres; une ou deux brasses le placèrent sous l'influence du plus fort courant, et en passant près des rocs, il saisit la branche d'un petit arbrisseau et voulut s'en servir pour se hisser à terre. Ce fut impossible, moitié à cause des rocs trop glissants, moitié à cause de Chimo, qui, voulant empêcher La Roche de couler, l'avait saisi par les pans de son habit.

Ceux qui restaient sur le rivage, voyant Prince aller vers le roc, y coururent; mais, ayant un détour à faire, à cause de la courbe de la rivière, ils n'y parvinrent pas avant que celui-ci eût saisi la branche. Lorsque Frank, qui le premier s'était précipité à leur secours, les revit, il les trouva suspendus les uns aux autres, et luttant ensemble contre le courant. Dick tenait la branche à deux mains, La Roche tenait Dick, et Chimo tenait La Roche par les dents; enfin, l'infortuné saumon tenait la corde, que son ravisseur à moitié noyé n'avait pas laissé échapper. Quelques secondes suffirent pour les tirer hors de l'eau, et l'énergique petit Français n'eut pas plus tôt mis pied à terre, qu'il traîna le poisson sur le sol et l'éleva triomphalement avec la main.

— C'est un fameux poisson! La Roche, dit Frank, en riant et en mettant la baguette par terre, tandis que plusieurs hommes aidaient Dick Prince à tordre l'eau de leurs vêtements.

— C'est un fameux poisson, oui; mais il nous a donné quelque mal à l'attraper.

— Du mal, en vérité, murmura Bryan, assis sur un rocher à fumer. Il n'y a pas que lui qui ait eu du mal; car il m'a donné aussi l'ennui d'être à moitié étouffé par Massan.

— A moitié étouffé, Bryan; que voulez-vous dire? demanda Frank.

— Je sais bien ce que je veux dire, et il le sait bien aussi, lui.

Un grand éclat de rire salua l'explication comique que donna Massan, en racontant la manière étrange dont il s'était servi pour empêcher l'Irlandais de se jeter dans la rivière.

La colonie entière se remit gravement en route. Ils avaient déjà perdu assez de temps en jouant avec les poissons, comme le fit observer Stanley. A un mille au-dessus de l'étang qui avait failli être si fatal à La Roche, commençait une série insurmontable de rapides, qui s'étendait jusqu'à la grande cascade. Au delà était un lac sur lequel ils avancèrent facilement.

En continuant, le courant devint si fort, qu'il leur fut impossible de se servir de leurs rames. Les hommes furent obligés de descendre à terre et de tirer les canots avec une grande corde pour les faire avancer. A la fin, ils entrèrent dans des eaux si basses, qu'on dut aborder de nouveau; et comme le soleil était presque couché, Stanley ordonna de planter la tente pour la nuit. Le feu fut allumé à l'abri d'une montagne dont les flancs étaient parsemés de sapins nains et couverts de place en place d'herbes et de broussailles. Là, Edith et sa mère découvrirent une quantité de mûres, le plus grand nombre noires et acides, mais d'autres fort bonnes, qui formèrent un plat rafraîchissant et égayèrent le souper.

Ainsi, de jour en jour, nos voyageurs pénétraient plus profondément dans le cœur d'un désert qui devenait plus sauvage et plus montagneux, à mesure qu'ils s'éloignaient de la côte. Stanley tira l'équerre et le compas avec lesquels il guidait la colonie vers son habitation future. La nuit, lorsque le travail du jour était fini, lui et Frank étalaient leurs cartes à la lueur du feu de campement, et étudiaient leur position aussi bien qu'ils pouvaient le faire, tandis qu'Edith, assise près de sa mère, l'aidait à raccommoder les déchirures des habits de Stanley et de Frank, tout en écoutant, avec un sérieux intérêt, le récit des aventures de ces hommes, qui avaient parcouru des régions si différentes. Plusieurs de ces contes étaient plus ou moins colorés par l'imagination des narrateurs; mais la plupart étaient réels, et fournissaient un aliment toujours renouvelé à la curiosité de la jeune enfant.

La ligne de Frank était souvent mise en réquisition, et approvisionnait la colonie d'excellent poisson. A chaque pas, on voyait les daims et les rennes bondir sur les versants des montagnes, ou descendre les ravins pour étancher leur soif. En conséquence, leur nourriture était abondante, et la première réserve de provisions n'eut pas besoin d'être attaquée. Enfin, les fruits qui poussaient abondamment partout ajoutaient un agréable supplément à leur menu.

Ainsi, de jour en jour, ils se retiraient lentement du monde habité, vivant en sûreté sous la main du Tout-Puissant, et recevant le secours journalier que leur envoyait sa main paternelle et bienfaisante. Ils se levaient avec le soleil, se reposaient la nuit sur les flancs d'une montagne ou sur les bords d'une rivière, et pénétraient plus profondément dans le cœur de cet univers inconnu.

XII.

Nouvelle scène. — Un Esquimau. — Les deux Indiens.

Transportons-nous maintenant sur une scène plus lointaine et plus sauvage. Près des détroits d'Hudson coule une rivière qui sert de déversoir aux bassins inhabités du Labrador et à la contrée qui borde la baie d'Hudson, contrée nommée par les commerçants de fourrures terre de l'Est.

La rivière est appelée Caneapusca et se déverse elle-même dans la baie d'Ungava.

La région vers laquelle nous portons notre attention est située à vingt milles au-dessus de l'embouchure de la rivière, à la place où le courant s'étend au loin et forme pour ainsi dire un lac ; cet espace est fermé par deux énormes rocs escarpés, qui masquent la vue et font de la rivière un passage très-étroit.

Ce lieu étrange est extrêmement imposant ; de chaque côté du fleuve s'élèvent de majestueuses montagnes, dont les pics hardis montent presque dans les nuages. Des herbages poussent sur les parties les mieux exposées, et rien, excepté quelques sapins courts et rabougris, ne coupe le profil des rochers. En revanche, dans les gorges et les sombres ravins (car il n'y a pas là de vallées), des masses d'arbrisseaux de petite taille et des mélèzes adoucissent de leurs tons verdoyants la physionomie générale du paysage. Les montagnes se dressent avec une succession de marches ou de terrasses irrégulières, dont les flancs sont quelquefois si escarpés, qu'ils ne peuvent être escaladés. Pour arriver sur le haut de la montagne, il est nécessaire de grimper par un ravin profond jusqu'à la première terrasse. Là, on rejoint un second ravin, et on recommence ainsi de suite.

A la partie supérieure du lac (nous appellerons ainsi cette large partie de la rivière), est une île basse, abritée par un bouquet de saules ; et non loin de là, sur le rivage, à l'est, se trouve une petite bande de sable fin et uni. Cet endroit singulier est adossé à une plate-forme de rochers dont la paroi est lisse comme une table. Au pied de la roche, murmure une petite source, qui passe à travers un taillis, et qui, avant de se perdre dans le sable, donne aux herbages environnants une fraîcheur remarquable.

C'était le soir. Le soleil, en déclinant, jetait ses derniers rayons sur les flancs des montagnes opposées, et les plongeait dans une vive lumière. Sur le bord de cette plate-forme, un homme était assis. Il semblait en contemplation devant la scène qui se déroulait devant ses yeux. Son costume le désignait comme indigène dans cette région sauvage, au milieu de laquelle il paraissait être le seul être humain ; c'était un Esquimau, et cependant il avait quelques particularités physiques que l'on n'attribue pas généralement à ce peuple. Haut de six pieds trois pouces, avec une largeur d'épaules et de poitrine rare même parmi les hommes des climats plus favorisés, vêtu d'un costume qui paraissait augmenter sa corpulence naturelle, il avait l'air d'un géant ; un géant bien en rapport du reste avec une scène aussi gigantesque. Ce costume se composait d'une blouse flottante de peau de daim, ayant le poil en dehors, et d'un énorme capuchon qui pendait ordinairement derrière son dos, mais qui pour le moment couvrait sa tête, afin de la protéger d'une forte brise de nord-ouest. Une paire de longues bottes de peau de phoque emboîtait ses jambes, depuis le pied jusqu'à la cuisse, et un petit sac ou besace de peau de phoque, le poil à l'extérieur, était suspendu à ses épaules. Quoique extrêmement simple, ce costume avait un air lourd et massif, qui s'harmonisait avec la physionomie sympathique de cet homme, dont le visage était huileux, gras et coloré.

Cette dernière particularité est un des caractères bien connus de sa race ; mais l'aspect efféminé qu'on prête généralement à une figure bouffie n'existait pas chez notre géant, dont la lèvre était abritée par une moustache noire et remarquablement douce, d'une longueur qui annonçait au moins vingt-trois hivers ; sa chevelure était touffue, noire et excessivement brillante, effet produit par l'emploi démesuré de l'huile de baleine, en guise de pommade ; les mèches étaient coupées courtes sur le front, comme pour laisser toute liberté à ses yeux noirs et à son nez inquisiteur. A son côté était une lance aiguë pour chasser, et une rame à deux pointes longue de quinze pieds, provenant d'un kayak ou canot d'Esquimaux, qui gisait au bord de l'eau sur le sable.

Placé ainsi, immobile comme un rocher, ce géant ressemblait à la statue colossale d'un Esquimau.

Ce n'était pas une figure de pierre néanmoins, mais un homme véritable, comme il le prouva en se redressant subitement, en sortant de sa rêverie, et en se précipitant vers la source. Il s'y arrêta d'abord et y but rapidement comme quelqu'un qui se hâte afin de rattraper le temps perdu, puis son regard insouciant devint fixe, lorsqu'il aperçut les cornes d'un renne qui dépassaient le sommet d'un rocher voisin.

Comme subitement paralysé, l'Esquimau demeura immobile à l'endroit où il était. Il semblait retenir sa respiration, et, suivant tous les mouvements des cornes du renne qui s'agitaient çà et là en se dégageant clairement sur le bleu du ciel, il les vit disparaître, pendant que l'animal auquel elles appartenaient descendait lentement un ravin qui menait à la rivière. Alors, comme s'il rompait le charme qui l'enchaînait, l'homme glissa dans son kayak et fila rapidement derrière une pointe proéminente du roc, où il guetta patiemment l'arrivée du renne. Il n'eut pas longtemps à attendre ; car, peu d'instants après, le renne, suivi de plusieurs animaux de la même race, arriva sur le sable, huma l'air une ou deux fois, et entra dans le courant avec l'intention de le traverser.

Il y avait là un ennemi auquel il était loin de songer ; non pas un ennemi qui tomberait bruyamment au milieu d'eux, ou réveillerait les échos de la place par le bruit de son fusil, mais un ennemi calme qui prendrait patiemment son temps et procéderait froidement, lorsqu'il le faudrait.

Quand le renne se fut avancé à peu près à une centaine de mètres dans la rivière, l'Esquimau plongea sa rame deux fois, et l'étroit canot, qui à distance ne paraissait qu'une planche flottante, fendit l'eau en venant se jeter au milieu de la bande surprise. Le plus gros du troupeau fut séparé de ses compagnons et dirigé vers la côte d'où il était parti, tandis que les autres s'efforçaient de traverser la rivière. Une ou deux fois le renne chassé tenta de rejoindre ses camarades ; effort infructueux, car le canot glissait incomparablement plus vite et coupait la retraite à la malheureuse bête. En approchant du bord, le géant l'examina fixement, et, ayant trouvé un endroit convenable pour atterrir, il approcha la pointe de son canot des cornes du renne, et l'attira sur le rivage. Le renne, ainsi dirigé, n'eut pas d'autre ressource que de se rendre où son persécuteur le voulait ; son pied n'avait pas plus tôt touché le sol, qu'il se lança convulsivement en avant avec le vain espoir de s'échapper. Mais en un instant le canot fut côte à côte avec lui. L'Esquimau saisit sa lance, en plaça le fer sur le flanc de l'animal, s'assura en tâtonnant qu'il ne serait pas arrêté par un os ou un cartilage, puis d'un coup sec il plongea son arme dans le cœur de la bête.

La tête du renne tomba sur l'eau. Il était mort, sans avoir eu le temps de souffrir ; ce qui, par parenthèse, prouverait la supériorité de ce genre de chasse sur beaucoup d'autres.

Notre Esquimau ne s'inquiéta pas de ce détail cynégétique ; sa seule préoccupation fut de se procurer à souper, car il n'avait rien goûté depuis le matin. La manière dont il mangea montra quel était son appétit et son indifférence totale pour la cuisson. Du reste, il mettait une certaine hâte dans toutes ses actions, et cela paraissait d'autant plus singulier, qu'on était en présence de la paisible nature et des vastes solitudes qui l'entouraient. A peine eut-il découpé et mangé une portion de renne, qu'il s'élança encore vers son canot, et fila comme une flèche loin du rivage. Ceci n'est pas une image exagérée. Le kayak des Esquimaux ressemble presque de forme à une flèche, et il en dépasse encore la vitesse extraordinaire. Il consiste en une très-légère écorce de bois, recouverte avec un parchemin de peau de loutre, qui est tendu par-dessus aussi fortement qu'une peau de tambour.

Le haut du canot étant couvert aussi bien que le fond, forme pour ainsi dire un pont, avec un trou étroit au milieu ; dans ce trou se place l'occupant. Le kayak ne peut contenir qu'une seule personne. La rame est une longue baguette munie d'une lance à chaque bout. Elle est plongée alternativement de chaque côté et elle sert non-seulement pour pousser le kayak, mais encore pour l'empêcher de chavirer. En vérité, il chavire facilement, et il faut l'excessive adresse de celui qui le dirige pour l'empêcher de basculer à chaque mouvement du corps. Cependant, si vite que put glisser l'Esquimau sur la vague frémissante, il ne paraissait pas pouvoir échapper à la mort qui semblait devoir l'atteindre, et qui venait d'apparaître sous la forme d'un Indien à la peau noire, peinte en rouge. En effet, au moment où l'Esquimau quittait le rivage, l'Indien le visait avec son fusil ; le coup partait, une petite fumée blanche s'élevait sur la platine de l'arme,

L'Esquimau, dans son kayak, est visé par l'un des Indiens.

mais l'amorce ne prenait pas. Le sauvage saisissait sa poudrière avec une exclamation de colère et s'apprêtait à recharger son fusil, lorsqu'un rude coup lui fut porté sur l'épaule, et un autre Indien, que l'on pouvait prendre pour un chef à sa plume d'aigle posée dans la chevelure, s'écria :

— Fou, vous avez l'impatience d'une femme, et vous n'avez pas encore montré que vous avez le cœur d'un homme; peut-être le scalpel de votre mangeur de chair fraîche va-t-il nous payer pour être venu si loin de nos terres de chasse. Si votre fusil avait retenti dans ces montagnes, nous aurions trouvé leurs wigwams vides, au lieu d'orner nos ceinturons de leurs chevelures.

Le chef en colère tourna les talons et reprit sa marche dans le ravin d'où il sortait, suivi par son compagnon honteux et silencieux.

Pendant ce temps, l'Esquimau, ignorant du sort auquel il avait échappé, continuait à jouer de la lance avec la plus grande vitesse. La petite embarcation, obéissant à sa puissante impulsion et combinée avec le courant de la marée, courait plutôt qu'elle ne flottait à travers les détroits qu'elle dépassait, et arrivait en vue des eaux encombrées de glace de la baie d'Ungava. Dirigeant sa course le long du rivage, à l'ouest de la rivière, l'Esquimau regagna rapidement la côte à un point où quelques huttes d'été basses et rugueuses se pelotonnaient près de la rivière; puis, plaçant son kayak dans une petite anse, à l'abri de la marée, il pénétra dans sa demeure.

XIII.

Un amour sauvage. — L'achat d'une femme. — L'attaque. — La fuite. — L'enlèvement. — Un blessé.

A peine le grand Esquimau avait-il fait quelques pas sur le rivage, qu'une jeune fille vint au-devant de lui et lui posa la main sur le bras. La prenant gentiment par les épaules, il l'attira fortement vers lui et l'embrassa sur les deux joues; ce qui la fit rougir profondément, tandis qu'elle le repoussait, à moitié souriante, à moitié fâchée.

L'amitié est la même dans le monde entier, qu'elle fleurisse sous les habits élégants et le linge immaculé du gentilhomme civilisé, ou sous le vêtement de peau de renne du sauvage; son expression est sans aucun doute la même dans tous les pays.

A dire vrai, l'Esquimau avait à ce moment autre chose en tête que l'amitié; car le visage de la jeune fille devint grave et anxieux, tandis qu'il continuait à lui parler à l'oreille.

Arrivés au petit hameau, ils se séparèrent. La jeune fille alla vers le logis de son grand-père, tandis que son fiancé, poussant un rideau de peau qui servait de porte à sa hutte grossièrement construite, entra dans son humble demeure. La chambre était vide, et son possesseur ne parut pas vouloir l'égayer longtemps par sa présence. Dans un coin était entassée une pile d'objets différents, qu'il remua, et, choisissant la défense d'un veau marin qui gisait à terre près de lui, il s'en servit pour fouiller le sol. Quelques secondes après, il rencontra un corps dur, et, plongeant sa main dans le trou, il en tira une hache brillante, qu'il regarda avec une extrême satisfaction.

Il faut savoir que, parmi les Esquimaux des glaces du Nord, le fer est regardé avec autant de délices que l'or dans nos contrées. La raison en est toute simple. Ce pauvre peuple vit entièrement avec le produit de la chasse. Ours polaires, loutres, veaux marins et baleines sont leurs seuls moyens d'existence; des lances leur sont nécessaires pour se procurer ces animaux, et des couteaux indispensables pour les dépouiller; mais l'os et la pierre font de tristes lances et de piètres couteaux. Aussi, lorsqu'un morceau de fer, quelque grossier ou quelque petit qu'il soit, tombe en leur possession, ils le regardent comme le plus grand des trésors. L'adresse avec laquelle les Esquimaux façonnent le plus dur morceau de métal et en font leurs plus utiles instruments, est vraiment étonnante et prouve d'une manière évidente que la nécessité est bien, en vérité, la mère de l'invention. On obtient ce précieux métal par deux moyens, par la découverte d'une épave, ce qui est extrêmement rare, et par l'entremise d'un troqueur ou changeur qui visite quelquefois les établissements du Labrador. Mais ni l'un ni l'autre de ces moyens n'est productif. Un clou même est conservé comme un trésor, tandis qu'une hache est une fortune.

Lorsque notre géant tira l'instrument brillant et regarda avec délices sa lame aiguë, il éprouva la satisfaction d'un avare feuilletant son livre de banque. S'étant assuré que la hache n'était nullement atteinte par la rouille, il la plongea dans une ceinture de cuir brut, qu'il mit exprès pour la soutenir. Il sortit alors avec l'air important d'un homme paré du grand cordon de la Légion d'honneur. En approchant de la hutte où demeurait l'homme le plus âgé de la tribu, l'ombre d'anxiété qui avait déjà assombri son front plus d'une fois, pendant ce jour, reparut sur son visage.

Il remarqua, en entrant, que le vieil Esquimau écoutait attentivement la jeune fille que nous avons déjà présentée.

Cette jeune fille (Aneetka était son nom) ne ressemblait nullement à un ange, tant ses vêtements d'Esquimau lui donnaient un aspect disgracieux ; elle n'aurait pas même paru passable aux gens civilisés. Néanmoins, elle était la plus belle aux yeux de son fiancé. Jamais peut-être il ne l'avait aimée aussi fortement que lorsqu'il la vit essayant d'adoucir les craintes de son grand-père. Mais ce même grand-père était entêté. Il voulait qu'elle devînt la femme d'un Esquimau qui demeurait au loin dans l'Ouest, et qui, ayant déjà trafiqué avec les commerçants de fourrures, devait lui procurer des avantages considérables, comme des cadeaux de crochets, de morceaux de fer et de clous. Tel n'était point le désir d'Aneetka; elle rêvait d'épouser le géant, et ils discutaient ce sujet important.

— Les esprits du vent et de la mer nous protégent, et puisse le dieu des nuages nous couvrir! dit le vieillard, tandis que le jeune Esquimau s'asseyait sur une loutre morte, à côté de lui. Est-il vrai que vous ayez vu les hommes de feu?

Naturellement, ils parlaient le langage des Esquimaux, que nous reproduisons aussi exactement que possible.

— Oui, c'est vrai, répondit le jeune homme; je les ai vus à la chute de Caneapusca, et j'ai pris mon kayak pour vous en apporter la nouvelle.

Des exclamations variées de surprise et de colère sortirent des lèvres contractées de plusieurs indigènes, qui s'étaient groupés dans la tente, en apprenant le retour de leur camarade.

— Oui, continua le géant, il faut fuir au loin cette nuit. Ils ont des tubes de feu, et ils sont une vingtaine! Vingt contre dix!

Un nouveau murmure courut parmi les auditeurs; mais pas un ne parla pendant quelques secondes.

— Vous ont-ils vu? demanda le vieillard avec anxiété.

— Non. J'arrivai vers eux tout à coup, en chassant un renne, et je faillis tomber dans leur camp. Heureusement, je l'aperçus à temps et je me cachai dans l'herbe. J'ai cru voir le chef relever vivement la tête; mais il la baissa aussitôt, et je m'éclipsai sans bruit.

En ceci, le jeune Esquimau se trompait; il connaissait peu la ruse et l'agilité de l'Indien rouge. Surpris par l'approche de l'Esquimau, l'ennemi avait essayé de lui donner le change et de lui faire croire, dans le cas où il aurait entendu du bruit, qu'il n'en devait prendre nul souci; mais à peine l'Esquimau s'était-il retiré, qu'il fut immédiatement suivi et surveillé par la bande entière. Ils l'auraient aisément tué; mais ils préféraient l'épargner, afin d'être guidés involontairement par lui jusqu'aux habitations des siens.

La fuite rapide de son kayak distança d'abord les Indiens; mais, dans la nuit, ils prirent de l'avant, lorsque l'Esquimau fatigué se permit un court repos. Pendant ce temps, les Indiens le découvrirent, et lorsqu'il arriva à la côte le jour suivant, ils n'étaient plus à l'arrière-garde.

— Et maintenant, mon vieux, dit le jeune Esquimau, il est temps que j'obtienne la main de ma fiancée. Si les Indiens viennent ici cette nuit, comme je le suppose, il me faut le droit de la défendre et de l'emporter au loin lorsque nous fuirons. Y consentez-vous?

Le jeune géant avait dit cela avec un tel accent de fermeté et de décision, qu'à tout autre moment il aurait été refusé net par l'obstiné grand-père; mais comme, selon toute probabilité, il devait avoir à fuir pour sauver sa vie, dès l'aube du jour suivant, comme son vieux cœur tremblait, malgré lui, à la pensée des fusils meurtriers des Indiens, il secoua légèrement la tête, en réfléchissant un peu.

Oumyak, bateau des femmes esquimaues.

— Que me donnerez-vous? dit-il en le regardant.

Le jeune homme répondit en tirant la hache de sa ceinture et la mit sur le sol. Les yeux du vieillard brillèrent de plaisir, en voyant ce somptueux cadeau.

— Très-bien, soit. Prenez-la et allez-vous-en.

Une seconde permission fut inutile. Le jeune homme se leva vivement, prit par la main sa fiancée rougissante, et la conduisit de la tente de son grand-père vers la sienne. Là, elle se mit aussitôt à aider son mari à empaqueter avec précipitation leurs vivres et leurs biens.

Un instant après, le petit village devint une véritable tour de Babel pour la confusion; car les habitants alarmés s'apprêtaient en toute hâte à fuir le danger. En moins d'une heure, la plupart furent prêts. Les hommes lançaient leurs kayaks, tandis que les femmes, ayant chargé leurs oumyaks de leurs provisions, y plaçaient leurs enfants et leurs chiens.

L'oumyak ou bateau des femmes est tout à fait différent du kayak, sur lequel les hommes seuls voyagent. Il est ordinairement large et grand, afin de porter tout ce que contient une maison d'Esquimaux. Comme le kayak, il est fait en peau, mais n'est pas recouvert dessus, et est mis en mouvement par le moyen de courtes rames à palette qui sont manœuvrées par les femmes, auxquelles incombent tout le soin et la direction de l'oumyak. C'est un objet singulier à voir; mais, comme presque tous les bateaux des sauvages, il est extrêmement utile et très-commode sur mer.

Tandis que les Esquimaux étaient occupés à compléter leurs arrangements, un des chiens, rôdant autour des buissons qui bordaient le rivage, juste derrière le village, se mit à aboyer furieusement. Instantanément il fut rejoint par toute la bande, et les Esquimaux qui, depuis qu'ils avaient entendu parler de la proximité de leurs ennemis indiens, étaient dans un état d'excitation excessive, se précipitèrent vers leurs canots.

Avant qu'ils pussent les atteindre, une volée de mousqueterie partit des buissons. Trois d'entre eux, un homme et deux femmes, lancèrent dans l'air un cri terrible et tombèrent inanimés sur la berge, tandis que les Indiens sortaient de leur retraite, et, brandissant leurs couteaux et leurs javelots, s'élançaient avec des cris horribles sur les Esquimaux, frappés de terreur.

Si aigu et si terrible que soit le cri de guerre des Indiens, il fut encore dépassé par l'appel désespéré des Esquimaux, lorsqu'ils se précipitèrent tumultueusement dans leurs canots, en se sauvant de tous côtés. Ces pauvres créatures étaient naturellement braves, beaucoup plus certainement que leurs assaillants; mais les effets meurtriers du terrible fusil leur causaient un tel effroi, que les cœurs les plus hardis faiblissaient. La flèche et la lance, quoique rapides, pouvaient être évitées; mais cet affreux instrument de destruction était si mystérieux pour eux, sa balle meurtrière si prompte; le feu, la fumée, le bruit en étaient si imposants, qu'ils tremblaient même en y pensant. Il n'était donc pas étonnant d'entendre leurs cris de désespoir, en sentant tout à coup retentir ce bruit à leurs oreilles.

Lorsque les chiens donnèrent les premiers l'alarme, notre Esquimau géant était seul dans sa hutte. Il venait d'envoyer sa femme porter un fardeau dans l'oumyak. Quand la décharge parvint à ses oreilles, il bondit vers la berge, supposant qu'elle y était arrivée avant lui; mais il se trompait. Aneetka s'était dirigée vers la tente de son grand-père. Lorsque les Indiens firent feu, elle y courait pour l'aider à fuir; mais le vieillard était déjà parti. Revenant instantanément, elle s'élança vers le rivage. A ce moment, un seul coup fut tiré, et elle vit son mari tomber sur le sol, où il resta sans mouvement. Sa première impulsion fut de courir vers son époux et de se jeter sur lui; mais cette intention fut subitement paralysée; car un bras noir et nerveux enlaça sa taille, et, en dépit de ses efforts et de ses cris, elle était emportée dans les buissons.

Son ravisseur était l'Indien dont le fusil avait déjà une fois visé la tête de son fiancé.

Lorsque l'Esquimau chancela, il était si près de l'eau, qu'il y glissa, heureusement à une faible distance d'un oumyak, dans lequel les femmes s'apprêtaient à fuir. Elles n'eurent pas le temps de charger un tel fardeau dans leur bateau ; car la légère barque s'éloignait du rivage. Mais une vieille femme, qui avait souvent reçu de bonnes attentions de ce jeune homme plein de cœur, se pencha à l'arrière et le saisit par sa chevelure. Il fut de cette manière traîné dans l'eau jusqu'à ce qu'on fut hors de portée de fusil ; puis on l'en retira et on le plaça avec les enfants et les chiens.

Pendant ce temps, les Indiens s'étaient jetés dans l'eau, avec l'espoir d'attraper l'arrière-garde de la petite flotte. Peine inutile, la distance était trop grande. Fous de rage et désappointés, ils revinrent vers le bord, et, se plaçant en ligne, ils rechargèrent rapidement leurs fusils. Les pauvres Esquimaux savaient bien ce qui arriverait et mettaient toute leur énergie à s'éloigner.

Une fois encore les fusils envoyèrent, dans la direction des Esquimaux, leur averse de plomb. Elle éclaboussa l'eau tout autour de la flotte ; un kayak seulement fut atteint : celui du vieux grand-père. La balle brisa le bord de son canot, qui se remplit et coula. Le pauvre vieillard allait certainement être noyé, lorsque, par bonheur, passa l'oumyak qui contenait son gendre blessé. La vieille femme qui avait déjà sauvé la vie du jeune géant de la tribu, saisit également le patriarche de la même tribu, et on le mit en sûreté à bord. Quelques minutes après, la colonie entière était hors de danger.

Peu après, les Indiens furieux scalpaient les trois cadavres et les jetaient dans la mer. Ensuite ils allaient vers les huttes, afin de recueillir tous les objets qui auraient pu être laissés en arrière.

Peu de chose fut trouvé cependant ; car la propriété entière d'un Esquimau n'équivaut pas, à beaucoup près, à celle d'un homme rouge. L'objet le plus utile qui tomba entre leurs mains fut la hache que le pauvre grand-père avait abandonnée en fuyant. Les sauvages, ayant pris tout ce qu'ils pouvaient emporter, détruisirent le reste, et, mettant le feu au village, ils retournèrent dans leurs buissons. Là, ils allumèrent du feu et tinrent conseil.

Lorsque l'Indien qui avait capturé la jeune fille la conduisit au bivouac, ce fut un hurlement général d'indignation. Tous la menaçaient de mort ; mais le chef commanda le silence.

— Que compte faire le cœur blanc de cette mangeuse de chair crue? demanda-t-il, en se tournant vers le jeune homme.

— Il veut la prendre dans les terres de chasse de la baie.

— Cela ne peut pas être, dit le chef; la fille doit mourir. Il faut que le cœur blanc la tue.

Le jeune homme ne répondit pas.

— Si le cœur blanc est effrayé de voir du sang à son arme, continua le chef d'un air sarcastique, un autre guerrier lui montrera comment il faut s'y prendre.

À ces paroles, un sauvage au visage dur tira son couteau à scalper, et, d'un bond, fut auprès de la pauvre fille tremblante, qui, pendant ce débat, était restée silencieuse auprès de son ravisseur, écoutant anxieusement les mots qu'elle ne pouvait comprendre. La saisissant par l'épaule, le sauvage allait lui plonger son couteau dans le sein, lorsque l'arme fut brusquement détournée de sa direction par le jeune Indien. En même temps, le sauvage, à l'air renfrogné, fut rejeté violemment en arrière.

L'œil dilaté et la narine frémissante, le jeune homme dédaigna de jeter un regard sur son camarade tombé, et, se tournant vers son chef :

— Ne puis-je la prendre? dit-il. Cette fille est à moi ; je l'emporterai dans ma tente et en ferai ma femme.

— Soit, répliqua brusquement le chef.

Puis, se retournant vers ses compagnons, il donna l'ordre de partir immédiatement.

En peu de minutes tout fut prêt. Le chef reprit son chemin dans les buissons. La fille des Esquimaux et son ravisseur le suivirent, et la bande entière repartit silencieuse, en une seule file, pour les contrées lointaines de la baie des Indiens.

XIV.

La poursuite. — Prise d'un phoque. — Désespoir du géant.

Lorsque le jeune Esquimau commença à recouvrer ses sens et à sortir de l'état de léthargie dans lequel sa blessure l'avait jeté, il se trouva couché au milieu d'un oumyak de femmes avec son vieux grand-père à ses côtés, et une foule bruyante de chiens et d'enfants autour de lui. S'appuyant sur le coude, il secoua sa chevelure et chercha à réunir toutes ses facultés. En le voyant réveillé, la vieille femme qui lui avait sauvé la vie laissa tomber sa rame, et lui tendit une coupe en peau de loutre, pleine d'eau ; il la saisit et but avec avidité. Heureusement, sa blessure était légère ; après l'avoir baignée d'eau fraîche pendant quelques minutes, il reprit suffisamment ses sens pour s'asseoir et regarder autour de lui. Ses idées revinrent graduellement, et il se leva.

— Où sont les Indiens ? où est ma femme? s'écria-t-il avec véhémence, tandis que ses yeux tombaient sur son grand-père.

— Partie, répondirent quelques femmes.

— Partie ! répéta le jeune homme, en portant des regards farouches autour de lui et en cherchant Aneetka. Partie ! Dites-moi si elle est sur un des autres oumyaks.

Les femmes tremblèrent en répondant : Non.

— Les Indiens l'ont-ils prise ?

Il n'y eut pas de réponse à cette question. Mais il n'en était pas besoin.

Bondissant comme un tigre à l'arrière de l'oumyak, il saisit la rame du gouvernail, et, retournant l'avant du bateau du côté du rivage, il rama de toutes ses forces. A peine deux heures s'étaient-elles écoulées, depuis leur fuite. Les Indiens avaient tourné le dos à la mer, et les Esquimaux regagnaient le rivage où quelques minutes suffisaient pour faire accoster l'oumyak. Sans proférer une parole, le jeune homme sauta sur le bord, tira une lance du fond du bateau, et se précipita dans la direction du village désert. Les femmes, sachant que rien ne l'arrêterait, regagnèrent la mer et continuèrent leur voyage.

Les membres du jeune Esquimau étaient, comme nous l'avons dit, forts et puissants ; il était capable de parcourir le pays d'un train que peu de ses compagnons eussent pu garder ; il eût donc sans aucun doute rattrapé la bande d'Indiens plusieurs heures après, si sa blessure à la tête, quoique peu dangereuse, ne l'eût forcé plus d'une fois à faire halte et à se reposer. La faim agissait aussi sur cet état de faiblesse, car il n'avait rien mangé depuis plusieurs heures. Dans son départ précipité du bateau, il avait négligé de prendre des provisions, et il avait peu d'espoir de trouver quelque rafraîchissement avant d'arriver au village, où il pourrait peut-être ramasser quelques restes.

Lentement et avec une respiration haletante, il y parvint enfin ; mais il n'y trouva aucun secours, car tout avait été emporté ou détruit par les Indiens, et ce fut avec une sensation d'amer désespoir qu'il s'assit près des ruines enfumées de sa demeure.

Les Esquimaux, plus qu'aucuns autres hommes, sont accoutumés aux revers de fortune ; la vue de sa hutte détruite ne lui causa donc pas plus de peine que l'absence totale de nourriture. Il savait qu'à ce moment à peu près l'embouchure de la rivière serait pleine de glaçons amenés par le flot de la marée, et que, selon toute probabilité, des phoques seraient attirés de ce côté. Aussi il alla en toute hâte sur la berge, et l'examina soigneusement. Un regard ou deux lui suffirent pour constater qu'il ne s'était pas trompé dans ses conjectures. A peu de distance du rivage deux phoques gisaient endormis sur un glaçon, et il se prépara de suite à les capturer. Entre ce bloc et le rivage coulait un petit bras de mer de vingt mètres environ de largeur ; il le traversa, et, atteignant le bloc, il se traîna sur ses mains et ses genoux, en tenant sa lance de la main droite.

La lance à phoque des Esquimaux est une arme curieuse ; elle dénote à un haut degré l'adresse extraordinaire de cette race. La poignée en est faite avec la défense d'une espèce de veau marin. Elle a une tête ou barre mobile à laquelle est attachée une longue corde de peau de loutre. Cette barre est faite d'ivoire, avec une pointe de métal ; elle est fixée à la poignée, de façon qu'elle s'en détache à l'instant où l'animal est frappé, et demeure fortement incrustée dans la blessure ; pendant ce temps, la bande se déroule et le manche flotte sur l'eau ou tombe sur la glace, suivant les cas.

Lorsque l'Esquimau fut à moins de cent mètres, il se jeta entièrement à plat ventre, et rampa lentement. Les phoques levèrent la tête comme s'ils s'imaginaient voir un nouveau compagnon, ils ne cherchèrent pas à rejoindre leur trou très-peu éloigné de là. Tout à coup, le jeune géant se dressa et bondit entre le phoque et son trou, juste au moment où le plus agile plongeait dans l'eau. Un instant après, la lance lui transperçait le flanc ; il était tué.

C'était un secours exceptionnel pour le pauvre Esquimau, dont les forces étaient à bout. Il s'assit immédiatement sur sa victime, en coupa une large tranche sur le côté, et commença rapidement un repas qui surpassait tous ceux que put faire n'importe quel échevin ou citadin à quelque point du globe. Il ne prit cependant que très-peu de temps pour l'accomplir et choisir quelques tranches qu'il mit dans sa besace. Ainsi réconforté, il continua son voyage.

Bien que la vigueur du malheureux fût revenue, et qu'il pût reprendre sa marche avec vitesse, il ne tarda pas à s'arrêter, car sa blessure à la tête lui occasionnait de fréquents accès d'éblouissement. Regardant autour de lui de tous côtés, afin de choisir un terrain pour y camper, il avisa bientôt un endroit dans le roc sous lequel était un sentier d'arbres touffus, offrant un abri ; il s'étendit sur le sol, n'ayant qu'une peau de loutre gonflée pour oreiller, et bientôt il fut plongé dans un tranquille et profond sommeil.

Deux heures après il se réveillait en tressaillant, faisant une nouvelle application du contenu de sa besace, et poursuivant sa marche solitaire. Ce court repos semblait avoir complétement rétabli ses forces disparues, car il escaladait maintenant les bords de la rivière d'une façon qui semblait encore s'accélérer à mesure qu'il avançait. Comme on le sait déjà, les bords en étaient escarpés. Les rocs, avançant dans l'eau à plusieurs endroits, formaient des promontoires sur lesquels il était difficile de s'accrocher, et ces caps se terminaient fréquemment en brusques précipices qui nécessitaient un long détour. En d'autres endroits, la côte s'étendait en bancs de sable, qui doublaient la distance pour un voyageur, eût-il même un kayak pour la parcourir. Mais malheureusement, dans son départ précipité, il avait négligé d'en prendre un avec lui, et il faisait ce qu'il pouvait pour remplacer tout ce qui lui manquait. Il courait sur le sable comme une autruche dans le désert; grimpait sur les rocs et les pics escarpés, ressemblant à un ours polaire avec ses vêtements à poil. La pensée de sa jeune et gentille fiancée captive entre les mains des Indiens, et destinée à une vie d'esclavage, le rendait presque fou. Sa large poitrine bondissait, tandis qu'il faisait des prodiges d'agilité dont aucun autre homme de sa tribu n'eût été capable, et qu'il n'eût pu accomplir lui-même sans les circonstances extraordinaires qui l'excitaient.

Quant à ce qu'il ferait s'il rencontrait par hasard les Indiens, il l'ignorait. L'agitation de son esprit, augmentée par l'influence de sa blessure, le poussait fiévreusement en avant, et la sauvage révolte de ses sens l'empêchait de calculer l'insuccès probable d'une attaque où devait figurer un seul homme, armé d'une lance et d'un couteau, contre un corps d'Indiens qui possédaient des fusils.

Hélas ! les douleurs de la race humaine sont les mêmes dans toutes les contrées, chez les hommes civilisés comme chez les sauvages. Le vice et la vertu triomphent tour à tour. Bravoure, candeur, héroïsme, alternent avec lâcheté, traîtrise, malveillance, et forment les points saillants des archives de toutes les nations à tous les âges. Nul puissant chevalier des temps passés ne boucla sa cotte de maille, ne saisit son épée et sa lance, ne surmonta tout danger, pour délivrer la dame de ses pensées d'un château enchanté, avec un enthousiasme plus chaud que ne le fit notre Esquimau géant, en se lançant à la poursuite des Indiens. Mais, comme dans beaucoup de romans, le géant ne réussit pas, et ce ne fut pas de sa faute.

En arrivant sur la plate-forme du rocher que nous avons montré dès le début, l'Esquimau s'assit, et, rejetant sa lance sur le sol, regarda autour de lui, désespéré ! Malgré ses efforts inouïs, il lui avait été impossible de rejoindre les Indiens plus tôt, et au delà de ce point, il était impossible de les suivre. Là, les montagnes se divisaient en plusieurs groupes distincts ; chacune d'elles s'étendait dans l'intérieur du pays, et on ne pouvait prévoir laquelle avait été suivie par les

Indiens, car la terre rude et rocailleuse ne gardait aucune trace de leurs légers mocassins. Si l'Esquimau eût été Indien, la sagacité bien connue de sa race pour suivre une trace, quoique très-légère, eût pu lui faire reconnaître la route de la bande; mais les Esquimaux ne sont pas doués de ce flair presque particulier aux chiens de chasse. Ajoutez à cela la confusion de ses idées, le trouble d'une intelligence affaiblie par la fatigue et la souffrance, et il ne paraîtra pas étrange que le désespoir s'emparât de lui. Il était parvenu à un endroit où une douzaine de routes se croisaient sans avoir aucune idée de celle qu'il devait prendre. La vallée de la rivière semblait, il est vrai, le chemin le plus facile à suivre. Après l'avoir parcouru pendant un jour entier sans recueillir une trace de la route des Indiens, il revint à son rocher passer une nuit nouvelle, le cœur désespéré.

Lorsque le soleil se leva, il abandonna son réduit, et, ayant bu longuement, il se prépara à partir. Avant de s'en aller, il jeta un dernier regard mélancolique sur l'amphithéâtre des collines brumeuses, prit sa lance, et, dans l'amertume de son cœur, la dirigea vers la sombre retraite de ceux qui avaient enlevé la lumière de ses yeux, perdue pour toujours; puis, se tournant lentement vers le nord, la tête baissée et l'allure indifférente d'un homme au cœur brisé, il reprit sa marche vers la côte, rejoignit ses camarades et s'éloigna pour toujours des bords de la rivière de Caneapusca.

XV.

Fin du voyage. — Plans et projets. — Bande d'explorateurs.

Trois semaines après le départ des Esquimaux des environs de la baie d'Ungava, les échos de ces solitudes furent éveillés par les joyeuses chansons de nos voyageurs canadiens. Tandis que les deux canots de Stanley et de ses compagnons fendaient l'onde et approchaient de la source au pied du rocher plat, le grand canot mit son avant contre le sable, et le premier homme qui sauta à terre fut La Roche. Il semblait encore plus agile et plus vif qu'autrefois, mais il était bruni. La bande entière portait les marques des rigueurs qu'elle avait eues à essuyer pendant quelque temps dans les montagnes. Le visage d'Edith était beaucoup plus halé qu'en quittant Moose, et ses vêtements raccourcis par suite des déchirures et de l'usure.

— Malheur à toi, Losh; retire-toi du chemin et laisse tes supérieurs débarquer avant toi, s'écria Bryan, en sautant dans l'eau et en tirant le canot sur la berge.

Les seules traces que ce rude voyage eût laissées sur Bryan étaient une ou deux fentes additionnelles à son chapeau blanc et cabossé. Quant à son visage, il était déjà tellement bronzé par l'air, qu'une ou deux semaines de plus n'ajoutaient guère de différence à son teint.

— Venez dans mes bras, miss Edith, dit François, en se mettant dans l'eau près du canot.

— Attention, garçon, pensez au vernis, cria Massan, tandis qu'Oolibuck tirait rudement le canot, en déchargeant un paquet.

— Gare dessous, dit Dick Prince, en jetant les piquets des tentes sur la berge.

Gaspard, sans se soucier de cet avis, ne se gara pas, et reçut un coup de piquet sur la jambe, ce qui le fit grogner et jeter si violemment à terre un sac posé sur son épaule, qu'il renversa presque le pauvre Ma-Istequan, qui passait à ce moment avec le chaudron de campement à la main.

— Quel buffle sauvage! s'écria Bryan, en poussant rudement Gaspard de l'épaule gauche, tandis que, de la droite, il enlevait la casquette de La Roche, prêt à aller recharger un second paquet à bord du canot.

— Pardonnez-moi, mon garçon, dit-il avec un sérieux comique. Maintenant, mes amis, il faut penser aux choses sérieuses. Ma foi, je ne mets plus rien à terre; car il n'est rien entré dans mon pauvre intérieur depuis mon déjeuner de ce matin.

A ce moment, l'avant de l'autre canot entrait dans le sable, et Frank Morton sauta à terre.

— Endroit magique pour camper, Frank, dit Stanley, finissant d'ajuster la tente sur la pente verdoyante qui s'avançait jusque dans le sable. Il y a une source d'eau pure, là-bas, sous ce roc; je viens d'y laisser ma femme et Edith occupées à laver des tasses à thé, et La

Roche les empêche certainement de tout apprêter en voulant les aider.

— C'est une bonne place qui pourra servir temporairement pour une tête de quartier, tandis que nous explorerons la côte pour fixer le lieu de notre nouvelle maison.

Stanley contempla l'horizon autour de lui, pendant que son ami parlait.

— Passez-moi le télescope, Frank; il me semble que nous avons la mer près d'ici. Qu'en pensez-vous? L'eau est âpre; et là-bas, cette ouverture, derrière les montagnes, paraît révéler quelque chose. La lunette va peut-être nous le montrer.

Après un examen des collines environnantes, Frank et Stanley conclurent qu'ils ne pouvaient rien faire au moins pendant la nuit, et ils résolurent d'attendre le lendemain pour commencer une nouvelle exploration.

Les hommes s'occupaient à préparer le souper, et Chimo ajouta un mets inattendu, en leur apportant un ptarmigan, qu'il venait de tuer. Chimo comptait, dans son innocence, réserver cette petite primeur de la saison pour sa table particulière; mais il n'eut pas plus tôt l'oiseau entre les dents, qu'on le lui arracha, pour le mettre dans la marmite.

Le jour suivant commença une ère nouvelle dans l'existence des voyageurs. Pour la première fois, depuis le commencement de leur périlleux voyage, les cargaisons furent laissées en arrière, et les canots filèrent en avant pour découvrir le pays.

Stanley avait deviné juste, en supposant que la mer était proche, et la grande embouchure de la rivière lui prouva que l'eau était assez profonde pour supporter le navire qui avait été expédié directement pour la station, avec les autres provisions. Si tout marchait comme il l'espérait, on ne pourrait pas trouver un meilleur endroit pour établir un fort; car il serait situé juste au-dessous des derniers rapides de la rivière, aurait une source d'eau vive dans le voisinage, et serait protégé des froides brises d'hiver, sur une petite étendue du moins, par les collines environnantes.

— Maintenant, Frank, ajouta Stanley, après avoir donné son opinion sur ce point, voilà ce que je compte faire. Je prendrai le grand canot avec Dick Prince, François, Gaspard, La Roche et Augustus (le dernier comme interprète, dans le cas où nous tomberions au milieu des Esquimaux, que je suis surpris de ne pas encore avoir trouvés dans les environs); j'atteins la mer avec eux, j'examine la côte, j'observe s'il n'y a pas là quelque endroit propice pour bâtir; et si tout va bien, je reviens ici pour souper, avant le coucher du soleil. Vous, vous prenez l'autre canot avec Bryan, Massan, Oolibuck et Ma-Istequan; vous descendez l'autre côté de la rivière; vous examinez les rivages au delà de l'île; vous voyez s'il y a une place meilleure que la nôtre pour une résidence permanente. A la nuit, nous comparerons nos notes. Ma femme et Edith resteront au campement, sous la garde d'Oostesimow et de Moses.

— Et dites-moi, s'il vous plaît, qui défendrait votre pauvre femme et votre innocente enfant, en cas d'attaque d'une bande de sauvages indigènes, demanda Mme Stanley, qui rejoignait son mari et Frank.

— Nulle crainte pour la femme et l'enfant, répliqua Stanley. Si les Indiens trouvent le campement, Oostesimow parlementera avec eux. Si les Esquimaux nous font une visite, Moses leur fera des politesses. D'ailleurs, si vous ne m'aviez pas interrompu, vous m'auriez entendu donner à votre intention des instructions spéciales à Frank. Ainsi, monsieur Frank, ayez la bonté de descendre Edith de votre épaule, et écoutez-moi. Tandis que vous examinerez l'autre côté de l'eau, vous aurez, autant que possible, l'œil sur le campement, et toujours l'oreille au guet. Par un temps calme comme celui-ci, un coup de fusil peut être entendu de cinq à six milles de distance. Si vous aperceviez quelque trace indiquant que les indigènes sont venus ici récemment, retournez immédiatement au campement.

Frank promit une obéissance passive. La bande entière s'occupa alors d'empiler les vivres sur un rebord de colline, derrière la source; de sorte qu'une véritable forteresse fut bientôt construite. Avec deux hommes habiles et courageux comme Moses et Oostesimow, armés de deux fusils chacun, d'une paire de pistolets, de deux couteaux poignards et d'une ample provision de munitions, on aurait pu soutenir un siége prolongé contre des ennemis beaucoup plus effrayants que des Indiens et des Esquimaux.

Après avoir complété leurs préparatifs de défense, et avoir pourvu d'occupations ceux qui restaient dans le camp, en leur laissant le soin d'examiner les vivres et de voir si rien n'avait été endommagé par l'eau, les deux canots s'élancèrent du rivage et filèrent avec vitesse au loin, tandis que les hommes chantaient joyeusement et fêtaient leur facile travail. Maintenant que les canots étaient déchargés, deux hommes auraient suffi pour les faire avancer. Frank dirigea sa course obliquement vers l'île, et Stanley alla, en suivant le courant, du côté de l'étroit passage, derrière lequel il espérait voir la mer.

Après avoir traversé l'île, qui était basse, triste et recouverte d'une maigre végétation, Frank et ses hommes allèrent de l'autre côté et examinèrent la côte. Ils la trouvèrent presque semblable à celle qu'ils venaient de quitter. Un banc de sable s'étendait le long de la rivière, ou plutôt du lac; car c'était le vrai nom qui lui convenait. Le banc de sable était interrompu çà et là par des baies, et était intercepté en plusieurs endroits par des pointes de rochers qui s'avançaient brusquement des montagnes. Ces montagnes elles-mêmes étaient nues et escarpées, coupées de précipices et fortifiées d'une succession de terrasses, dont quelques-unes étaient si raides, qu'il était impossible de les escalader. Elles auraient pu l'être cependant par les ravins qui montaient en zigzag depuis le pied jusqu'au sommet de ces éminences. Dans le premier de ces ravins, les explorateurs s'arrêtèrent et trouvèrent les débris d'un campement d'été d'Esquimaux. Cela consistait en quelques arbres immenses qui semblaient avoir servi de huttes. Ils firent encore une découverte d'un genre plus satisfaisant. Des empreintes de renne se voyaient sur le sol; elles étaient si fraîches, que Frank se mit à prendre son fusil et à remonter le ravin à la recherche de l'animal, accompagné de Massan, qui aimait excessivement la chasse. Il l'aimait tellement, qu'il avait été plus d'une fois sur le point de s'en aller, seul, dans les baraques des Etats du Nord, d'y acheter un fusil et des munitions, de faire le guet, comme il le disait, dans les prairies, d'y rester et d'y chasser jusqu'à ce que son œil lui refusât tout service, ou que son doigt fût incapable de tirer son fusil. Mais ses goûts sociables le dissuadèrent de ce projet, et la pensée de vivre dans la solitude l'en détourna toujours.

— C'est mon avis, remarqua-t-il, en suivant Frank dans ce ravin, dont les parties abritées étaient couvertes de quelques massifs de pins rabougris; nous aurons à couper nos bûches plus loin, en remontant la rivière; car il n'y a rien de bon ici pour construire un fort.

— C'est vrai, Massan, répondit Frank, regardant de côté et d'autre, tout entier à sa chasse, et marchant légèrement sur le sol pierreux; il n'y a pas ici un arbre assez fort pour construire une baraque.

— Non, maître, mais il serait très-bon comme bois de chauffage, s'il ne vaut rien pour autre chose, et c'est une bénédiction d'en avoir un peu partout. Soyez reconnaissant des petites choses. Je vois des branches bien assez grosses pour établir des filets, des poignées de hache, des rames et des bâtons de lance, etc.

L'énumération par l'honnête guide de tous les articles variés auxquels pouvait convenir le bois de charpente fut arrêtée subitement par Frank, qui, lui posant la main sur l'épaule, lui montra, avec le bout de son fusil, le haut du ravin, en murmurant :

— Ne voyez-vous pas autre chose que des arbres là-bas, Massan?

Celui-ci regarda dans la direction indiquée, et montra, par un signe expressif, que son œil avait trouvé l'objet désigné. C'était un renne, posé sur le rebord d'un roc à pic, au haut des montagnes, et si haut, qu'il pouvait être aisément pris pour un tout petit animal par un moins habile chasseur.

Renne.

Au-dessous de cet endroit était un abîme profond, qui rendait impossible l'espoir de voir arriver le renne plus près.

— Quel malheur ! dit Frank, en se tapissant derrière un roc avancé, il est hors de portée ; il nous faudrait au moins une heure pour arriver derrière lui, et il y a peu de chance, je le crains, qu'il nous attende.

— Aucune chance, cela va sans dire, répliqua Massan ; mais il est assez gros pour être atteint de l'endroit où nous sommes.

— Atteint ! Ah ! vraiment, je puis viser au cœur assez aisément ; mais je me vanterais trop en disant que je puis viser à œil de là où nous sommes. La balle refuserait de l'atteindre, Massan ; il est hors de portée.

— Essayez toujours, monsieur, essayez vite, s'écria le guide ; car, pendant qu'ils parlaient, le renne avait remué. J'ai souvent chassé dans les Montagnes Rocheuses, et je sais que la distance fait souvent illusion. Il n'est pas si loin que vous le croyez.

Il avait à peine fini de parler, que Frank épaulait et tirait.

Un instant après, le renne, bondissant dans l'air, tomba avec rapidité dans l'espace sombre, et était bientôt mis en pièces sur les rochers. Massan donna un signe de satisfaction, courut vers l'animal, et, regardant un petit trou rond que l'animal portait sur la tête :

— A la vraie place, monsieur Frank, dit-il, vous touchez toujours juste, voyez.

Massan se mit en demeure de soigner l'animal, qui était de première qualité, puisqu'il avait au moins deux pouces de graisse sur les flancs. Ils le placèrent sur leurs épaules et retournèrent vers le canot.

Tandis que Frank était ainsi occupé, Stanley était descendu vers les rivages de la baie d'Ungava, qu'il trouva à vingt-cinq milles de distance au-dessus du campement ; près de la source. Il surveillait rapidement la côte en redescendant, et sondait la rivière de place en place. Lorsqu'il atteignit son embouchure, il avait fait deux découvertes importantes. L'une était que nulle part sur la côte ne se trouvait un endroit aussi convenable à tous égards, pour établir un fort, que la baie où ils avaient planté leurs tentes. L'autre était que la rivière, depuis son embouchure jusqu'à ce point, était assez profonde pour supporter un navire de trois à quatre cents tonnes. C'était très-satisfaisant. Il retournait vers le campement, lorsqu'il arriva au village des Esquimaux qui, quelques semaines auparavant, avait été le lieu de l'attaque racontée dans le précédent chapitre. En examinant attentivement la place et les traces d'un départ en toute hâte, Stanley et ses hommes ne tardèrent pas à deviner que, puisque les habitants avaient fui sous l'empire d'une terreur folle, par suite d'une attaque imprévue, il était certain qu'ils ne reviendraient pas de sitôt dans la même localité. C'était fort malheureux; mais, pour le cas où leurs conjectures auraient été erronées, et où les indigènes auraient pu revenir avant l'hiver, ils plantèrent un piquet à un endroit apparent, et y attachèrent un sac contenant deux douzaines de couteaux, une douzaine de briquets, quelques alènes et aiguilles, plusieurs livres de gros plomb, et une variété d'objets qui pouvaient plaire le plus à des sauvages.

Tandis que Bryan était occupé à entasser des pierres au pied du poteau pour le consolider et l'empêcher d'être enlevé par le vent, le reste de la bande se rembarquait pour le retour avec joie; car ce campement près de la source leur était déjà presque familier, quoique ne datant que d'un jour; il avait pour eux tout l'attrait du *home*.

L'homme est un étrange animal; et quoique certains voyageurs puissent dire le contraire, il cherche toujours à regagner rapidement ce *home* préféré, à quelque endroit qu'il se trouve.

— Allons, Bryan, cria Stanley du canot, dépêchez-vous, nous vous attendons.

— Oui, oui, votre honneur, répliqua l'Irlandais, en soulevant un énorme bloc de roc, encore un. Il sera ainsi aussi solide et immobile que le pôle nord lui-même. Puis, il murmurait à voix basse : Dépêchez-vous. C'est bon à dire. Vous avez un fameux toupet pour parler ainsi. Misère de misère! mais je ne donnerais pas dix sous pour tout ce qu'il y a là et vingt fois plus encore. Cependant, ces païens, ces Esquimaux, à figure de porc, danseront de joie autour, jusqu'à ce qu'ils en soient à moitié morts. Oh! les sauvages, en voilà de drôles de gens. Et toi, Bryan, tu n'es qu'un niais d'être venu si loin simplement pour les voir.

En se faisant ce compliment à lui-même, comme conclusion, Bryan reprit sa place à la rame, et la bande retourna vers le campement.

Là, tout était en parfait état. Frank et les siens étaient revenus, et le renne, maintenant taillé en tranches et en morceaux, rôtissait devant un grand feu. Son parfum odorant et l'arome rafraîchissant de la bouilloire à thé produisirent une délicieuse sensation sur les narines des explorateurs affamés. La tente de Stanley était adossée à la montagne, et la porte ouverte laissait entrevoir Mme Stanley et Edith occupées à des fonctions culinaires. Chimo ne les perdait pas de vue, les oreilles droites, la tête toujours inclinée du même côté, comme si ses préférences l'y attiraient constamment. La Roche s'occupait avec une telle agitation autour du feu et y faisait de tels bonds, qu'on pouvait le croire doublé d'une salamandre. A une distance respectable de la tente de Stanley, mais sous l'influence du feu, les hommes plantaient pour la première fois la grande tente de peau qui devait être leur abri, jusqu'à ce qu'ils eussent construit une maison pour eux ; et sur une bûche, à une proximité raisonnable de l'impétueux La Roche, Frank Morton était assis et notait sur son journal les différents épisodes de cette journée.

Il y eut ce soir-là bien des causeries et des rires autour du feu ; car les hommes avaient à se raconter leurs découvertes et à se faire part de leurs pronostics. Tout faisait présager le succès. On admit même généralement que les premières apparences étaient favorables, quoiqu'on dût convenir que cet endroit était affreusement stérile et désert. Sous l'heureuse influence de cette impression, et sous l'influence plus heureuse encore du bon repas que l'on avait fait, la colonie entière se reposa parfaitement et dormit si profondément, que nul son, nul mouvement, ne pouvaient faire soupçonner la présence d'êtres humains dans ces vastes solitudes d'Ungava. Seule la flamme du bivouac brillait de temps en temps et jetait une pâle lueur au bas des montagnes rugueuses, en envoyant une réverbération pénétrante sur les eaux sombres.

XVI.

Les ressources du pays commencent à être connues. — Bryan se distingue. — Pêche extraordinaire.

Lorsque le soleil se leva le jour suivant, la colonie entière était sur pied; le feu flambait, et le déjeuner était prêt. Il y avait beaucoup à faire; tous étaient pleins de courage, car il fallait se hâter, l'automne, très-court dans ces régions arctiques, laissant prévoir un hiver prochain de très-longue durée.

Une autre considération commençait à préoccuper Stanley et Frank : c'était la possibilité de la non-arrivée du vaisseau contenant leurs provisions et leurs vivres. Sans cet appui, un hiver sur les rivages de la baie d'Ungava exposait aux périls les plus graves, périls qui sont généralement le partage des explorateurs arctiques. Ceux qui avaient lu les récits véridiques écrits par ces hommes hardis, savaient que ces périls étaient réels et nombreux. Les chefs de l'expédition n'étaient pas hommes à s'effrayer d'événements anticipés, ou à devenir anxieux à l'approche de dangers possibles ; mais ils ne pouvaient les entrevoir sans quelque effroi pour Mme Stanley et Edith. Cette pensée, au lieu de les ralentir, ne faisait que les exciter davantage à atteindre le but de leur entreprise.

Après le déjeuner, Stanley rassembla ses hommes et leur donna des instructions spéciales sur ce qu'ils devaient faire. Un des points les plus importants à éclaircir était de voir si la rivière était poissonneuse; de là dépendait le bien-être de la colonie, peut-être même son existence. Gaspard eut donc la mission de tendre ses filets vis-à-vis du campement. Oolibuck, l'interprète officiel des Esquimaux, étant alors sans emploi, dut aider Gaspard. Un autre point fort important aussi était de connaître quels animaux habitaient cette région et s'ils étaient nombreux. Dick Prince, le chasseur attitré de toute la bande, prit son fusil, une abondante provision de munitions, et se dirigea dans les montagnes à la recherche du gibier. Massan, son ami, bon tireur et sage camarade, eut l'ordre de l'accompagner. Ils furent chargés en outre d'examiner l'état des forêts, leurs ressources en bois de charpente. Mais comme ce point était extrêmement grave, puisque le style et les proportions du fort en dépendaient, François le charpentier, en compagnie de Ma-Istequan l'Indien et d'Augustus l'Esquimau, fut désigné pour un voyage d'observation au-dessus de la rivière de Caneapusca. Il était possible qu'on pût rencontrer des indigènes plutôt sur les bords de la rivière que dans les montagnes. On décida aussi que Frank Morton ferait avec Bryan l'ascension de la montagne, afin de voir s'ils découvriraient des lacs contenant du poisson.

Quant à M. Stanley, il resta au campement. Entrant dans sa tente, après avoir congédié les différents groupes de matelots, il dit à sa femme :

— Je reste aujourd'hui avec vous, Jenny. Tous les hommes, excepté Moses, Oostesimow, Gaspard et La Roche, sont partis pêcher ou chasser dans les montagnes, et j'ai gardé ceux-ci pour m'assurer des sondages et examiner la côte avec grand soin ; car il serait pitoyable de commencer un établissement dans un lieu où il serait mal situé.

Mme Stanley et Edith furent naturellement enchantées de cet arrangement. Tandis que tous étaient absents, la première prépara la peau du renne tué la veille, suivant la mode indienne, en la râclant et en la frottant avec la cervelle de l'animal ; puis, la fumant ensuite avec un feu de bois vert, elle la rendit aussi souple et aussi flexible que du cuir de chamois. Quant à Edith, elle erra dans les buissons environnants sous la garde fidèle de Chimo, revenant au campement presque à chaque heure, et rapportant une provision de mûres, de prunelles, de petits fruits de toutes sortes, qui croissaient à profusion.

L'eau offrait vis-à-vis du campement huit brasses de profondeur ; ce qui donnait la possibilité de décharger le navire près de l'établissement. Un peu plus haut, l'endroit aurait été plus favorable pour construire ; car il était abrité et plus au centre des bois de charpente ; mais l'eau était trop peu profonde pour porter un navire, et l'île qui s'avançait de ce côté formait une barrière naturelle, capable d'empêcher toute embarcation de passer. Lorsque Stanley eut bien étudié l'endroit où la tente était plantée, l'abri naturel formé par les montagnes, l'anse avec sa végétation de saules et de petits pins, la petite fontaine sous le rocher, et la belle baie de sable, sur laquelle Gaspard et Oolibuck étaient occupés à tendre leurs filets, il sentit que, quoique ce ne fût pas la meilleure place de tout le voisinage, elle était cependant admirablement convenable au futur établissement.

— Le filet est placé, monsieur, cria Oolibuck du rivage à son maître, qui naviguait dans la baie, à une centaine de mètres, et paraissait très-occupé à jeter sa ligne de sondage.

Stanley dirigea son canot vers la berge et dit à son compagnon :

— Oolibuck, j'ai beaucoup pensé à la rivière que nous avons vue.

hier, un peu au-dessus de l'embouchure de celle-ci, et je crains que le vaisseau ne la remonte au lieu de venir ici; car cette terre est fort inconnue.

— C'est vrai, répondit l'Esquimau, avec un regard de grave perplexité. Si le vaisseau va dans cette rivière, il croira que nous ne sommes pas arrivés, et il s'en ira, en nous abandonnant.

— Non, Oolibuck, je ne pense pas que ce résultat soit fatal, si notre navire nous manque; mais afin de prévenir ce désastre, j'ai l'intention de vous envoyer avec quelques provisions sur la côte pour tâcher de l'apercevoir. Vous allumerez un grand feu pour le guider à la bonne place. Procurez-vous une couverture et un fusil aussi vite que possible et partez. Ne prenez des provisions que pour quatre jours seulement. Il faudra vous montrer bon chasseur; sans cela, vous mourrez de faim. Voyons, quatre jours de provisions vous suffisent-ils?

Les yeux d'Oolibuck disparurent sous la couche de graisse qui bordait ses joues; car il était gras, si gras, que, lorsqu'il riait, ses yeux se réduisaient à une simple ligne droite, entourée de quelques plis. Il en résultait qu'il lui était physiquement impossible d'ouvrir les yeux et la bouche en même temps. Régle générale, lorsque Oolibuck ouvrait la bouche, ses yeux étaient fermés; et lorsque ses yeux s'ouvraient, sa bouche restait close. Comme il était de bonne humeur et d'un naturel enjoué, l'alternative était fréquente.

— Deux jours de vivres suffiront, dit-il. Donnez-moi seulement de la poudre et des balles, et je ne mourrai pas de faim, soyez sans crainte.

— Très-bien, répondit en riant Stanley; prenez toutes les munitions que vous voudrez, mais ayez-en soin. Si le navire nous manque, nous en aurons grand besoin. Surtout, ne vous attardez pas à chasser le renne. Veillez constamment sur l'horizon. Montez sur la colline aussi haut que possible, et gardez vos yeux bien ouverts.

Oolibuck répliqua en les fermant totalement, ce qui lui permit de rire, et il se hâta d'aller faire ses préparatifs.

Les filets avaient été posés par Gaspard suivant l'habitude, c'est-à-dire avec des pierres fixées aux plus basses cordes pour agir comme lesteurs, et des bouchons flottants attachés aux cordes supérieures pour les tenir étendus.

Toute la colonie attendait le résultat de la pêche avec une réelle impatience. On ne laissait pas s'écouler une heure sans inspecter les filets; mais, au lieu de poisson, on trouva les filets enroulés comme deux cordes, effet du courant et de la marée qui luttaient l'un contre l'autre.

— Cela ne réussira jamais ainsi, s'écria Stanley, lorsqu'ils ramenèrent les filets au rivage. Nous allons immédiatement placer des pieux; il est maintenant presque marée basse, et, en travaillant avec ardeur, nous arriverons à temps avant la marée suivante.

Afin d'exécuter son plan, Stanley se rendit avec ses hommes du côté du ravin; là, ils se mirent à couper des pieux pour fixer les filets, tandis qu'Oolibuck, après avoir expliqué à Mme Stanley et à Edith qu'il allait surveiller le navire, chargea sa besace et son fusil, gagna rapidement les premières terrasses des montagnes et se dirigea vers la côte.

Pendant qu'on s'occupait ainsi dans le campement, Frank Morton et Bryan faisaient une vraie reconnaissance du pays. Après avoir remonté la gorge dans laquelle nous avons laissé Stanley et les hommes, coupant des pieux, Frank et Bryan gagnèrent la première terrasse et allèrent dans une direction opposée à celle qu'Oolibuck avait prise. Une marche d'un quart de mille au moins les amena sur un plateau.

La première chose qui frappa leurs regards derrière les saules rabougris qui couvraient la montagne fut une couvée de ptarmigans. Ces oiseaux sont presque semblables de forme et de taille aux coqs-de-bruyère, peut-être un peu plus petits. En hiver, ils sont d'un blanc immaculé, si blancs, qu'il est presque impossible de les distinguer de la neige; mais, en été, leur habit devient brun, tacheté de quelques plumes blanches. Etonnés de voir des hommes, ils regardèrent Frank et Bryan avec une surprise muette, jusqu'au moment où ce dernier tira vivement son fusil. Ils prirent alors la fuite. Bryan épaula, mais Frank arrêta subitement le bras de son compagnon.

— N'usez pas votre poudre, Bryan, sur de si mince gibier. Il y aura peut-être quelque animal plus digne d'un coup de fusil dans ces montagnes. Si vous réveillez une fois les échos de ces rochers déserts, je crains que le gibier effrayé ne prenne la fuite devant vous.

— C'est vrai, monsieur, répliqua Bryan, en suivant Frank dans sa route et en remettant son fusil en place. Mais il y a un vieux proverbe qui dit : « Un oiseau dans la main vaut mieux que deux dans le buisson. » Je suis porté à être de cet avis.

— Bien, Bryan; ceci est le royaume des vieux proverbes; mais il y a exception à toute règle, et c'est ici le cas. Vous l'admettrez, lorsque vous aurez bien voulu vous donner la peine de regarder cette vallée et d'observer le sommet de cette montagne.

Frank indiquait le haut d'une colline qui s'élevait à une distance considérable dans l'intérieur, et dont ils étaient séparés par un profond abîme; car pas un de ces ravins, dans ce pays, ne méritait le nom de vallée, sauf celui qui conduisait à la rivière de Caneapusca. Ce précipice était plongé presque dans l'obscurité, et à peine pouvait-on distinguer l'objet que Frank désignait à l'attention de son compagnon.

— C'est une corneille, dit Bryan, après un examen de cinq minutes, pendant lesquelles il avait fait les plus étranges contorsions, grimaçant, abritant ses yeux avec sa main, cherchant à regarder au-dessus, quoiqu'il n'y eût rien à y voir, se baissant et mettant une main sur chaque genou pour découvrir ce qui était dessous, quoiqu'il n'y eût rien à y découvrir, et essayant en vain d'augmenter son rayon visuel.

Frank le contemplait en souriant.

— Regardez donc, Bryan, avez-vous jamais vu une corneille avec des cornes?

— Des cornes! s'écria l'Irlandais, en donnant encore plus d'expression à sa physionomie, des cornes! dites-vous. Ma foi! je ne vois rien autre chose qu'une tache noire dans le ciel. Si vous y voyez des cornes, vous êtes bien habile.

— Néanmoins, je les vois, Bryan, et elles ornent la tête d'un noble bouc. Ainsi, vous voyez que vous avez bien fait de ne pas user votre poudre avec les ptarmigans. A l'œuvre, garçon; descendez vite le ravin et remontez la montagne, là-bas, dans la direction de ce roc éboulé. Le voyez-vous bien? Attendez là, de peur que le renne ne revienne sur ses pas. Pendant ce temps, je courrai par le chemin d'où nous venons, et je redescendrai vers le bord de l'eau, pour le recevoir lorsqu'il y arrivera. Surtout, ne vous perdez pas, et prenez garde de ne pas tirer sur du petit gibier.

En finissant de donner ces ordres à voix basse, Frank prit son fusil du bras gauche et partit rapidement, en laissant son compagnon ébahi. L'étonnement de Bryan ne fut pas de longue durée, et, au bout de cinq minutes, ses joues et ses sourcils se détendirent graduellement; un bon sourire courut sur ses lèvres.

— Ne vous perdez pas surtout! Ah! monsieur Frank, c'est trop fort! Allons maintenant, mon vieux, gare à toi, ne te perds pas, toi qui as traversé les lacs salés, vu les Indiens rouges dans les prairies, chassé dans les Montagnes Rocheuses, et trouvé le chemin d'Ungava, sans mentionner que tu es originaire de la vieille Irlande!

Te perdre! miséricorde! Mais on aurait dû prendre quelqu'un pour te surveiller. Bryan, mon garçon, allons, va; va doucement, et aie l'œil ouvert; de crainte de te perdre! Ah! ah! c'est fameux!

Tandis que Bryan finissait cet intéressant monologue, il prit un large sac qui contenait une paire de lignes de pêche et quelques crochets, et, l'enroulant à son fusil, il plaça le tout sur son épaule; puis il suivit un chemin rugueux, qui était plutôt un sentier de renne.

L'idée de se perdre semblait avoir pris possession de l'esprit de Bryan; elle lui procurait un tel amusement et une telle moisson de curieux monologues, qu'il oublia de constater qu'il marchait le long d'un précipice incliné, au pied duquel était une petite nappe d'eau noire, réunie par une petite rivière à un plus grand lac, dont on entendait les petites vagues clapoter au bas de la montagne.

Cette scène était magnifique et sauvage; elle aurait excité l'attention d'un homme moins distrait que Bryan. Des montagnes hautes et escarpées, inaccessibles, entouraient de tous côtés ce vallon; et quoiqu'il y eût çà et là quelques crevasses, elles paraissaient ne faire qu'un seul massif, tant leur aspect était uniformément imposant.

Si les yeux de Bryan avaient été moins distraits, il eût vu que le bord des buissons, du côté du sentier où le renne marchait, aboutissait à une telle pente, que c'était un vrai précipice; mais Bryan, perdu dans une contemplation philosophique, ne s'aperçut de rien jusqu'à ce que, en glissant sur une pierre, il tomba tout de son long sur le sol. Il s'accrocha convulsivement aux buissons pour arrêter sa chute; mais la violence avec laquelle il était lancé les lui arracha des mains. Après un ou deux sauts affreux, il se trouva rejeté violemment au bord d'un ravin qui rejoignait les deux lacs. Etourdi par cette chute, Bryan resta quelques secondes sans connaissance. Lorsqu'il reprit ses sens, il s'aperçut qu'un poisson de deux pieds de long nageait au fond de l'étang sur lequel il surplombait. Se redressant vivement, oubliant totalement ses misères, il se mit à chercher le sac contenant ses lignes de pêche, et, remarquant qu'elles étaient restées attachées au fusil, non loin de là, il courut les chercher.

— Oh! misère! s'écria-t-il, en ramassant son arme. Voilà mon fusil faussé. Tu n'es plus bon à rien, mon vieux, qu'à rester dans un coin. C'est heureux pour toi, Bryan, que l'os de ton dos ne soit pas dans le même état.

Bryan tira du sac une tranche de morue, à laquelle il fixa un hameçon de grosse taille, le dressa en forme de mouche, dans le genre de ce qu'il avait vu faire à La Roche, ajusta l'hameçon et la ligne au bout d'une courte baguette, s'approcha à pas de loup du bord de ce fameux détroit et la jeta dans l'eau. Le poisson était à cet endroit aussi friand que celui de la rivière du Renne. Quelques secondes après, la mouche était avalée, et Bryan, donnant une vigoureuse impulsion à sa baguette, ramena au-dessus de sa tête une superbe truite de deux livres environ.

— Pauvre créature, s'écria l'Irlandais, en se frottant les mains avec joie et en regardant le poisson arraché de l'hameçon, tu feras sûrement une belle figure ce soir dans la marmite. Mais attention! voilà encore un de tes parents qui veut te tenir compagnie, ajouta-t-il, en retirant violemment une autre truite de l'eau.

Cette seconde truite était plus grosse que la première.

La pêche fit bientôt oublier à Bryan les ordres de Frank, le renne et toute autre chose au monde. Après avoir attrapé six ou sept truites, variant de deux à quatre livres, il changea de position et jeta de nouveau sa ligne dans un étang plus profond, près du grand lac. Là, comme auparavant, la mouche fut absorbée au moment même où elle touchait l'eau; mais Bryan ne la retira pas aussi vite que tout à l'heure. Il essaya, il est vrai, de le faire; mais cette tentative fut vaine.

Le poisson s'enfuit avec une telle rapidité vers le lac, que le pauvre pêcheur, ignorant son métier, crut que la corde allait se casser, et suivit le poisson aussi vite qu'il le put, faisant des sauts incompréhensibles, moitié rageant, moitié criant, sautant sur les rocs et les buissons, où il s'étalait tout de son long, sans y penser. Après une course d'une demi-minute, le poisson s'arrêta, se retourna, et repartit si rapidement, que Bryan tomba dans l'eau. L'endroit était peu profond; mais, ayant glissé sur le dos, il fut néanmoins trempé de la tête aux pieds. Toutefois, il ne lâcha pas la baguette. Ruisselant, respirant avec peine, il suivit le poisson dans sa course jusqu'auprès d'un lit de galets, sur les bords duquel le courant venait mourir. Bryan le vit, et, profitant de l'impulsion du poisson, il mit toute sa force à retirer la baguette, qui n'était plus qu'à deux pouces du bord. La ligne se cassa. Instantanément le poisson fut précipité au fond; mais cette eau était transparente, et l'endroit où il avait été amené si peu profond, que l'enragé pêcheur put courir en avant, se précipiter sur l'animal et l'étreindre fortement. La bataille qui suivit alors fut aussi originale et acharnée de la part de l'homme que du poisson.

Ceux qui n'ont pas tenu un saumon vivant dans leurs bras ne peuvent se faire une idée de la puissance de cette bête; mais on peut dire aussi que ceux qui n'ont jamais manié un marteau d'enclume n'ont qu'une idée légère de la force d'un forgeron.

Bryan étreignit donc le saumon dans ses deux mains comme avec un étau; mais à chaque effort de ce corps puissant, il sentait combien il était peu certain de retenir sa glissante capture. A un moment donné, il s'échappa presque, en frappant la face de son adversaire d'un coup de queue, et il s'élança hors de sa portée; mais Bryan le ressaisit par la tête, réussit à enfoncer son pouce sous ses ouïes et l'étouffa. Lui-même était presque entièrement suffoqué; il avait avalé involontairement une gorgée du mélange bourbeux dans lequel vainqueur et vaincu avaient roulé dès le début de la lutte. Enfin, il se mit à genoux, lentement et avec précaution ; il contint le poisson sur le sol avec ses deux mains; puis, faisant un dernier effort, il le lança violemment sur le rivage, où l'animal retomba, sans espoir de retour vers son élément natal.

Le poisson ainsi capturé était une magnifique truite pesant environ vingt livres. La truite de l'Amérique du Nord est quelquefois énorme; elle a rarement moins de seize livres; aussi, comme spécimen de ces habitantes des lacs, celle-ci n'était pas une truite extraordinaire. Néanmoins, c'était un splendide poisson, et certainement le plus gros de tous ceux qui avaient été capturés jusqu'ici par le digne fils de Vulcain.

L'épaisse couche du liquide boueux qui couvrait son visage ne put complétement masquer le sourire d'extrême satisfaction avec lequel il regarda sa proie, tout en s'asseyant auprès d'elle sur la berge.

— Tiens-toi tranquille maintenant, ma douce amie, s'écria-t-il, tandis que la truite faisait une dernière tentative pour s'enfuir. Tiens-toi tranquille, patience, ma beauté. Il ne te servira de rien de te mettre en colère. Reste là encore un peu. Tu seras bientôt morte.

Avec cette consolante remarque, Bryan caressa la tête du poisson et se mit à tordre l'eau de ses vêtements; ensuite il reprit ses instruments cassés, et termina sa chasse avec un empressement et une bonne humeur que ni le froid, ni l'eau, ni la boue, ne purent affaiblir.

XVII.

Succès et encouragement. — Bryan perdu et retrouvé.

—

La nuit était tombée bien avant le moment où la marée commençait à découvrir les pieux qui soutenaient le filet organisé près du campement. Mme Stanley et Edith étaient assises sur une boîte vide, à la limite de la baie de sable. M. Stanley était près d'elles sur un baril à clous. Les Indiens et La Roche travaillaient encore au petit canot, à peu de distance de la tente, et Gaspard, les bras chargés et un sourire exceptionnel de bonne humeur aux lèvres, restait derrière M. Stanley.

Aucune des bandes d'explorateurs et de chasseurs n'était encore revenue, quoique le soleil eût disparu déjà depuis longtemps derrière les montagnes et que la douce lumière du soir eût assombri la baie.

— Voici une queue, monsieur, dit Gaspard, en se précipitant vers le filet.

— Ah ! oui, en voilà une ! cria Stanley, se levant brusquement ; venez vite au bord, Edith, et prenez le premier poisson.

Edith n'eut pas besoin d'une seconde invitation ; elle bondit vers l'eau, qui abandonnait graduellement les filets. Gaspard avait déjà dégagé un poisson blanc, le mettait sur la berge et le donnait à la petite fille, qui le portait joyeusement à sa mère.

Peu à peu d'autres poissons furent laissés par la marée, et Stanley apporta bientôt un splendide saumon de vingt-cinq livres environ, qu'il plaça aux pieds d'Edith.

— Comme il est beau ! s'écria l'enfant, en regardant avec délices les écailles argentées de la bête.

— Cela me rassure beaucoup, Jenny, dit Stanley en s'asseyant de nouveau sur le baril, tandis qu'Oostesimow et La Roche portaient sur le rivage les poissons que Gaspard dégageait du filet. Je vois maintenant que la rivière est très-poissonneuse ; et si les chasseurs nous rapportent de bonnes nouvelles ce soir, nous n'aurons plus aucune anxiété sur nos moyens d'approvisionnement.

Quoiqu'aucun des hommes n'eût jamais posé de filets fixes, ils avaient souvent entendu parler de cette façon de pêcher, et leur première tentative fut, comme on le voit, couronnée d'un plein succès.

A marée basse, des pieux nouveaux furent plantés sur le sable, d'un bord de l'eau à l'autre, jusqu'au niveau le plus élevé de la mer ; les filets furent ensuite placés, et la quantité de poissons pris confirma les excellents pronostics qu'avaient fait pressentir les débuts. Il y avait deux saumons à longues ouïes tachetés comme des truites, un gros saumon commun, puis une vingtaine de poissons blancs, variant de deux à six livres chacun : tous étaient d'une excellente qualité.

Le poisson blanc est une espèce de saumon, et sa chair, plus substantielle, est préférée par ceux qui en font leur nourriture habituelle.

— Voilà une fameuse fortune, remarqua Stanley, et qui nous évitera la nécessité de mettre les hommes à demi-ration.

— Demi-ration, s'écria sa femme. J'espère bien que nous aurons plus qu'il ne nous faudra de nourriture pour attendre l'arrivée du navire.

— Oui, certainement; mais, jusqu'ici, je n'avais pas la liberté d'en disposer pleinement; car, en cas d'accident, le navire n'arrivant pas, et la rivière n'étant pas poissonneuse, la seule chance pour nous eût été de revenir sur nos pas; et avec un si long et pénible chemin, nous devions chercher à économiser nos vivres. En réalité, j'avais résolu de commencer à mettre les hommes à demi-ration; mais l'abondance de ces poissons me montre que nous en aurons plus qu'assez. Mais qui vient ici? ajouta-t-il en observant quelqu'un qui s'approchait du campement. Il semble porter un fardeau sur son dos, autant que je peux en juger, malgré l'obscurité.

— Y a-t-il un des hommes qui soit parti seul? demanda Mme Stanley.

— Non; aussi je suppose que celui-ci doit avoir été séparé de son camarade. Oh! oh! qui va là?

L'homme ôta le fardeau de ses épaules et laissa voir la fraîche mine de Frank Morton.

— Eh quoi! Frank, c'est vous! Vous semblez avoir eu une rude journée, d'après votre maintien.

— Pas assez rude pour qu'un bon souper ne puisse la faire oublier, répliqua Frank, en posant son fusil contre les rochers, et en s'asseyant sur le baril que Stanley venait de quitter. Le fait est que j'ai tué un fameux chevreuil, et, désirant que les hommes en eussent leur part le plus tôt possible, je l'ai apporté moi-même. L'animal est lourd, le terrain est horriblement mauvais; envoyez-moi, je vous prie, Gaspard pour m'aider. Je serais arrivé bien avant, si je n'avais dépouillé l'animal.

— Où donc est Bryan? demanda M. Stanley. Vous étiez partis tous deux.

— Je n'en sais rien. Nous avons été ensemble dans les montagnes pendant quelques heures; puis, comme il a manqué à notre rendez-vous, j'en ai conclu qu'il était revenu à pied tout seul.

— Il n'est pas de retour, dit Stanley. Mais je n'ai nul souci du brave forgeron; il est trop âgé et trop sensé pour se perdre, et trop fort pour être tué. Allons, venez, Frank, rentrons dans notre tente. Je vois que La Roche a déjà préparé notre saumon pour la marmite.

— Un saumon! interrompit Frank.

— Oui, mon cher, un saumon, et pesant vingt-cinq livres encore; mais venez donc changer vos chaussures, et, en soupant, nous échangerons nos nouvelles.

Tout à coup, la voix de plusieurs hommes se fit entendre à quelque distance; mais il faisait trop sombre pour les distinguer. Peu d'instants après, François, Augustus et Ma-Istequan apparurent dans le cercle de lumière, autour du feu, et, se plaçant près de leurs fusils, ils s'apprêtèrent tous, en bourrant leurs pipes, à répondre aux questions de Frank et de Stanley.

— Vous ne revenez pas les mains vides, remarqua ce dernier, tandis que François et ses camarades déposaient plusieurs gros canards et quelques coqs-de-bruyère, suspendus par le cou autour de leur ceinturon.

— Nous n'en avons tiré que quelques-uns, monsieur, répliqua François, pour mettre dans la marmite et pour souper. Nous en aurions chargé un canot, si nous l'avions voulu.

— C'est bien! dit Stanley; mais la marmite est déjà pleine et le souper préparé. Regardez, Frank a tué un renne, de sorte que nous ferons bonne chère ce soir. Ah! ah! voici Prince! Quel gibier encore! ajouta-t-il, tandis que Dick et Massan, pénétrant au milieu du cercle, jetaient les morceaux de choix d'un beau renne, tué par eux dans les montagnes.

— Ah! oui, monsieur, dit Massan, en riant et en ôtant son fusil, nous en aurions bien tué trois, si nous l'avions voulu; mais nous ne pouvions les apporter dans le camp. C'eût été pitié de tuer les rennes pour en nourrir les loups!

— C'est juste, s'écria Frank; mais aucun de vous n'a-t-il vu Bryan? Il m'a quitté dans les montagnes, et je crains qu'il ne soit perdu.

Quelques hommes répondirent négativement; d'autres sourirent à l'idée de voir le forgeron égaré.

— Il n'y a pas de danger, vraiment, s'écria La Roche en éclatant de rire. Il n'est pas perdu, ajouta-t-il en enlevant l'immense chaudron du feu et le plaçant au milieu des hommes, après en avoir retiré les meilleurs morceaux pour son maître. N'ayez pas peur. Bryan est comme un mauvais schelling, il revient toujours quand on ne l'attend pas. Allez, il aura bien mieux aimé me laisser préparer le souper tout seul.

— Je crois que oui, dit Stanley. Nous sommes tous ici, excepté lui et Oolibuck, que j'ai envoyé à la côte pour guetter le navire pendant quelques jours. Servez-nous le souper, La Roche, et rallumez notre feu pour toute la nuit; il est presque éteint, et j'ai encore besoin d'entendre les récits des hommes.

L'agile petit Français servit alors le souper de son maître, à côté de celui des hommes. Pendant quelques minutes, les voyageurs affamés restèrent silencieux; mais, lorsque les exigences de la nature commencèrent à être satisfaites, leurs langues trouvèrent le temps de remarquer l'excellence de cette bonne chère. Le saumon était superbe. Edith même, qui parlait rarement de ce qu'elle mangeait, le déclara exquis. Les poissons blancs étaient supérieurs à tous ceux que les hommes avaient déjà pu goûter dans leur vie, quoique beaucoup d'entre eux eussent voyagé dans l'Amérique du Nord. Les canards étaient parfaits; le ptarmigan fut déclaré passable. Quant à la venaison, avec un pouce de graisse sur les cuisses, on ne trouva pas de mots flatteurs pour la décrire.

Ceux qui étaient portés à la philosophie pensaient que le bon appétit des hommes avait une grande influence sur l'excellence du souper. Peut-être avaient-ils raison.

Tandis que les voyageurs étaient ainsi occupés, et que les conversations allaient leur train, un cri perçant, avec appels réitérés, arriva des rocs environnants : tous se dressèrent et bondirent sur leurs armes. Le cri se fit de nouveau entendre.

— Malheur à toi, Losh! Scélérat, laisse-moi au moins une bouchée, seulement une, pour m'empêcher de mourir de faim tout à fait!

Un éclat de rire accueillit la voix de Bryan; mais rien ne laissa deviner l'apparition de sa personne même. Dire qu'il était complétement méconnaissable ne serait encore que la moitié de la vérité; il était totalement couvert de boue, trempé de la tête aux pieds. Ses vêtements pendaient de la façon la plus lamentable, et ses traits étaient défigurés.

— Quoi! Bryan, qu'est-ce qui vous est arrivé? Où donc avez-vous été? demanda Stanley d'un ton sympathique.

— Où j'ai été, monsieur? Je n'en sais rien moi-même. Je suis simplement content d'être sûr d'être ici maintenant.

— Vous faites bien d'en être certain, dit Frank; car, si ce n'était le son de votre voix, je pourrais en douter.

— Ah! monsieur, dit La Roche, soyez tranquille. Personne n'a encore regardé la marmite avec autant d'envie que Bryan en ce moment.

— Tais-toi donc, mauvais garnement, repartit Bryan, en approchant de ladite marmite, et en souriant, en dépit de la croûte de boue qui couvrait son visage.

Sans changer de vêtements, le forgeron commença à souper, après avoir attiré l'attention sur le sac qu'il avait rapporté avec lui.

De ce sac, La Roche tira une douzaine de truites, quelques-unes de grande taille, une surtout, dont le poids dépassait encore celui du plus gros saumon.

— Il y en avait bien plus que ça à l'endroit d'où elles viennent, dit Bryan, la bouche pleine de venaison ; mais je n'ai pas pu tout rapporter.

— Maintenant, ne nous interrompez plus, dit Stanley. Voyons, François, depuis que vous êtes parti, qu'avez-vous vu? Qu'avez-vous remarqué dans ce pays?

François, après avoir allumé sa pipe, s'éclaircit le gosier et commença :

— Voilà, monsieur. Après avoir ramé peu de temps, au delà de la pointe, sous le dernier rapide de la rivière de Caneapusca, nous avons mis le canot au rivage, et, laissant à terre Prince et Massan, qui se mirent à chercher du gibier, Augustus, Ma-Istequan et moi, nous remontâmes la rivière comme nous le pûmes. Mais ayant bientôt vu que trois hommes, dans un grand canot, ne peuvent guère lutter contre un courant aussi fort, nous abordâmes et nous nous mîmes à marcher.

Après une longue course sur les bords de la rivière, nous trouvâmes quelques grands sapins qui, quoique gros pour cette partie du pays, ne seraient pas assez forts pour construire. Alors, en pénétrant dans l'intérieur des bois qui abritent la baie des vents froids, nous découvrîmes des arbres un peu plus gros. Il y a là des sapins et des mélèzes en abondance, plus beaux même que nous ne pouvons le désirer.

— Sont-ils loin dans les terres? demanda Stanley.

— Non, monsieur, à quelques centaines de mètres de la rivière; ils poussent sur le bord d'une petite anse, que j'ai sondée, et qui est assez profonde pour que les canots y flottent.

— Bien, très-bien, dit Stanley, en remplissant sa pipe de tabac; ceci est une bonne fortune qui nous épargnera beaucoup de temps et de besogne. Continuez, François.

— Alors, monsieur, je fendis un ou deux de ces arbres pour voir s'ils étaient durs et sains. Les sapins sont plus durs et plus fermes que je n'en ai jamais vu dans le pays des Indiens, ce qui est dû probablement à leur croissance rabougrie.

Tandis que je m'occupais ainsi, Augustus tua le coq-de-bruyère rapporté ici, et nous en vîmes une quantité de couvées. Nous aurions pu en tuer plusieurs; mais comme nous ignorions combien nous aurions de distance à parcourir, nous crûmes préférable de ne pas trop nous charger. Nous avons vu aussi beaucoup de canards. Vous en avez ici un échantillon.

— Avez-vous vu des oies? demanda La Roche, dont l'esprit était naturellement porté vers les questions culinaires.

— Non, dit François, je n'ai pas vu d'oies; mais je n'allais pas non plus là-bas pour en chercher. J'étais plus occupé de trouver du bois de charpente que des volatiles pour remplir le chaudron.

— C'est grand dommage, oui, grand dommage; car le chaudron est toujours la chose la plus importante dans un voyage. Si vous l'oubliez, vous n'êtes bon à rien. Mais, François, avez-vous au moins regardé dans l'étang, au pied des rapides?

François envoya en l'air un nuage de fumée en guise de réponse.

— Ah! dit La Roche, je suis sûr que non. C'est une pitié. Vous auriez vu des oies, sans aucun doute, si vous aviez été droit vers l'étang.

— Donc, continua François en se retournant vers Stanley, en pénétrant dans un ou deux taillis, je vis des branches bonnes pour la construction. Quant aux arbres qui poussent sur les bords de la rivière, ce sont de tristes pins, bons seulement pour le feu.

— Mais c'est une chose importante que d'avoir du bois à brûler, remarqua Stanley; et, d'après votre rapport, nous aurions là un bûcher bien garni. Maintenant, François, avez-vous vu des traces d'Esquimaux ou d'Indiens?

— Non, aucune.

— Peut-être en avez-vous vu, Prince? continua Stanley, regardant ce personnage important, qui, assis avec Massan, en pleine clarté, avait écouté attentivement, tout en savourant sa pipe.

— Oui, monsieur, nous avons vu les traces qu'ils ont laissées derrière eux, répondit Prince, en invitant Massan à donner le renseignement désiré.

— Certes, nous avons vu leurs traces, dit Massan en secouant les cendres qui remplissaient sa pipe, et en s'asseyant à la façon d'un tailleur. Ah! oui, nous en avons vu des traces! et elles n'étaient pas drôles à voir! Après avoir été mis à terre, comme François vous l'a dit, Dick Prince et moi, nous pénétrâmes dans les taillis, et nous atteignîmes une de ces plates-formes qui sont sur le versant des montagnes; puis nous allâmes droit vers la rivière. Nous n'avions pas été loin, lorsqu'en tournant une pointe, nos regards furent attirés, au même moment, par la vue d'un loup comme je n'en ai jamais vu. Nous jeter sur nos fusils fut l'affaire d'un instant, et je crois que nous aurions mis une balle dans chacun de ses yeux, si nous n'avions remarqué que ces mêmes yeux ne s'occupaient nullement de nous, mais étaient anxieusement fixés sur un point dans la montagne. Regardant en l'air, nous aperçûmes un renne qui balançait sa tête à droite et à gauche comme pour voir si la côte était libre, avant de descendre à l'eau. Un sentier était tracé à travers ce taillis, et maître le loup, qui le connaissait très-bien, était là à guetter son dîner; aussi nous demeurâmes immobiles, jusqu'à ce que le renne se mît à descendre lentement. Dick lui logea de suite une balle au cœur, et moi j'en tirai une à la tête du loup. Tous deux roulèrent en même temps sur le roc. Le coup fit sortir un autre renne, que nous n'avions pas vu, et qui s'apprêtait à courir vers la rivière; mais avant qu'il pût avancer de quelques mètres, Dick avait rechargé son arme et lui avait logé une balle dans la tête. Les ayant fixés solidement, nous dépouillâmes les rennes, et nous mîmes tout ce que nous pouvions charger sur nos épaules; car nous savions bien que si nous les laissions là, les os seuls y seraient encore lorsque nous reviendrions. Environ une heure après, nous étions sur l'emplacement d'un camp d'Indiens, si frais encore, que nous avons pensé qu'il n'était abandonné que depuis quelques semaines. Le camp entier était parsemé d'os de renne, comme si les guerriers rouges avaient eu une immense fête. Nous avons compté les carcasses de quatre-vingt-treize rennes. Ces coquins n'avaient pris que les langues et les bons morceaux, laissant le reste pour les loups.

— Quelle triste habitude! remarqua Stanley, et comme sur ce point les Esquimaux diffèrent des Indiens! Les premiers ne tuent jamais ce dont ils n'ont pas besoin, tandis que les hommes rouges abattent les rennes par douzaines pour avoir leurs langues.

— Nous avons retrouvé aussi la pointe cassée d'une lance d'Esquimaux, et ce petit morceau de peau de phoque.

— Je crains, dit Frank, que ceci n'indique une récente attaque contre les Esquimaux.

— C'est probable, observa Stanley, en examinant le petit lambeau de peau de phoque qui avait de magnifiques poils luisants d'un côté, et était ouvragé de l'autre.

— J'ai trouvé le morceau de cette peau de phoque pendu à un

buisson, non loin du campement; et d'après ce que j'ai vu des ruses des hommes rouges, il est clair qu'il était mis là pour quelque chose.

— Très-certainement. Ayez-en soin, Jenny, dit Stanley, en le passant à sa femme. Ce sera expliqué un jour. Donc, Massan, vous n'avez pas vu d'autres animaux?

— Si, monsieur, des quantités. D'abord des rennes sur le haut des montagnes, puis des porcs-épics dans tous les massifs de pins, et du poisson dans les lacs, au milieu des montagnes. Il y a plusieurs lacs, et du poisson dans tous; mais comme nous n'avions ni lignes, ni hameçons, nous n'en avons pas attrapé.

— Ah! ma foi, si vous n'en avez pas attrapé, d'autres en ont pris à profusion, dit Bryan, qui avait fini son souper et changé de vêtements.

Le forgeron montrait, tout en parlant, le sac de splendides truites qui gisait à quelque distance de là.

— C'est moi qui les ai attrapées, mon bon, et je vous en aurais pris deux fois autant, si je n'avais perdu mon hameçon et ma ligne. Ce devait être une baleine d'eau douce qui les a emportés, et qui m'a entraîné dans l'eau trois fois de suite; puis qui est partie au diable, emportant quinze mètres de ligne de morue derrière elle.

— Bryan, dit Frank, ce sont certainement les cris dont vous avez accompagné votre pêche qui ont effrayé le renne que j'étais en train de chasser, et qui me l'ont fait perdre. Heureusement, j'en ai vu un autre quelque temps après, qui arriva effarouché vers moi par vos mêmes hurlements. Aussi je vous pardonne.

Frank donna à son tour un compte-rendu de ce qu'il avait vu; mais comme sa reconnaissance concordait exactement avec celle de Dick Prince et de Massan, nous ne le répéterons pas. Il était évident qu'on pouvait conclure de toutes ces explorations différentes qu'elles étaient plus que satisfaisantes, bien faites pour relever le courage des chefs et réjouir l'esprit des hommes. Le bois de charpente, quoique peu nombreux et faible, était assez près cependant de l'endroit qu'on avait choisi pour construire le fort. Le gibier de toutes sortes abondait dans les montagnes; les lacs et les rivières étaient pleins d'excellents poissons. On pouvait donc considérer que ces débuts dans la terre des Esquimaux se présentaient sous d'heureux auspices.

XVIII.

Construction d'un avant-poste. — Le fort Chimo. — Une arrivée inespérée qui cause beaucoup de joie.

La colonie des commerçants de fourrures dut alors construire son fort pour l'hiver. La saison était si avancée, que les hommes ne pouvaient plus employer beaucoup de temps à chasser et à pêcher dans les montagnes ; aussi vécurent-ils presque entièrement du produit des filets placés devant le campement et des provisions qu'ils avaient apportées de Moose-Fort. De temps en temps Frank s'en allait au loin et revenait avec les meilleures portions d'un renne sur l'épaule ; mais ces excursions étaient rares, car lui et Stanley travaillaient avec les hommes à la construction du fort. Nul alors n'était inactif, depuis le lever jusqu'au moment du repos à la fin du jour. La petite Edith elle-même s'occupait à aider sa mère dans les petits détails domestiques, trop nombreux pour être énumérés. Seul, Chimo faisait exception à la règle générale. Il chassait la plus grande partie de l'après-midi, pour son bénéfice particulier, et, dormant le reste du temps, recevait avec un calme parfait les caresses de sa jeune maîtresse.

Le nouveau fort fut commencé au pied du rocher plat, près du ruisseau, où la colonie avait campé tout d'abord. Un carré fut tracé sur le terrain pour indiquer la clôture, et, à l'intérieur, Stanley marqua dans le fond une parcelle oblongue, en face de la rivière, pour la principale habitation. Deux autres parties furent réservées de chaque côté, l'une pour un magasin, l'autre pour les hommes. Terminé, le fort devait avoir la forme des trois côtés d'un carré, entouré par une clôture. Au centre, la première chose placée fut un immense drapeau, sur lequel se voyaient les lettres H. B. C. (compagnie baie d'Hudson), et lorsqu'il flotta pour la première fois, il fut salué par trois longs cris de joie.

Construction d'un fort.

Le plan sur lequel les maisons furent construites était le même que celui de tous les bâtiments des commerçants de fourrures; la charpente était composée de longues poutres, et dans les intervalles avaient été placées des bûches superposées les unes sur les autres.

Cette manière de construction est si simple, qu'une maison peut être faite sans autre instrument qu'une hache, une cognée et un grand ciseau. La promptitude avec laquelle elle peut être faite peut surprendre ceux dont les notions architecturales sont bornées aux édifices en pierres.

Les haches des bûcherons résonnèrent donc dans les taillis des ravins d'Ungava et réveillèrent les nombreux échos des montagnes. Le campement ne laissa pas longtemps subsister l'herbage vert ; car il fut recouvert de bûches de toutes formes et de copeaux innombrables. La charpente des habitations commença vite à sortir de terre, fragile, grossière, sans prétention artistique. Les tentes y étaient encore, et le feu du camp brillait toujours ; mais les proportions imposantes du fort le jetaient complétement dans l'ombre. Un amas d'écorces inutiles forma un quai du rivage à la rivière ; commencé et fini en deux jours, il avait été créé pour la commodité de Gaspard, qui visitait ainsi ses filets avant que l'eau s'en fût retirée. En un mot, chaque chose portait la marque de la plus grande activité et de la plus persévérante énergie. Quelques semaines après l'arrivée, les demeures furent suffisamment prêtes pour être habitées, et les autres parties de l'établissement avançaient.

Les intervalles entre les planches des maisons furent cimentées par une mixture de boue et de mousse ; les ouvertures des fenêtres et des portes furent aussi faites et garnies avec du parchemin, jusqu'à l'arrivée du navire qui devait apporter les glaces des unes et les panneaux des autres.

La garniture en parchemin causait cependant quelque ennui ; très-grande et très-tendue, elle faisait, quand on fermait la porte, un bruit qui ressemblait tellement à celui d'un canon, qu'en l'entendant pour la première fois les hommes se précipitèrent sur le rivage, croyant à l'arrivée du navire si vivement désiré.

Ce navire avait dû quitter York-Fort, le principal dépôt des commerçants de fourrures de la baie d'Hudson, chargé d'objets et de vivres pour trafiquer avec les Esquimaux pendant l'année. Il était attendu à Ungava en août, et on était en septembre. La gelée qui commençait déjà dans cette saison faisait prévoir le rude hiver qui approchait, et dans peu de semaines la baie d'Hudson serait impraticable ; aussi l'anxiété des commerçants était-elle bien naturelle.

Un jour, avant que les cloisons de sa demeure particulière fussent terminées, Stanley se rendit dans la tente où sa femme et son enfant étaient occupées à coudre.

— Pouvez-vous m'accorder Edith pendant quelques instants ? dit-il, tandis que sa femme levait les yeux sur lui pour lui souhaiter la bienvenue.

— Oui, pour quelques instants seulement, car elle me devient si utile, que je ne puis m'en séparer longtemps.

— Je vois, dit Stanley, en prenant son enfant par la main et l'emmenant, qu'il est temps que je mette ce bébé-là au courant de tout ce qu'il doit faire. Qu'en dites-vous, Edith ? Voulez-vous me laisser vous apprendre à chasser, à pêcher, et à marcher sur la glace avec des patins à neige, faire de vous un vrai petit commerçant ?

— Je serai ravie, papa, d'apprendre à marcher sur la neige avec des patins ; mais j'ai peur que le fusil ne me blesse, il paraît si effrayant. Ne croyez-vous pas que je suis trop petite pour porter un fusil ?

Stanley sourit de la manière sérieuse avec laquelle l'enfant acceptait sa proposition.

— Bien ; alors il ne faut pas vous apprendre de suite à tirer, Edith ; mais, comme vous le dites, savoir marcher sur la neige avec des patins est plus utile ; car, si vous ne pouviez porter de ces longs souliers lorsque la neige arrivera, vous seriez incapable de quitter le fort.

— Oui, François m'a promis de m'en faire une paire, dit Edith gaîment. Il m'a promis de me montrer à courir avec, et maman dit aussi que je suis assez âgée pour apprendre cela. N'est-ce pas gentil à François? Il est toujours comme cela avec moi.

— Certainement c'est très-bien à lui, ma chérie ; mais tous les hommes semblent être très-bons aussi pour vous.

— Ah ! oui, tous le sont, même Gaspard maintenant. Il ne bat plus jamais Chimo, et même il m'a caressée sur la tête l'autre jour, lorsque je l'ai rencontrée toute seule dans le ravin ; vous savez bien, ce ravin où je trouve tant de fruits sauvages. Je ne sais si les autres ravins ont aussi des fruits, mais ça m'est bien égal, car il y en a des milliers et des millers de tout genre dans le mien. Mais où allez-vous donc, papa?

Cette question à brûle-pourpoint était motivée par la direction prise par Stanley, qui entrait dans la cour du nouveau fort, où les hommes étaient occupés à travailler.

— Je veux vous montrer notre maison, Edith, et vous demander de choisir l'endroit que vous aimerez le mieux pour votre chambre. Les cloisons vont être mises, et nous pouvons encore choisir leur place.

Passant sous la grande porte ouverte de cette nouvelle habitation, qui était large et basse, il plaça l'enfant au milieu d'une grande salle principale, et la dirigea pour choisir un coin pour elle seule.

Pendant quelques instants, Edith resta muette avec une expression de perplexité visible sur son joli visage, puis elle commença à examiner la vue de chacune des fenêtres. Cela ne pouvait avoir lieu qu'en regardant par le trou du loquet, qui retenait le parchemin, et remplaçait actuellement le vitrage. Les deux fenêtres du fond donnaient sur la plate-forme rocheuse, derrière laquelle s'élevaient les montagnes comme un mur; aussi elles furent de suite mises à l'écart. Edith hésita devant l'une d'elles, d'où l'on voyait le joli ruisseau qui, sortant du roc, coulait ensuite au milieu d'un nid de mousse verte, entourée de buissons. Sur le côté gauche, l'île et la vallée de la rivière étaient visibles ; mais sur la droite la vue embrassait le cours entier de la large rivière et l'étroite entrée de la baie, dont les précipices glacés de chaque côté et les flancs hardis formaient un magnifique portique à la mer arctique.

— Je crois que c'est le plus beau coin, dit Edith, se tournant vers son père en souriant.

— Alors ce sera le vôtre, fit Stanley.

— Mais, s'écria Edith, assaillie par une pensée subite, peut-être Frank désirera-t-il aussi ce coin ; et je ne le voudrais pas, si Frank le désirait.

— Frank ne le souhaite pas, et Frank ne l'aura pas. A présent, courez vers votre maman pour l'aider, car elle ne peut rien faire sans vous. Etes-vous partie ?

Edith bondit joyeusement en riant vers la porte, et il sembla qu'un rayon de soleil venait de disparaître de la chambre.

Le 25 septembre, Stanley était assis sur le rivage opposé au fort, surveillant d'un air heureux sa chère petite fille qui s'amusait avec Chimo et lui lançait une baguette dans l'eau, qu'il rapportait chaque fois au pied de sa maîtresse, après avoir plongé. Frank était là à les regarder aussi.

— Comment appellerons-nous le fort, Frank ? dit son compagnon. Nous avons déjà un fort de Bonne-Espérance, un fort de Résolution et un fort de Bonne-Entreprise. Il semble que tous les mots de la langue anglaise qui expriment le courage et la bonne chance aient servi à baptiser les forts de la compagnie de la baie d'Hudson. Comment nommerons-nous donc celui-ci ?

— Chimo ! Chimo ! Chimo ! cria Edith, appelant le chien, qui bondit sur le rivage.

Les deux personnages semblèrent frappés simultanément de la même idée.

— Voilà une réponse à notre question, dit Frank ; appelons-le le fort Chimo.

— Parfaitement. Je suis étonné que cette idée ne nous soit pas venue plus tôt. Je te salue, fort Chimo, dit Stanley, en ôtant sa casquette et en regardant l'établissement.

Afin d'expliquer les circonstances particulières qui prouvaient le bon choix de ce nom, il est utile de traduire ce mot. Chimo (dont l'i et l'o doivent être prononcés longuement) est un terme de salut pour les Esquimaux, en usage lorsqu'ils rencontrent des étrangers. Il signifie : Etes-vous des nôtres? pour ceux qui parlent les premiers, et il semble dire : Nous sommes amis, pour ceux qui le répètent en guise de réponse.

Les commerçants de fourrures qui trafiquaient avec les indigènes des détroits d'Hudson, le savent bien et l'appliquaient fréquemment.

C'était donc un nom parfaitement approprié à un fort bâti aux confins de ces régions glacées, dans le double but d'établir un commerce agréable avec les Esquimaux, et de faire naître d'amicales relations entre eux et leurs vieux ennemis les Indiens Muskigons de la terre de l'Est.

Après avoir joué quelque temps auprès du débarcadère, Edith et son chien quittèrent le rivage ensemble, et coururent vers une éminence d'où ils pouvaient embrasser la vue du fort tout entier. L'enfant ne fut pas plus tôt là, que ses yeux furent frappés par la vue d'un objet inaccoutumé. Frank, qui continuait à causer avec Stanley sur la berge, l'aperçut aussi. Passant la main sur le bras de son compagnon, il lui indiqua le détroit, où un petit objet blanc triangulaire se détachait sur le fond sombre. En examinant mieux encore, ils virent un second objet de même forme, puis l'avant et les huniers firent leur apparition ; en une seconde, une goëlette tout entière apparut à l'embouchure.

A cette vue, les spectateurs laissèrent déborder leur joie ; un nuage de fumée blanche sortit de l'avant du navire et un coup de canon retentit de roc en roc dans les montagnes, en réveillant une série de magnifiques échos, qui se prolongèrent au loin, imitant le grondement du tonnerre. Il fut suivi d'un long cri partant du pont de la goëlette, et un drapeau avec les lettres H. B. C. fut hissé au grand mât, tandis qu'un pavillon de l'Union Jack flottait au mât de misaine.

Une goëlette apparaît à l'embouchure de la rivière.

— Allons, Frank, à vous la parole, cria Stanley, en enlevant sa casquette, tandis que tous les hommes se précipitaient en masse sur le rivage. Hip, hip, hip, hurrah !

— Hurrah ! répéta tout l'équipage.

Et ce cri retentit joyeusement de bouche en bouche. Peu à peu, cette acclamation longtemps répétée parvint à la goëlette ; c'était un immense cri de joie sonore, énergique, qui prouvait que les poitrines des hommes étaient gonflées de bonheur au delà de toute mesure et qu'ils saluaient l'arrivée de leur sauveur, emportant toutes leurs longues angoisses, ne laissant que des traces de bonheur sur tous ces visages qui pouvaient s'attendre, dans une terre déserte, à voir plutôt des ennemis que des amis.

A tout moment l'arrivée d'un navire au port est un spectacle imposant, un des événements qui touchent le plus le cœur et excitent l'enthousiasme de bien des êtres humains ; mais lorsque le navire qui arrive est essentiel à l'existence de ceux qui guettent ses blanches voiles, lorsque sa quille est la première qui ait touché les eaux d'une baie si éloignée, et lorsque sa disparition les plongera de nouveau dans la solitude, pour une longue, très-longue année, on comprend comment de tels sentiments peuvent être portés au plus haut degré d'intensité !

Les cris de joie se succédèrent dans les montagnes d'Ungava ; la douce voix timbrée d'Edith se joignit à celle de ses rudes compagnons pour exprimer son enthousiasme. Les larmes de l'émotion coulaient lentement sur ces visages bronzés, en dépit des volontés de fer qui voulaient les retenir.

XIX.

Tumulte et affaires. — Une grande fête dans laquelle Bryan et La Roche sont les premiers acteurs.—Nouvelles notions sur l'art culinaire.

On fut plus occupé que jamais au fort Chimo, pendant la semaine qui suivit l'arrivée de la goëlette. Le capitaine dit à Stanley, tout en dégustant un verre de madère dans la grande salle du nouveau fort, qu'il avait été si longtemps retenu par les glaces, près du détroit, que ses hommes, effrayés d'être ainsi exposés aux intempéries de l'hiver, commençaient à se mettre en rébellion. Heureusement, ils découvrirent l'embouchure de la rivière. Comme Stanley l'avait prévu, le navire allait pénétrer dans la fausse rivière par erreur, malgré la vigilance d'Oolibuck, lorsque le capitaine l'aperçut près du bord. Oolibuck n'eut pas plus tôt découvert l'objet de ses recherches, qu'il courut au haut de la colline, y alluma un feu et envoya dans l'air une colonne de fumée, qui eut l'effet immédiat de faire manœuvrer le navire de son côté. Quelques instants après, on prenait l'Esquimau à bord, et celui-ci expliquait dans un mauvais anglais qu'il les guettait depuis bien des jours, et qu'il se réjouissait d'être leur pilote à bord pour les mener au fort.

— Vous pouvez supposer quelle fut ma joie, poursuivit le capitaine, de laisser la direction du navire à ce garçon, qui semblait comprendre si bien sa mission. Il est déjà le favori de mes hommes, et il les a émerveillés par son tir, en tuant deux oies au vol.

— Ce n'est pas une adresse surprenante pour les commerçants de fourrures, dit Stanley; mais je suppose que vos hommes sont habitués aussi au fusil. Et à présent, capitaine, quand comptez-vous partir?

— Aussitôt que la cargaison sera déchargée, monsieur, répliqua le capitaine, dont l'énergie et la fermeté de caractère rappelaient les capitaines de la marine royale. Nous aurons du mal à sortir des détroits. Et après avoir été à Québec, je suis chargé de porter une cargaison de bois de charpente en Angleterre.

— Je vais tâcher de vous aider, capitaine. Votre arrivée m'a tiré d'une grande anxiété, et un service en mérite un autre. Aussi je vais mettre mes hommes à l'ouvrage jour et nuit, jusqu'à ce que votre navire soit déchargé.

Stanley tint parole. Non-seulement les hommes travaillèrent sans relâche, mais encore lui et Frank Morton se permirent à peine une heure de repos, jusqu'à ce que l'ouvrage fût terminé. Nuit et jour, le cri des matelots se faisait entendre sur l'eau, et ceux qui étaient sur le rivage couraient çà et là, de la berge au bateau, avec des ballots, caisses, barils, boîtes, etc. Il y avait des masses de couvertures, des fusils, des haches, des couteaux, de la poudre, du plomb, des filets et des cordages, des chaudrons de toute grandeur et de toute sorte, du drap de toute qualité, des manteaux de toute dimension, etc. Tout était prévu pour soutenir les esprits et les corps, malgré la rigueur de la saison; tout était préparé pour offrir aux

Esquimaux les richesses amoncelées au fort Chimo, s'ils avaient le bon esprit de s'y rendre.

Lorsque le travail de déchargement fut accompli, Stanley dit au capitaine :

— Maintenant, capitaine, j'ai une faveur à vous demander : c'est que vous et vos deux lieutenants dîniez avec moi demain. Vos hommes seront heureux de se reposer un jour, après un si rude labeur. En tout cas, vous ne pouvez partir avant la nuit, à cause de la marée, et il serait plus agréable de vous mettre en route le jour suivant.

— J'en serai extrêmement heureux, répliqua le capitaine, et j'accepte de tout cœur.

— Bien, c'est convenu, dit Stanley. Le dîner sera prêt pour quatre heures précises. Mes compliments à vos matelots, et dites-leur que mes hommes les attendent pour dîner à la même heure.

Dix minutes après, Stanley rentra dans son appartement particulier, qui, grâce au bon goût de sa femme, commençait à prendre une tournure élégante et confortable.

— Ma femme, dit-il, j'ai ordonné à La Roche de vous envoyer une boîte de raisin et une quantité illimitée de beurre, de farine, etc., avec lesquels vous serez assez bonne pour faire ou faire faire (au risque de me désappointer fortement en cas de refus) un plumpudding assez gros pour remplir un grand moule, un autre quatre fois plus grand encore, et que tous deux soient préparés demain pour quatre heures de l'après-midi.

— Mon ami, vos ordres seront exécutés. Vous avez l'intention de régaler les matelots avant leur départ, n'est-ce pas?

— Vous avez deviné juste enfin, une fois! Ayez bien soin qu'Edith ne se jette pas dans la pâte. Je vais prévenir les hommes.

Deux minutes après, Stanley était au milieu d'eux ; ils avaient terminé leur tâche et préparaient leur souper dans leur nouvelle demeure, où ils s'étaient installés récemment.

— Mes amis, dit Stanley, vous avez fait preuve de tant de zèle pour le travail, que je pense qu'il serait déplorable pour vous de revenir à des habitudes paresseuses. Aussi je compte vous voir tous debout dès l'aube, demain matin.

— Oh! misère de misère! cria Bryan, en laissant tomber son couteau et sa fourchette en signe de consternation.

— J'ai invité l'équipage du navire à dîner avec vous, avant de partir, continua Stanley, et comme le garde-manger est à sec, vous aurez besoin d'aller dans les collines pour faire une fraîche provision. Disposez vos arrangements comme vous voudrez, mais remarquez bien qu'il n'y a pas une parcelle de venaison ni de poisson. Moi, je me charge du pudding et du grog.

Après avoir parlé ainsi, Stanley sortit, salué par des cris de joie tumultueux.

— Ah! que vais-je devenir? dit La Roche, avec un accent de désespoir affecté. Je meurs déjà de sommeil. C'est impossible de faire la cuisine pour tout le monde demain. Je serai sûr de tomber évanoui devant le feu, peut-être même au milieu.

— Oh! Losh! Losh! Quand apprendras-tu donc à ne pas penser à toi-même? Tu n'auras à faire la cuisine que pour les bourgeois; mais ne suis-je pas là, et tous les hommes, et l'équipage par-dessus le marché?

Et le forgeron fit sauter la pipe de la bouche de La Roche, comme conclusion, dans l'excès de la joie de la fête projetée; puis il lui demanda plaisamment pardon en mauvais français, et baissa la tête, afin d'éviter le coup de la cuillère à soupe qui lui fut lancée par son ami indigné.

Le jour suivant, au premier signal de l'aube, bien avant que le soleil se montrât derrière les ravins d'Ungava, Massan et Dick Prince se glissèrent furtivement hors du fort, chargés de leurs fusils, et se perdirent dans les montagnes. Une demi-heure après, Bryan s'élança hors de la maison avec un sac sur le dos, à moitié éveillé, frottant ses yeux et se parlant à lui-même, tout en se dirigeant lentement vers le ravin qui aboutissait à la première terrasse de la montagne.

Lorsque le soleil parut sur le haut des collines, il ne restait plus un homme dans le fort, à l'exception de Frank, de Stanley et de leur actif serviteur La Roche. Un calme profond régnait sur toute cette scène. Les matelots du navire, après s'être levés pour déjeuner, s'étaient retirés dans leurs cabines pour dormir.

Stanley, Frank et les ménagères s'occupaient à l'intérieur. Chimo respirait au soleil devant le fort, et la goëlette flottait sur une couche d'eau si limpide, que chacune de ses pointes et ses cordages s'y reflétaient clairement. On n'entendait rien, absolument rien, que le murmure de l'eau sur le rivage, celui des ruisseaux dans la montagne, et de temps en temps l'écho d'un lointain coup de feu.

Mais lorsque le jour avança, les préparatifs de la fête se firent deviner. Dick Prince et Massan revinrent avec de lourdes charges de venaison sur leurs épaules. Une heure plus tard, Bryan rentra dans le fort, pliant sous le poids d'un immense sac rempli de poisson. Il avait été à son endroit favori dans la vallée, et comme il était tombé dans l'eau plusieurs fois, suivant son habitude, il était mouillé de la tête aux pieds.

Les opérations culinaires commencèrent immédiatement. Un grand feu fut allumé devant l'habitation, et autour de ce feu, pendant l'après-midi, Bryan et La Roche firent des prodiges d'agilité, si extravagants et si surhumains, qu'ils semblaient résumer l'élément sauvage dans toute son intensité.

Naturellement, un dîner copieux ne pouvait se combiner sans une série d'accidents et de mésaventures plus ou moins sérieuses. Même dans le monde civilisé, où les plus minutieuses études sont faites sur l'art de cuisiner, les artistes de profession eux-mêmes ne sont pas infaillibles. De plus, il faut se rappeler que c'était le début de Bryan et de La Roche dans la cuisine plus raffinée. Leur première difficulté fut le volume des deux plumpuddings que La Roche avait confectionnés, sous la direction de Mme Stanley et la haute surveillance d'Edith.

— Dis donc, Losh, cria Bryan à son compagnon, dont la tête disparaissait dans un nuage de vapeur, dis donc, Losh, j'ai besoin de ton aide.

— Est-ce du gros que tu veux?

— Ah! bien oui, du gros! C'est justement du gros que je n'ai pas besoin, répondit Bryan, qui surveillait le premier pudding. Il est déjà deux fois trop gros. La marmite ne va plus le garder tout à l'heure.

— Mais enfonce-le donc, tiens, comme cela, dit La Roche.

— Enfoncer, c'est bon à dire, et qu'est-ce que deviendra l'eau? dit Bryan.

— Ah! tiens, c'est agaçant, vraiment.

A ce moment, le pot se mit à bouillir et à faire déborder un nuage de vapeur, qui, en aveuglant le sympathique Français, le fit bondir en arrière.

— Malheureux, tu marches à une mort prochaine, Losh, si tu ne prends pas plus de soin de ta pauvre carcasse.

— Tais-toi donc, murmura son compagnon à moitié en colère. Ce n'est pas ton affaire. Ce n'est pas toi qui peux me tirer d'embarras; et puisque tu ne peux m'ôter mes peines, je vais tâcher de m'aider tout seul.

En présence de cette noble résolution, Bryan se rendit au magasin et en rapporta une seconde marmite d'étain. Il tira alors l'impétueux pudding, le coupa en deux parties égales, et, les ayant placées en deux tas, les lia dans la toile, puis les plaça dans les deux marmites, avec l'attitude d'un homme qui a accompli une tâche difficile. Malheureusement, le plus petit pudding, destiné à la table de Stanley, fut trop gros aussi pour son chaudron, et l'énergique forgeron, dont le génie se révélait de plus en plus, surmonta encore cette difficulté, en en ôtant quelques livres.

— Ah! il y en aura encore plus qu'il n'en faut pour six personnes, murmura-t-il, même quand elles auraient bon appétit. Qu'allons-nous faire du reste, Losh? Je ne peux pourtant pas le jeter aux chiens, et il n'y en a pas assez pour faire un nouveau pudding.

— Il vaudrait mieux le manger tout cru, conseilla La Roche.

— Ma foi, oui, et j'y pensais; mais ça m'empêcherait de bien dîner. Allons, mon Losh, à la venaison, maintenant.

— Ah! oui. Ah! misère de misère! cria La Roche, courant vers le feu et tournant une splendide partie de venaison, qui, suspendue à une broche de bois devant la flamme et négligée pendant quelques minutes, commençait à griller.

— Qu'avons-nous encore dans le pot? demanda Bryan.

— Mais une oie, deux canards, trois pluviers et quantité de petits oiseaux sans nom.

— Oh! bien, Losh, parfait. Ouvrons l'oie et bourrons-la du reste de notre pudding; elle sera farcie.

— Ah! superbe! excellent! cria La Roche en riant aux éclats, en retirant l'oie, dans laquelle Bryan fourra le superflu du pudding.

Tout pour ce dîner fut combiné d'une façon aussi splendide que le comportait la circonstance exceptionnelle où l'on se trouvait. L'abondance de venaison et de volaille sauvage, la cuisine faite en plein air, et l'exécution des travaux par tous ces personnages bronzés et musculeux, la scène sauvage où tout cela se passait, ce mélange d'Irlandais, d'Anglais, de Français, d'Indiens, d'Esquimaux, aux langages différents, tout tendait à faire croire à une féerie sauvage.

Les tables et les chaises étaient encore un luxe inconnu au fort Chimo; car les hommes avaient été occupés à des choses plus urgentes qu'à leur construction. Aussi la table, dans la grande salle de Stanley, fut-elle formée par trois larges caisses retournées. Elle n'avait pas de nappe pour recouvrir ses bords rugueux; mais c'était de peu d'importance pour la compagnie, qui fut ponctuellement exacte à quatre heures pour dîner. On avait disposé, à la place de chaises, des barils à clous, trop bas et très-durs, il est vrai, mais non dédaignés, cependant, en raison des circonstances. Les plats, les assiettes, les cuillers d'étain étaient de différentes formes et grandeurs, car la vaisselle était restreinte, et le plancher sur lequel tout le monde se trouvait n'était autre que le sol grossier, les planches du parquet étant encore en pleine séve dans les flancs de la montagne.

Mais si le service était grossier et sans cérémonie, la chair était choisie et abondante, et son parfum, qui eût satisfait l'odorat d'un gourmet, réjouissait fortement les narines du capitaine et de ses deux lieutenants qui entrèrent dans la salle, habillés en grand costume bleu, avec de brillants boutons de cuivre, des culottes de peau blanche et des vestes richement ornées.

Il y avait un splendide saumon, de vingt livres environ, à un des bouts de la table; à côté, sur le même plat, une truite du lac, égale en poids et en beauté. A l'autre bout fumait une cuisse de chevreuil, recouverte d'un pouce de graisse, puis un excellent pâté de jambon, fait par l'hôtesse elle-même. Une oie bouillie, un pudding de pois, complétaient le menu. Ensuite venaient le fameux pudding qui avait donné tant de mal à Bryan, et plusieurs assiettes de raisin et de figues; une bouteille d'eau-de-vie et deux de vin de Porto, qui, outre les raisins et les figues, formaient un supplément de luxe fourni à

Stanley par la compagnie de la baie d'Hudson, gâterie donnée aux employés de ce service, afin de leur rappeler de temps en temps, au milieu des déserts, les souvenirs d'un monde civilisé.

Dans la demeure des hommes, le festin était presque semblable à celui de la grande salle; mais la table y était plus vaste, les viandes plus abondantes; les raisins et les figues manquaient, et, au lieu de vin et d'eau-de-vie, ils avaient une ration de rhum, naturellement fort petite; car, provenant de la provision particulière de Stanley, elle ne pouvait être renouvelée jusqu'à l'arrivée d'un nouveau navire, à l'automne suivant.

Un étrange contraste existait entre tous ces hommes : matelots en toile blanche, jacquette bleue, aux boutons de cuivre, chemises rayées, grandes bottes, chapeaux de paille, tous joyeux, en se dirigeant vers le fort, à l'heure indiquée. Ils y furent poliment reçus par les explorateurs calmes et tranquilles, qui, en l'honneur de leurs invités, avaient endossé leurs plus beaux vêtements, leurs jolies ceintures, leurs jarretières les plus brillantes, leurs guêtres et mocassins les plus ornés et les plus élégants. Les Français du Canada saluèrent et souhaitèrent la bienvenue aux matelots, qui rirent, frappèrent leurs introducteurs sur l'épaule et les traitèrent comme des amis. Les Indiens restaient à l'arrière, graves et silencieux, quoique avec un air de bonne humeur, tandis que les Esquimaux, épanouissant leurs grosses joues, fermaient totalement leurs yeux et faisaient des grimaces perpétuelles, d'une oreille à l'autre. La confusion qui suivit cette présentation dépassa toute description; aussi ne l'essaierons-nous même pas.

Le caractère particulier de cette scène changea bientôt. La manière d'absorber la nourriture est la même dans toutes les nations qui ne sont pas absolument sauvages; et quoiqu'on pût constater des différences dans cette étrange assemblée d'êtres humains, ils avaient tous la même activité pour faire disparaître les mets.

Lorsque le soir arriva, on députa un messager à M. Stanley pour lui demander son violon.

— Oh! oh! dit-il, en remettant l'instrument à Bryan, qui avait été l'ambassadeur de la bande, j'espère qu'il me reviendra en bon état. Ne soyez pas trop dur pour les cordes, mon ami. Quel singulier bal sans femmes!

Bal entre matelots dans le fort.

— C'est vrai, répliqua le forgeron en recevant l'instrument. Nous aurions grand besoin de quelques femmes au milieu de nous. Mais les matelots ont consenti à les représenter pour la circonstance; ce qui est fort juste; car ils sont moins grands que nous, et leurs culottes blanches sont bien plus semblables à des jupons que nos lourds vêtements.

Que d'histoires furent contées, débitées, redites, crues, démenties, dans cette nuit mémorable! Que de chansons joyeuses et sans nombre furent entonnées! Quelle danse longue et entraînante les suivit! Toute cette effervescence n'était provoquée que par la joie de se trouver réunis; car ils n'avaient eu chacun que la valeur d'un dé à coudre de rhum.

Aussi, le lendemain matin, ils n'étaient ni assoupis ni alourdis, et ils furent debout dès l'aube, aussi frais et alertes qu'auparavant. Une teinte de tristesse assombrissait cependant toute la colonie, à mesure que le moment du départ de la goëlette approchait.

Vers six heures, la marée commença à descendre; et, quelques minutes plus tard, tous les matelots étaient à bord, hissant les voiles et levant l'ancre, tandis que les hommes restaient silencieux sur le rivage, où la séparation avait eu lieu.

— Adieu encore une fois, monsieur Stanley, adieu, monsieur Morton, dit le capitaine en montant sur le bateau. Je vous souhaite un hiver agréable et un bon commerce.

— Merci, merci, capitaine, répliqua Stanley. Ne nous oubliez pas sur cette plage déserte, lorsque vous boirez, le jour de Noël, à la santé des amis absents.

Quelques minutes après, l'ancre fut levée, et la goëlette glissa en avant, portée par le vent et la marée du côté des détroits.

— Un dernier salut! s'écria Frank.

Et, obéissant à cet ordre, les hommes ôtèrent leurs casquettes, élevèrent la voix; mais ils n'avaient plus de vigueur. On leur répondit du pont du navire. Au moment où les voiles dépassèrent la pointe, un coup de canon réveilla une dernière fois les échos de la plage. La trace de fumée existait encore, que la goëlette était déjà loin.

Ainsi fut scellé le dernier lien qui unissait le monde civilisé aux habitants du fort Chimo.

XX.

Approche de l'hiver. — Arrivée des Esquimaux. — Effet d'une parole. — Un biberon d'enfant. — Projets de commerce.

Pendant les journées qui suivirent le départ du navire, on s'occupa activement de compléter le fort; et tant que les maisons et les magasins ne furent pas complètement clos et habitables, Stanley ne voulut envoyer personne au dehors pour chasser et pêcher dans les montagnes; toutefois, la gelée continuant aussi bien pendant une partie du jour que pendant la nuit, on jugea qu'il était temps d'attraper des rennes et des poissons, afin de les mettre dans la glace et de les conserver ainsi pour l'hiver.

Jusqu'à ce moment on n'avait découvert aucune trace certaine d'Esquimaux, et Stanley commençait à exprimer la crainte que les Esquimaux poursuivis par les Indiens n'eussent définitivement quitté les environs. Peu de temps après cependant, les commerçants de fourrures furent inopinément surpris par une visite de ces indigènes du Nord.

C'était pendant une magnifique après-midi de l'automne, saison charmante, mais trop courte, qui, en raison de sa beauté, est surnommée l'été indien. Les hommes étaient tous dispersés dans les montagnes en diverses directions, quelques-uns pour pêcher, d'autres pour chasser, et il n'y avait au fort que le commandant, sa femme, son enfant et Oolibuck l'Esquimau. Stanley était assis sur une pierre à la limite de la baie, admirant les alternatives de la lumière et de l'onde causées par le soleil qui disparaissait dans les montagnes de l'autre côté, quand un ou deux objets attirèrent ses regards sur les détroits. Ces objets mobiles étaient suivis de plusieurs autres, et quelques minutes après il reconnut que c'étaient des canots d'Esquimaux.

Grimpant lestement, Stanley courut vers le fort, et, cachant sa femme et son enfant, il prit une paire de pistolets et retourna sur la berge, où il trouva Oolibuck examinant l'approche de la flottille avec une anxiété croissante.

— Enfin ! Oolibuck, voilà de vos compatriotes, dit Stanley. Ont-ils l'air d'amis ? Qu'en pensez-vous ?

— Je ne puis rien dire encore ; ils ont l'air bien tranquilles, répliqua l'interprète.

Les Esquimaux en général sont extrêmement bruyants, et font une foule de gestes en voyant des étrangers, lorsqu'ils sont décidés à les traiter en amis. Le silence qu'ils continuaient à garder en approchant put donc être considéré comme un mauvais signe.

La flotte se composait de neuf kayaks et de trois grands oumyaks remplis de femmes et d'enfants, et ils présentaient un curieux aspect ; car leurs kayaks étant extrêmement bas, ceux qui les occupaient paraissaient assis dans l'eau ; les oumyaks, étant plus hauts, étaient plus visibles. En arrivant à un quart de mille du fort, les hommes s'arrêtèrent, afin de laisser aux oumyaks le temps de les rejoindre ;

puis, formant une barrière mobile, la flotte entière s'avança lentement vers le rivage. Lorsqu'elle ne fut plus qu'à une centaine de mètres du bord, Stanley dit :

— Oolibuck, il est temps de les saluer. Allons, bonne voix !

— Chimo ! Chimo ! Chimo o o o ! cria l'interprète.

Ce mot agit comme un talisman.

— Chimo ! répondirent les Esquimaux.

Puis les kayaks filèrent comme des flèches vers le bord, tandis que les femmes ramaient le plus vite possible. Quelques minutes après, une vive conversation et de chaudes poignées de main s'échangeaient sur le sable. Les indigènes étaient vêtus de peaux de phoque, avec lesquelles les voyageurs arctiques nous ont presque tous fait faire connaissance. C'étaient de lourds compagnons, avec des visages barbus gras et huileux.

— Dites-leur, Oolibuck, la raison de notre installation ici, dit Stanley.

Oolibuck se mit aussitôt à leur expliquer qu'ils étaient venus pour tenter un traité de paix et de bonne amitié entre eux et les Indiens ; ce qui fit sauter et crier de joie les Esquimaux pendant quelques minutes ; mais lorsqu'il ajouta qu'on comptait séjourner au milieu d'eux pour le commerce, leur bonheur ne connut plus de limites ; ils dansaient, gesticulaient, tournaient, bondissaient, jetant leurs bras et leurs jambes en l'air, tombant sur le sable et restant en extase, immobiles !

Mme Stanley et Edith sortirent à ce moment de la maison, épouvantées par tout le vacarme qu'elles entendaient ; mais en voyant Stanley et Oolibuck rire de tout cœur au milieu de ce groupe grotesque, leurs craintes s'évanouirent, et elles restèrent spectatrices étonnées de cette scène.

Pendant ce temps, Stanley descendit vers la rivière, entra dans un des oumyaks avec des perles et des babioles, et les offrit aux femmes, qui les reçurent avec les plus grandes marques de joie, tandis qu'Oolibuck continuait à causer avec les hommes sur le rivage. Il y avait quelque chose d'irrésistiblement comique dans l'attitude simple et enfantine de ces pauvres naturels, en comparaison de la raideur et de la façon altière d'agir des Indiens, leurs voisins ; ils dansaient, chantaient, sautaient, couraient, s'embrassant les uns les autres, pleurant avec la plus complète insouciance d'eux-mêmes, et semblant croire que ce qui leur arrivait dépassait tout ce qu'on pouvait imaginer.

Tandis que Stanley distribuait ses cadeaux, les femmes affluaient tellement dans l'oumyak où il se trouvait, que peu s'en fallut qu'il ne coulât. Quelques-unes étendaient les mains pour avoir des perles, d'autres donnaient une secousse au panier suspendu sur leur dos, où l'on apercevait alors la petite figure grasse et huileuse de leurs bébés qu'elles désignaient ainsi à une attention spéciale.

A la fin, Stanley s'arrêta, et revint à terre, où il fut suivi par la bande entière ; mais là encore elle eut d'autres étonnements. Ce fut spécialement Mme Stanley et Edith qui attirèrent leur attention. Approchant peu à peu de la première, elles commencèrent à examiner timidement sa toilette, qui, en effet, était assez différente des leurs pour exciter leur curiosité et leur surprise. Les femmes d'Esquimaux sont habillées presque comme les hommes ; elles ont notamment de longues blouses de peau de renne avec le poil en dehors, de courts pantalons de la même nature, et de grosses bottes en peau de phoque ; leurs capuchons sont plus grands et leurs bottes plus hautes, et tandis que les hommes portent une sorte de queue suspendue derrière leurs blouses, les femmes portent la queue beaucoup plus longue, et la laissent traîner en marchant. Quelquefois ces queues sont larges de quatre à six pouces, avec un bout frangé comme de l'hermine ; aussi leur surprise fut extrême de voir Mme Stanley et Edith entièrement privées de ces appendices.

Devenant de plus en plus familières, en voyant que l'étrange femme leur permettait de toucher librement ses mains, l'une d'elles souleva doucement sa jupe, pour voir si elle portait des bottes ; mais, ayant été promptement repoussée, elle se mit à la caresser et à lui assurer qu'elle ne voulait pas l'offenser.

Pendant tout ce temps, Frank et quelques-uns des hommes avaient rejoint le groupe sur le rivage, et il était déjà tard lorsque Stanley commanda le silence.

— Dites-leur que j'ai à leur parler, Oolibuck.

La remarque de l'interprète produisit à l'instant un silence complet.

— Demandez-leur s'ils sont contents d'entrer en relation commerciale avec nous.

Une explosion de vociférations suivit cette question, ce qui, d'après l'interprétation d'Oolibuck, signifiait que leur satisfaction était inexprimable.

— Ont-ils été longtemps sur la côte ?

— Non, ils viennent d'arriver, et ils remontaient la rivière afin de faire provision de bois pour construire leurs kayaks.

— Ont-ils vu les paquets de présents que nous avions laissés pour eux sur la côte ?

— Oui, ils les ont vus ; mais, ne sachant pourquoi ils étaient là, ils n'y ont pas touché.

En apprenant que ces présents leur étaient destinés, ces pauvres créatures tombèrent dans un chagrin violent, qui se dissipa lorsqu'on leur eut affirmé qu'elles pourraient les reprendre en s'en allant.

— Maintenant, dit Stanley en concluant, il est tard, descendez vers la montagne derrière le fort et campez là pour la nuit. Nous vous remercions de votre visite et nous vous la rendrons demain matin. Bonne nuit.

Après avoir compris cette dernière phrase, les Esquimaux firent un signe d'assentiment et se retirèrent immédiatement, gesticulant, criant, sautant de telle sorte, qu'ils semblaient être les enfants d'une race de géants.

— J'aime l'air de ces hommes, dit Stanley, en remontant vers la maison avec Frank. Leur grande franchise est le plus beau trait de leur caractère.

— Sans aucun doute, répliqua Frank. Il y a beaucoup de vrai dans ce proverbe : « Ceux qui prévoient le mal engendrent le mal. Ceux qui ne craignent pas le mal n'ont pas l'intention d'en faire. »

— Si c'étaient des Indiens, nous aurions eu plus de peine avec eux !

— Je n'en doute pas, Frank. Vous aurez été heureux comme moi de constater avec quel cœur ils ont salué notre cri de bienvenue, *Chimo !* et leur rapidité à faire voler sans crainte leurs kayaks vers le rivage ; car, d'après ce qu'ils savaient de ces rochers, ils étaient plutôt habitués à y trouver des ennemis que des amis.

— Et cependant, ajouta Frank d'un air anxieux, le caractère des Esquimaux me semble toujours un problème difficile à résoudre. Lorsque nous lisons les ouvrages des voyageurs arctiques, nous voyons que, selon les uns, les tentatives de rapprochement avec les Esquimaux prouvent qu'ils ne sont que des voleurs et des menteurs invétérés ; tandis que d'autres en parlent comme d'un peuple honnête et fidèle. Lesquels croire ? J'ai entendu parler d'une tribu aimable à un moment, et terrible à une autre époque. La conduite de ces indigènes en présence de nos paquets déposés sur la côte, indique un degré d'honnêteté très-rare, car il tombe sous le bon sens qu'un paquet exposé à la vue est pour le bénéfice de ceux qui le trouveront.

— Ils semblent en même temps bons et affectueux, répéta Stanley, et j'espère que nous n'aurons pas à nous en plaindre. Demain je leur donnerai des instructions afin qu'ils se procurent des fourrures, et je leur montrerai les richesses de notre magasin de dépôt.

Le lendemain, les hommes du fort rendirent visite aux Esquimaux, qui les reçurent avec une joie enfantine. Ce mot enfantine est le seul applicable à ces naturels, qui éprouvent des sensations extrêmement vives. A d'autres points de vue, ils sont dans leurs actions physiques plus fermes et plus mâles, et l'épaisse moustache qui recouvre presque entièrement leurs joues fait un singulier contraste avec leurs gestes. Les enfants étaient vêtus exactement comme leurs parents, dont ils semblaient être les propres miniatures, de sorte qu'un enfant avait l'air d'un homme vu par le verre grossissant d'une lorgnette.

Bryan devint le favori de ces indigènes, lorsqu'ils découvrirent son talent pour manier le fer. Les présents qu'on lui offrit étaient fort extraordinaires, quelquefois de nature très-délicate. Un homme qui paraissait désireux d'entrer dans ses bonnes grâces lui donna une portion de phoque grillé.

— Non, non, merci, mon ami, dit Bryan, j'ai déjeuné.

Supposant que la répulsion du forgeron venait de ce que le phoque était grillé, l'Esquimau coupa lestement une tranche de baleine crue et la lui tendit.

— Pensez-vous donc que je sois un ogre? s'écria Bryan, en se détournant avec dégoût.

— Goûtes-y, Bryan, repartit La Roche, en quittant un bébé esquimau dans la contemplation duquel il était absorbé, goûtes-y, c'est très-bon, je t'assure, très-bon pour ton tempérament, Bryan ; puis viens vite ici regarder cet enfant !

Bryan, ainsi appelé, quitta brusquement son hôte, qui prenait un os de cuisse de renne et lui en offrait la moelle crue, sans plus de succès.

L'enfant était remarquablement beau ; il avait dix mois à peu près, une figure ronde, grasse et huileuse, des cheveux noirs comme des charbons, et de grands yeux tout ronds ; il regardait curieusement les deux hommes. Mais ce qui amusa les visiteurs au delà de toute expression, ce fut un morceau de graisse de baleine, enfilé sur une brochette de bois, que sa mère lui avait donné à sucer en guise de biberon, et qu'il cherchait à fourrer dans son gosier avec ses deux mains.

— Viens ici, Oolibuck. A quoi sert cet instrument?

— Ho! ho! ho! se mit à dire Oolibuck en riant, c'est une espèce de biberon; c'est pour tenir l'enfant tranquille; le bâton est là pour qu'il ne s'étouffe pas; comme ça il ne pourra pas avaler le morceau de lard.

— Malheureux, mais que deviendrait la baguette s'il l'avalait? dit Bryan en se retournant, et en riant aux éclats.

Dans le courant de la journée, Stanley et Frank conduisirent les Esquimaux au fort; après leur avoir donné un excellent dîner et une quantité de présents, tels qu'aiguilles, ciseaux, couteaux, ils les menèrent dans le magasin où les marchandises de leur commerce étaient rangées en tas le long des murailles. Un comptoir entourait un espace libre près de la porte d'entrée, sur laquelle les indigènes s'arrêtèrent émerveillés à la vue de ces richesses; ils semblaient rêver.

Leur ayant donné le temps de se rendre compte de la beauté de cette pièce et des trésors qu'elle renfermait, Stanley s'adressa à eux par l'entremise de l'interprète; mais comme les explications étaient quelquefois pénibles, nous ne les suivrons pas dans ce chemin, ne pouvant conserver le style et le langage qu'ils employaient avec un de leurs compatriotes.

— Vous comprenez maintenant pourquoi tout cela a été apporté ici. Mais je ne peux vous le donner gratis, cela nous coûte très-cher, et nous donne beaucoup de mal pour être apporté si loin. Je vous le donnerai en échange de peaux, de fourrures, d'huile et de défenses de veaux marins ; et lorsque vous rencontrerez vos amis sur la côte, dites-leur de venir et d'apporter toutes leurs provisions.

— Bien, tout ce que vous désirez sera fait. Très-heureux de votre venue parmi nous, nous chasserons beaucoup, et votre maison vide sera vite remplie de tous les objets que vous demandez.

— Très-bien. J'ai encore besoin de bottes pour mes hommes ; vous en avez, je le vois, une grande quantité ; aussi, si vous pouvez vous en priver de quelques paires, je vais immédiatement entrer en commerce avec vous.

Les indigènes envoyèrent immédiatement quelques-uns d'entre eux vers leur camp ; ils revinrent quelques instants après, chargés des objets requis. Ces bottes sont des objets très-utiles. Elles sont faites de peaux de phoques. Le pied et la semelle, faite en peau de veau marin, sont parfaitement imperméables. C'est donc un objet sans prix pour ceux qui sont destinés à marcher dans l'eau à moitié glacée et dans la neige fondue, comme cela arrive dans ces contrées pendant le printemps et l'automne. L'hiver, la gelée garde sa fermeté, et les mocassins des Indiens sont préférables aux bottes des Esquimaux.

Stanley, en échange de ces bottes et de quelques articles de leurs vêtements, paya les Esquimaux suivant la taxe généralement adoptée dans ce pays ; et ce tarif était tellement au delà de la valeur que les pauvres Esquimaux prêtaient à leurs bottes et à leurs vêtements, qu'ils auraient volontiers offert tout ce qu'ils possédaient en échange de ce qu'on leur remit pour une seule paire de chaussure.

Emerveillés par leur bonne fortune et chargés de leurs trésors, ils retournèrent à leur camp, pour se réjouir et chanter les louanges des Kublunats, nom qu'ils donnaient aux commerçants de fourrures.

XXI.

Conversation silencieuse. — Nourriture crue. — Les queues de femmes. — Une terrible bataille terminée par l'apparition d'un géant.

De tous les habitants du fort Chimo, nul ne fut plus intéressé par les Esquimaux que la petite Edith. Non-seulement elle allait sans crainte au milieu d'eux, leur montrant toutes les babioles qu'elle possédait, mais encore, dans son désir bien naturel de voir des êtres humains de son sexe et de son âge, elle se lia avec deux petites filles d'Esquimaux, moins sales, et par conséquent plus gentilles que les autres; elle les emmena dans son ravin, où elle leur présenta ses fruits préférés et son chien Chimo. Au premier abord, le chien ne parut pas goûter la connaissance de ces nouvelles favorites; mais, comprenant qu'elles n'empêchaient pas sa maîtresse de le caresser moins qu'auparavant, il les toléra silencieusement. D'ailleurs, les Esquimaux avaient amené leurs chiens, et Chimo, plein de dispositions amicales, était entré en relations sociales avec eux. Chimo était plein de jugement, et il comprit peut-être qu'il ne pouvait refuser à Edith la liberté qu'il s'octroyait à lui-même.

Les relations d'Edith et de ses petites protégées durent se borner à des regards affectueux, le langage des yeux devant remplacer l'absence de conversation. Il y a certains cas, cependant, où la parole n'est pas nécessaire pour transmettre l'impression des enfants. Lorsque les fruits étaient bons, leurs lèvres friandes et leurs yeux brillants traduisaient un langage propre à toute la race humaine. Lorsqu'au contraire les fruits étaient amers et coriaces, leur figure changeait d'expression et devenait particulièrement piteuse. Leurs cris joyeux, en découvrant une scène nouvelle agréable, tout en furetant dans les buissons, et leurs cris d'effroi, en se voyant tout à coup sur le bord d'un précipice, étaient très-intelligibles pour le trio.... Ces petites amies présentaient un contraste grotesque. Il aurait été impossible de dire si ces petites étrangères étaient filles ou garçons. Leurs costumes semblaient plutôt indiquer les derniers que les premiers. Comme leurs mamans, elles portaient de longues blouses en peau de renne, le poil en dehors, qui leur donnaient l'apparence d'une boule douce et soyeuse, aspect que complétaient encore leurs bottes deux fois trop larges et presque aussi hautes que leurs jambes. Leurs robes ou blouses avaient des capuchons et deux queues. Celles-ci, suivant la mode, étaient assez longues pour traîner à terre. Cette queue est si incommode, que, lorsque les femmes font un long voyage, elles la retroussent par-devant entre leurs jambes, et elles l'attachent devant elles avec un bouton placé à cet effet au bas de leur jupe.

En voyage, les femmes d'Esquimaux semblent donc privées de cet avantage; mais à peine sont-elles arrivées, qu'elles déboutonnent leur queue et marchent en traînant cet ornement derrière elles.

Le costume d'Edith consistait en une courte blouse de drap bleu et une coiffure particulière aux Indiennes de la baie; elle l'avait préférée aux autres genres de bonnet, à cause de la facilité avec laquelle il pouvait être ôté et remis. Elle avait aussi des guêtres et des mocassins ornés de broderies. Aussi, avec ce costume pittoresque et son gracieux visage encadré de boucles flottantes, présentait-elle un aspect bien différent de celui des grasses petites créatures qui la suivaient pendant tout le jour dans les buissons, les ravins, et au bord des précipices.

Deux semaines après l'arrivée des Esquimaux, Edith entra dans le camp, après le déjeuner, et trouva ses compagnes occupées à finir leur repas du matin. L'aînée, qui s'appelait Arnalooa, plongeait son couteau avec ardeur dans les profondeurs d'un os creux, dont elle avait déjà extrait une bonne quantité de moelle crue. La plus jeune, Okatook, saisissait une tranche crue de chair de phoque, et, la coupant en morceaux savoureux, les mettait dans sa bouche au moment de l'entrée d'Edith; elle se leva pour aller au-devant d'elle.

— Oh! comment pouvez-vous faire cela? dit Edith avec un geste de dégoût. Oh! c'est affreux! Pourquoi mangez-vous cela cru? Pourquoi ne le faites-vous pas cuire?

Elle répétait ces paroles presque chaque jour, depuis qu'elle fréquentait les petites indigènes, sans produire autre chose qu'un éclat de rire; car, ne pouvant comprendre ses paroles, elles devinaient, cependant, sa désapprobation.

Quoiqu'elles ne sentissent pas le dégoût qu'on pouvait avoir pour la chair crue, ayant été habituées à en manger dès l'enfance, elles s'étaient cependant pliées à quelques exigences sociables, par exemple, en lavant leur figure et leurs mains avant d'aller jouer. Elles le faisaient parce qu'Edith refusait positivement de les emmener avec elle, si ce n'était pas fait.

Retroussant la queue de leur robe, et s'essuyant la bouche, Arnalooa sourit au regard de reproche d'Edith, et courut vers le rivage, où elle et Okatook lavèrent leurs mains; puis elles suivirent Edith et

Chimo vers le ravin préféré. Quoiqu'elle sût parfaitement qu'elles ne pouvaient la comprendre, Edith ne cessait d'établir un feu roulant de paroles, leur expliquant les objets dont elles étaient entourées. Les petites créatures chevelues l'écoutaient avec des figures souriantes et réjouies, quelquefois riant aux éclats, comme si elles comprenaient ce qu'on leur disait. Jamais Edith ne put obtenir, cependant, une syllabe de réponse à toutes les questions qu'elle leur faisait.

— Oh! quel joli vallon! s'écria tout à coup Edith, les yeux brillants d'envie, lorsque, contournant un pic avancé, elle et ses compagnes se trouvèrent à un endroit qu'elles n'avaient pas encore découvert pendant leurs excursions.

C'était une gorge sauvage et déserte, remplie de rochers éboulés, parsemée de hautes collines, égayée çà et là par des massifs de saules et de mousse, dans laquelle fleurissaient de splendides fleurs sauvages. Les ombres et les lumières de ce lieu étaient encore accentuées par un rayon de soleil, qui éclairait certaines parties des pins et des rochers, tandis que d'autres restaient plongées dans une profonde obscurité.

— Oh! quelle délicieuse place! dit Edith, en bondissant vers un sentier étroit, suivie par Chimo, tandis que les deux petites filles boutonnaient précipitamment leur queue, et couraient aussi vite que leurs lourds vêtements le leur permettaient.

Pendant un quart d'heure, la bande grimpa le sentier, s'arrêtant de temps en temps pour cueillir une fleur, ou pour se retourner et voir le passage étroit par lequel elles étaient venues, jusqu'à ce qu'elles atteignissent un quartier de roche, derrière lequel se trouvait un petit lac ou étang. Il était si sombre, plongé dans l'ombre et abrité par les collines, qu'il ressemblait à une large tache d'encre. Là, les exploratrices aventureuses s'arrêtèrent pour reprendre haleine et regarder avec délices, sans aucun mélange d'effroi, la scène déserte qui s'étalait devant elles.

L'horreur particulière de cet endroit semblait exercer une influence extraordinaire sur le chien ; car, au lieu de se coucher tranquillement à terre aux pieds de sa jeune maîtresse, il allait et venait, et, une ou deux fois, il poussa un sourd grognement.

— Viens ici, Chimo, dit Edith, dont les symptômes d'inquiétude du chien avaient attiré l'attention. Qu'as-tu donc, mon bon Chimo? Tu es effrayé de cette scène sauvage? Allons, parle ; regarde, Arnalooa se moque de toi.

Edith aurait pu affirmer plutôt qu'Arnalooa se moquait d'elle-même ; car la petite fille d'Esquimaux ne pouvait comprendre comment son amie Kublunat se mettait à causer avec un chien. Le chien refusa de se calmer ; il leva son museau, respira en l'air une ou deux fois ; puis, descendant dans la gorge, à une petite distance, mit son nez sur le sol et partit en trottant.

— C'est original ce que Chimo fait là, dit Edith, en fixant la figure d'Arnalooa avec une nuance d'inquiétude.

Pendant qu'elle parlait, Okatook regarda vivement au-dessus du ravin, tournant ses yeux dans la direction indiquée. Edith aperçut un renne qui bondissait vers elle ; il était suivi par un loup énorme, et semblait dans un état complet d'épuisement. Ses flancs étaient trempés de sueur, ses yeux sortaient de l'orbite, sa respiration était haletante, sa poitrine se soulevait dans de violents soubresauts ; il sautait en avant, poussé plutôt par la force de l'impulsion donnée que par un effet volontaire. Moins défiant du danger qu'il courait, en avançant, que de celui qui le menaçait par derrière, le renne s'élança dans le passage où étaient les trois petites filles ; elles n'eurent que le temps de s'adosser au rocher, lorsqu'il fut subitement frappé d'une flèche. Instantanément, le loup se jeta en avant, le saisit par la gorge, le traîna sur le sol, et quelques minutes après il était mort. Il est probable que la chasse durait depuis l'aube ; car les rennes, étant beaucoup plus agiles que les loups, courent jusqu'à ce qu'ils tombent épuisés par la force et la persévérance de leurs ennemis. Ils avaient bondi l'un et l'autre dans les collines, les montagnes, les plaines et les vallées, traversant les lacs et les rivières, s'enfonçant la tête en avant dans les buissons et les taillis, passant sous les crevasses des roches à pic, entraînés, soit dans un sentier, soit sur le sommet des collines, sous les rayons brûlants du soleil ou dans les glaciers, l'un poussé par la faim, l'autre par la crainte, jusqu'au moment où la scène eut son dénoûment dans ce sentier désert, aux pieds des trois enfants stupéfiés.

Ce ne fut pas l'assaillant qui eut le bénéfice de cet exploit.

À peine le renne avait-il cessé de vivre, à peine le loup avait-il relevé ses griffes, chargées des lambeaux de sa proie, qu'un craquement épouvantable, accompagné d'un hurlement terrible, retentit sur la droite. Chimo, montrant ses formidables dents, s'élançait du ravin et saisissait le loup par le cou. Ainsi assailli, celui-ci se défendit avec furie, et une lutte horrible commença.

Le loup était beaucoup plus grand et plus fort que Chimo; mais sa longue poursuite l'avait épuisé, tandis que le chien était frais et vigoureux. Une ou deux fois Chimo renversa son rude adversaire; mais il fut aussi violemment retourné et terriblement secoué. Les longues griffes du loup s'enfonçaient dans son cou et mêlaient le sang du renne à celui qui commençait à jaillir des veines du pauvre Chimo.

À ce moment, on entendit un cri dans le ravin. Les trois enfants se retournèrent vivement et virent sur une pointe de rocher un homme aux proportions si effrayantes, qu'elles tressaillirent, frappées de terreur. La position où il se trouvait le faisait paraître deux fois plus grand qu'il ne l'était réellement. Les rayons du soleil se jouaient à cet endroit et l'entouraient d'une auréole, tandis qu'une molle clarté le détachait de l'obscurité environnante. Il tenait une lance dans la main droite, et, tandis qu'Edith le regardait avec terreur, l'arme glissa de sa main, siffla dans l'air, et s'abattit dans le flanc du loup, en passant si près d'Edith, qu'instinctivement elle se recula épouvantée. Cela lui fit perdre pied et tomber sur le roc. Heureusement, Arnalooa l'attrapa par sa jupe. La chute fut amortie ; mais la secousse avait été assez rude pour que l'enfant perdît connaissance.

Edith et ses deux compagnes sont effrayées par l'apparition d'un géant sur une pointe de rocher.

Lorsque Edith reprit ses sens, sa première impression fut un sentiment d'horreur, en voyant une figure barbue penchée sur elle. Bientôt elle comprit que les yeux de l'étranger la regardaient avec une expression de tendresse. Arnalooa et Okatook étaient à genoux près d'elle, la surveillant anxieusement. Enfin, la vue de Chimo la rassura complétement et chassa toutes ses craintes. Il est vrai que l'infortuné chien gisait piteusement à terre, occupé à lécher ses blessures; mais il paraissait remarquablement calme et tranquille, et regardait sa jeune maîtresse de temps en temps, d'un air d'assurance et de protection.

Lorsque Edith ouvrit les yeux, l'étranger murmura quelques mots inintelligibles, et, se levant lestement, courut vers une source voisine, où il remplit une grossière coupe d'eau vive. Ainsi placé, il laissa voir une fois de plus ses proportions gigantesque. C'était l'Esquimau dont nous avons fait la connaissance sur le bord de la rivière. Il était vêtu de la même façon que la première fois; mais son visage était fatigué, et ses yeux noirs cernés lui donnaient une expression de profonde mélancolie. Revenant de la source, il s'agenouilla vivement devant la petite fille, et, lui soulevant la tête avec la main, porta le gobelet à ses lèvres.

Délivrance des trois enfants par un géant esquimau.

— Merci, merci, dit Edith faiblement, en avalant quelques gouttes. Je pense que j'irai bien maintenant au fort. Chimo est-il sauvé? Chimo!

Et, se rappelant la bataille où le loup avait failli l'atteindre, elle essaya de se lever; mais à peine fut-elle debout, qu'elle chancela et retomba dans les bras de l'Esquimau.

Voyant qu'elle était tout à fait incapable de marcher, celui-ci l'enleva dans ses bras puissants, la mit sur son épaule, comme il eût fait d'un jeune agneau; puis, attrapant le loup mort par le cou, il bondit de rocher en rocher avec l'agilité d'un chat, et se dirigea vers le fort, sous la conduite d'Arnalooa et d'Okatook.

XXII.

Maximus. — Le renne tué. — Un coup de feu surprenant. — Caractère des indigènes.

— Grand Dieu ! qu'est-ce qui nous arrive ici ? s'écria Stanley, en voyant le géant entrer dans le fort, traînant par le cou le loup ensanglanté, et portant Edith sur l'autre bras.

Au premier abord, le père alarmé s'imagina que son enfant avait été blessée, sinon tuée, par le féroce animal ; mais il fut bientôt rassuré par Edith elle-même, qui, aussitôt sur son lit, se mit à raconter tous les détails de sa mésaventure et de sa chute.

— C'est bien, Maximus, dit Stanley, donnant au hardi sauvage le nom qui semblait le mieux lui convenir. Une poignée de main, mon brave camarade. Vous avez sauvé la vie de Chimo, il me semble, et c'est une bonne action que je n'oublierai pas ; mais je m'aperçois que vous ne comprenez pas un mot. Holà ! Moses, es-tu sourd ? Viens vite ici, cria-t-il par la fenêtre.

— Ah ! oui, monsieur, dit Moses en entrant, quelle brute je suis de n'être pas arrivé de suite à vous !

— Tais-toi, Moses, et demande à ce garçon d'où il vient. Dis-lui d'abord que je lui suis très-reconnaissant d'avoir empêché Chimo d'être tué par le loup.

Tandis que Moses traduisait ces paroles, Arnalooa et Okatook entrèrent dans la chambre d'Edith.

— Que dit-il? demanda Stanley, après une longue explication que le géant avait donnée à Moses.

— Il dit qu'il a su par les Esquimaux de l'Ouest que nous étions ici pour trafiquer, et qu'il est venu pour nous trouver.

— C'est un excellent motif, dit Stanley. A-t-il apporté des fourrures?

— Il a apporté seulement deux renards et quelques rennes; car il dit qu'il n'y a pas beaucoup de fourrures dans le pays.

— C'est fâcheux. Peut-être son opinion changera-t-elle en voyant nos magasins; mais j'aimerais mieux qu'il restât autour du fort à chasser; car il semble habile tireur. Demande-lui s'il consentirait à rester pour quelque temps.

— Peut-être oui, peut-être non, murmura Moses à mi-voix, comme s'il voulait éluder la question. Il dit oui.

— Très-bien. Alors emmène-le avec toi, donne-lui de la nourriture, une pipe, et apprends-lui l'anglais aussi vite que possible. Est-ce compris?

— Oui, monsieur, soyez sûr que je vais le lui apprendre vite.

Comme Moses allait quitter la salle, Stanley l'appela de nouveau.

— Demande à Maximus, dit-il, s'il connaît la tribu d'Esquimaux qui a été attaquée récemment par les Indiens dans les environs.

Cette question ne lui fut pas plus tôt posée, que le visage du géant, qui avait été calme et souriante pendant la conversation précédente, changea totalement. Ses sourcils s'abaissèrent, ses lèvres se comprimèrent étroitement, et il regarda Stanley fixement, pendant quelques minutes, avant de se décider à répondre; puis, d'un air grave et triste, il raconta l'attaque, le massacre du peuple, sa fuite précipitée, et enfin la perte de sa fiancée. Moses, en écoutant ce récit, s'agitait de plus en plus et montrait les dents comme un enragé, lorsque l'Esquimau vint à parler de sa perte irréparable.

— Attendez un moment, dit Stanley, lorsque Maximus eut fini, j'ai quelque chose à vous montrer.

Et, allant vers sa chambre, il revint précipitamment, portant le petit morceau de phoque qui avait été trouvé près du camp désert des Indiens.

— Connaissez-vous cela, Maximus? Comprenez-vous ces marques?

L'Esquimau jeta un cri de surprise, lorsque son œil tomba sur ce morceau de peau; il semblait fort ému et faisait des questions précipitées à Moses, qui répliquait vivement et sérieusement; puis, tournant rapidement les talons, il s'élança dehors et fut bientôt hors de vue, dans les taillis du ravin, derrière le fort.

— Ce garçon semble furieux, s'écria Frank Morton, en entrant dans la chambre, juste au moment où Maximus en sortait. Qu'a-t-il donc et pourquoi est-il si pressé?

— Ce qu'il a? répondit Stanley; je vous le dirai, lorsque Moses nous aura expliqué la cause de sa fuite subite.

— C'est sa femme qui a placé cette peau, avec la flèche dessus, pour lui montrer que les Indiens l'ont emmenée sous leurs tentes.

— Mais ne lui as-tu pas dit que nous avions trouvé cette peau depuis un mois déjà, et que les Indiens ont eu le temps de faire un fameux chemin depuis?

— Oui, je le lui ai dit; mais il est parti pour revoir cet endroit; il pense trouver d'autres indications.

— Ohé! ohé! vite, dehors! s'écria La Roche, en entrant en toute hâte dans la salle; les Esquimaux vont tuer tous les rennes du pays. Oui, là, dans les kayaks. Deux douzaines à la fois, vraiment!

Et, sans attendre une réponse, le petit Français, très-animé, prit sa course vers la rive, suivi par Stanley et Frank, qui saisirent leurs fusils chargés, accrochés aux murs de l'appartement.

La scène qui frappa leurs regards en approchant de l'eau était suffisante, en effet, pour exciter la colère de La Roche. Un troupeau d'environ cinquante à soixante rennes marchait sur la côte, et, ignorant que de nouveaux venus avaient envahi leur territoire, ils s'apprêtaient à descendre le ravin pour traverser la rivière, en face du fort. Les Esquimaux les avaient aperçus, et, sautant dans leurs kayaks, ils s'y étaient tenus cachés, jusqu'à ce que la plus grande partie des rennes fût dans l'eau. Alors ils leur avaient donné la chasse, en se plaçant entre les rennes et le rivage opposé, leur coupant la retraite et les dirigeant vers leur camp. Le massacre commençait au moment où Stanley et Frank arrivaient sur le théâtre du drame. Des kayaks filaient dans toutes les directions, comme des flèches au milieu des malheureux animaux. Quelques rennes, effrayés avant d'être près du rivage, essayaient de s'enfuir en nageant dans différentes directions; mais la longue rame à double pointe des Esquimaux lançait la légère embarcation à leur poursuite, et d'un coup aigu sur les flancs les renvoyait dans le droit chemin. Ils étaient néanmoins en si grande quantité, que quelques-uns, plus agiles, vinrent à terre; mais les fusils des chasseurs les y guettaient.

Frank, au milieu de cette scène sauvage, remarqua la manière calme de procéder d'un Esquimau, nommé Chacooto, qui avait déjà montré plusieurs fois un degré de finesse extrême, bien supérieure à celle de ses compagnons. C'était évidemment un des importants personnages de la tribu. Chacooto avait suivi une bande de quinze rennes au moins, et, au moyen de mouvements fort agiles, il les attirait à quelques pieds du rivage, à l'endroit où sa tente était dressée.

Un jeune daim de deux ans environ voulut s'échapper ; mais, d'un coup de rame, Chacooto le ramena dans la direction voulue, en souriant malicieusement. Ayant attiré les rennes assez près du bord pour exécuter son projet, l'Esquimau commença par le daim réfractaire, et se mit en devoir de lui plonger sa lance dans le cœur.

— Oh ! quel bourreau ! dit une voix à l'oreille de Frank. Il sait bien la place ; il ne se trompe pas. Oh ! misère de misère ! il plante sa lance dans la chair de sa victime comme un tailleur piquant son aiguille dans le drap. Il ne frappe jamais ni trop ni pas assez. Quel misérable !

— Il sait certainement comment on s'y prend, Bryan, répliqua Frank, et il est encore heureux de voir qu'il les tue tous d'un seul coup. J'aime beaucoup à constater le moins de cruauté possible. Il les tue comme s'il voulait les caresser.

Bryan épaula brusquement; car un renne gagnait la terre, en dépit de la rapidité de Chacooto.

Frank sourit à la précipitation de son compagnon, qui était un des plus pauvres tireurs de la colonie, et qui s'agitait toujours sans grand succès.

— Allons, Bryan, en voilà une chance ! Prenez votre temps. Juste derrière l'épaule, un peu plus bas.

— Eclair et tonnerre ! cria l'Irlandais, exaspéré ; il va s'enfuir.

Et, faisant un effort désespéré pour épauler, il essayait sans aucun succès de lâcher la détente.

— Presque visé. Visez donc bien, dit Frank vivement. Allons, feu !

— Voilà, dit Bryan.

Mais, à ce moment, une détonation retentit, et le renne, bondissant dans l'air, retomba mort sur le sable, au bord des buissons.

— Pardonne-moi, Bryan, dit Massan, en s'avançant et en rechargeant son fusil; je ne l'aurais pas pris ainsi à ta barbe, s'il ne s'était trouvé juste au bout de mon fusil; j'ai été forcé de lui fourrer une balle.

— Ma foi, Massan, tu as bien fait; car, sans aucun doute, j'aurais attendu, pour tirer, que la pauvre créature fût dans les buissons. C'était toujours ainsi que faisaient les gentlemen de mon pays, lorsque nous chassions. Nous faisions lever les oiseaux, et ils faisaient feu.

— Regarde donc, Massan, dit Frank, en montrant un renne qui avait regagné les hauteurs. Voilà une nouvelle cible.

Mais Massan ne bougea pas, et, lorsque Frank prit son fusil, il lui arrêta le bras.

— Pardonnez-moi, monsieur, dit Massan, il y a déjà une balle de prête pour la bête.

Et, en parlant ainsi, il désignait Dick Prince, qui, ignorant que le renne avait été vu par Frank, guettait son arrivée derrière le rocher, à quelque distance de l'endroit où ils étaient. Une minute après, le coup partit. Mais le renne continua de bondir légèrement dans les buissons, évidemment sans être blessé.

Il est difficile de dire qui fut le plus stupéfait, en voyant ce résultat; car le meilleur tireur de la bande, celui qui eût atteint un but placé à une centaine de pieds, manquait un renne à quelques mètres; c'était incompréhensible.

— Est-ce votre fusil que vous aviez? demanda Bryan, tandis que le tireur désappointé s'approchait.

— Non, c'est le vôtre, répliqua Prince.

Un large sourire épanouit le visage du forgeron, qui ajouta :

— Ah! ah! Prince; mais mon fusil réclame une étude spéciale. C'est un fusil particulier. Il fait toujours feu à trois pieds, sur la gauche de l'endroit visé, depuis que nous sommes tombés ensemble sur les rochers ; et si c'est un tir à grande distance, il faut calculer quatre pieds pour prendre la bête sur le flanc, quatre et demi si on veut l'atteindre à l'épaule, outre une différence de deux pieds au-dessus de la tête, afin de compenser un choc que je lui donnai l'autre jour à la forge, en essayant de le redresser.

Une chasse aux rennes.

Cette curieuse explication satisfit tout le monde, spécialement Prince, qui sentait que son crédit était sauvé. Les rennes étaient tous morts maintenant. L'occupation de la soirée fut de les dépecer, opération qui demandait beaucoup de temps, d'adresse et de travail.

Tandis que tous s'employaient ainsi au fort, Maximus (qui avait accepté ce nom donné par Stanley) revint de son premier voyage et aida les hommes dans leur travail, sans faire aucune allusion à sa visite au camp désert. On jugea, d'après l'expression de tristesse qu'on lisait sur ses traits, qu'il n'avait retrouvé aucun indice capable de relever ses esprits.

La provision de rennes obtenue à cette époque était fort bien tombée; car, la gelée commençant à arriver, la viande pouvait être conservée fraîche pour l'hiver, sans crainte d'être gâtée. On en réserva cependant quelques parties, que l'on sécha, et dont on fit du pemmican de réserve pour les voyages futurs.

Quant aux Esquimaux, ils passèrent la nuit suivante à se régaler et à se réjouir. Durant le court moment qu'ils avaient passé au fort, ils avaient transformé ce promontoire où ils avaient campé en un lieu horrible; car il faut ajouter, pour la sincérité du récit, que, malgré leurs qualités d'honnêteté, de simplicité et de franchise, ils étaient loin d'être propres et soigneux, bien au contraire. Ils avaient érigé sur le rivage des tentes d'été, faites de peaux cousues ensemble, supportées par des pieux, de façon à en former de vastes chambres, pour la commodité de leurs familles. L'entrée de chaque tente avait un passage, fait aussi avec des peaux suspendues, à la distance de quinze pieds, à l'aide de cordes fixées à un pieu.

De chaque côté de cette entrée, étaient empilées des provisions : phoques, poissons, canards et venaison, tout cela dans des états différents de pourriture; si bien que le passage était devenu véritablement infect. Sans doute, la gelée aurait dû empêcher ce résultat; mais, malheureusement, la gelée ne faisait pas toujours son devoir.

La manière dont les Esquimaux coupent leurs rennes et les préparent pour l'hiver est curieuse. Après avoir ouvert l'animal en deux, sans le dépouiller, ils en roulent la moitié avec le cœur et le foie à l'intérieur; l'autre moitié est traitée de la même façon, sauf le foie et le cœur, et le tout est plongé dans la glace, jusqu'au moment où ils s'en servent. Une fois la gelée venue, ils s'en servent dans leurs tentes, en guise de siéges.

Campement d'Esquimaux.

La tribu d'Esquimaux qui résidait en ce moment près du fort Chimo possédait un immense chaudron en pierre, dans lequel ils pouvaient faire bouillir un renne entier à la fois ; et tandis qu'on se régalait de chair fraîche à l'intérieur des tentes, les chiens avaient aussi leur festin, groupés autour du chaudron, et attendant patiemment que la soupe fût refroidie, ainsi que l'avait raconté autrefois

Massan. Ces chiens ressemblaient à ceux de Terre-Neuve, mais à peine aussi grands et aussi beaux.

Cette chasse extraordinaire fut jugée digne d'être célébrée par une distribution de grog aux hommes, et même aux Esquimaux; car, à ce moment, la compagnie de la baie d'Hudson n'avait pas mis encore en pratique la sage règle, qui est devenue une loi dans toutes les parties de ce pays, de ne jamais donner de spiritueux aux indigènes.

Chez les hommes, cette ration, quoique petite, produisit de nouveau le désir de jouer du violon, de chanter, de danser, et de raconter des histoires sans fin. Chez les Esquimaux, elle causa un effet absolument contraire. Très-excités, ils voulaient se battre et suivre Chacooto, qui donnait l'exemple de la révolte; mais, aidés par les femmes, les matelots se jetèrent sur lui, et, l'ayant attaché dans un sac fait de peau de phoque, ils le laissèrent se rouler et se débattre, jusqu'à ce qu'il fût endormi.

L'honnêteté des Esquimaux se montra à un degré éminent dans toutes leurs façons d'agir avec les commerçants de fourrures. Quoique des outils de toute dimension et de tout genre eussent été employés au fort, pendant sa construction, pas un ne disparut; et lorsque des clous ou des morceaux de métal étaient rejetés, les naturels les rapportaient aux hommes, en demandant si cela ne leur était pas utile, avant de se les approprier. Ils mendiaient toujours cependant; ce qui n'a rien d'étonnant, lorsqu'on considère la valeur des articles que possédaient les commerçants et les moyens limités qu'ils avaient pour se les procurer. Leurs seuls biens consistaient actuellement en bottes et peaux de rennes, que les femmes préparaient continuellement. Cela ne suffisait pas à Stanley, qui voulait les envoyer à la recherche de fourrures plus précieuses. Mais les Esquimaux avaient encore trop vivants les souvenirs terribles laissés par les Indiens, et, n'osant s'aventurer loin des côtes, ils semblaient vouloir s'endormir dans une paresse relative.

XXIII.

De nouveaux arrivants. — Probité. — Les Indiens arrivent sur la scène. — Les tribus sont réconciliées. — La maladie et la mort changent l'aspect des choses. — Discours philosophique.

Quelques jours après la magnifique chasse racontée précédemment, plusieurs bandes d'Esquimaux arrivèrent au fort Chimo et campèrent à côté de leurs camarades. Cette visite inattendue épuisa bientôt la venaison qu'on s'était procurée ; aussi les chasseurs furent-ils continuellement en alerte ; mais comme la contrée fournissait le gibier à profusion, ils vivaient dans l'abondance. Stanley leur faisait de petits présents de perles, de tabac, et leur recommandait fortement de partir, pour se procurer des fourrures. Malgré tout, ils semblaient préférer leurs quartiers et refusaient de les quitter.

Les nouveaux arrivants, réunis à ceux qui étaient déjà installés, formaient une colonie de trois cents hommes, tous tranquilles, inoffensifs et honnêtes.

Il faut mentionner comme preuve de cette dernière qualité une circonstance qui se présenta peu de jours après l'arrivée de la dernière bande. Désirant faire de nouveaux sondages, Stanley confia son bateau à la garde des Esquimaux, car tous ses hommes étaient occupés à pêcher ou à chasser au dehors. Ce bateau avait été apporté par le navire, et était un présent envoyé par le gouverneur de la compagnie des fourrures au chef de la colonie d'Ungava. Stanley hissa ses voiles, et se préparait à descendre la rivière, lorsqu'il fut arrêté par des cris bruyants venant du rivage. Regardant attentivement, il remarqua que la troupe entière des indigènes se précipitait comme un torrent vers le fort. Son cœur bondit à la pensée de sa femme et de son enfant restées sans protection. Il se dirigea vers le rivage, sauta à terre, courut à la cour du fort, et se fraya un chemin à travers la foule, dont les paroles incohérentes étaient à ce moment inintelligibles.

Moses arriva également, suivi par un des Esquimaux, qui traînait un gros chien lié par une corde.

— Qu'est-ce que cela, Moses ? Qu'y a-t-il donc ? s'écria Stanley.

— Oh ! rien du tout, répliqua Moses, en jetant un regard de pitié sur ses compatriotes. Ce sont de vraies oies. L'homme qui tire le chien dit que son enfant, en jouant dans la cour du fort, a jeté une pierre et a cassé un carreau. Il en est désolé, et tout le peuple en est si contrarié, qu'ils amenaient ce chien pour payer la vitre cassée.

— Ce n'est que cela ! repartit Stanley rassuré. Dites-leur que je suis heureux de voir leurs bons sentiments ; qu'ils empêchent à l'avenir leurs enfants de venir dans la cour du fort, et qu'ils gardent leur chien. Cet accident ne vaut pas la peine de causer tant de bruit.

Les Esquimaux ne voulurent pas consentir à regarder cet accident comme peu important ; ils répondirent que la vitre cassée ne se procurait pas aussi facilement que les parois de glace avec lesquelles ils fermaient leurs fenêtres l'hiver, et insistèrent tellement pour que Stanley prît le chien, qu'à la fin il l'accepta. Stanley ajouta qu'il aurait besoin de quelques-uns de leurs meilleurs chiens, et qu'il les leur achèterait pour créer un équipage de transport.

Le lendemain, pendant que Stanley traitait dans le magasin avec les Esquimaux, il fut fort surpris d'entendre une décharge de mousqueterie derrière le fort. Prenant immédiatement son fusil chargé, il y courut en toute hâte et vit une bande d'Indiens qui venaient de tirer pour saluer leur arrivée au fort.

C'était leur première apparition depuis l'installation des commerçants de fourrures, et ils arrivaient juste à temps pour permettre à Stanley de commencer ses négociations de paix entre eux et les Esquimaux, ayant affaire à deux bandes considérables de chaque peuple. Les Indiens, au nombre de cinquante environ, portaient tous, à l'exception de leur chef, une blouse de peau de renne, des mocassins ornés de la même matière et des guêtres de drap. Ils n'avaient rien sur la tête, mais leurs cheveux noirs, raides et touffus, étaient décorés de plumes et d'ornements de métal, parmi lesquels on reconnaissait plusieurs dés d'argent. Leurs sacs à poudre étaient brodés de perles et de plumes travaillées. Tous étaient munis de fusils, sur lesquels ils s'appuyaient silencieux, en un groupe pittoresque, près de la plate-forme rocheuse.

Cette plate-forme dominait le fort et était le lieu de promenade favori des commerçants. A ce moment elle formait une espèce de terrain neutre, sur lequel les Indiens attendaient. Les hommes rouges, voyant qu'il y avait là un nombre considérable d'Esquimaux, se tenaient sur la défensive, sentant qu'ils étaient préservés tant qu'ils resteraient là, et que, si besoin en était, la fuite leur serait facile dans les montagnes.

Le chef indien se distinguait de ses compagnons par un costume plus brillant et en même temps pittoresque, costume qui excitait beaucoup l'admiration de ses sauvages compagnons, mais n'ajoutait rien cependant à sa dignité, aux yeux des commerçants. Il portait une longue blouse écarlate, richement brodée, avec des lacets d'or, et de larges manchettes et boutons dorés, une culotte de drap bleu, une veste de la même étoffe, une large ceinture nouée et un chapeau qui rappelait le chapeau de soie à haute forme des Européens ; fait de matière grossière, il disparaissait presque totalement sous les cordes d'or et d'argent et les glands dont il était orné à profusion. Ce chef sentait évidemment toute son importance, car il attendait dédaigneusement qu'on lui adressât la parole.

Appelant Ma-Istequan, Stanley lui dit de les inviter à entrer dans le fort.

— Nous ne descendrons pas, répliqua le chef, lorsque Ma-Istequan lui eut transmis cette invitation. Les Esquimaux sont aussi nombreux que des étoiles, et nous sommes en petit nombre. Si les visages blancs sont nos amis, qu'ils viennent ici et nous prennent par la main ; alors nous descendrons.

— C'est juste, dit Stanley à Frank, debout près de lui, nous devons empêcher les Esquimaux de prendre leur revanche, en profitant de leurs avantages actuels.

Stanley, se retournant alors vers les Esquimaux qui s'étaient massés dans le fort, leur parla gravement, leur disant que le moment était venu où il comptait réconcilier les Indiens et les Esquimaux, et qu'il espérait que ceux-ci lui témoigneraient leur reconnaissance pour toutes ses bontés, en traitant avec cordialité les Indiens qui étaient ses amis. Les Esquimaux ayant promis obéissance, Stanley se dirigea vers la promenade, prit le chef indien par la main, et entra dans le fort, suivi par la bande entière.

Il est inutile de détailler les discours qui se succédèrent, et l'éloquence que l'on déploya pour plaider la cause de la paix. Il suffit de savoir que les Indiens et les Esquimaux échangèrent des poignées de main et des présents devant les hommes assemblés au fort Chimo. Mais, quoique ceux-ci pussent se féliciter d'avoir réussi, ils ne purent s'empêcher de constater que, tandis que, d'un côté, les Esquimaux paraissaient parfaitement sincères et cordiaux dans leurs serments, de l'autre côté les Indiens gardaient une certaine taciturnité, et même, après leur décision prise, faisaient l'effet d'hommes qui ont accompli une détestable action.

Conférence entre Indiens et Esquimaux dans le fort, sous la présidence de Stanley.

Généralement les Indiens du Labrador sont très-différents des Esquimaux. On peut en juger par ceux qui furent attachés au district d'Ungava. L'Indien est réservé, tandis que l'Esquimau est franc, naïf et communicatif. Néanmoins il y a des exceptions des deux côtés.

Ce soir-là, Stanley eut beaucoup de peine à vaincre la froideur des Indiens; et quant aux informations qu'il réclamait à propos de l'intérieur du pays, il n'obtint ce qu'il voulait savoir que lorsque leurs cœurs furent ouvers par l'influence du tabac et des présents. Il apprit alors que la contrée voisine d'Ungava n'était pas riche en bêtes à fourrures, mais qu'en avançant dans les parties boisées vers le sud et l'est, il y en avait beaucoup plus.

Les Indiens ne se donnent pas cependant la peine de chasser à ces endroits, préférant rester près de la côte, sur les hauteurs, où les rennes sont fort nombreux.

Quoi qu'il en soit, ils avaient apporté quelques castors et d'autres fourrures, et, après un bon repas, ils s'installèrent sur un terrain près du fort. Ils vécurent là en parfaite amitié avec les Esquimaux, les visitant, chassant avec eux, quoique montrant quelquefois encore leur disposition naturelle à voler les vivres de leurs voisins. Un jour, deux enfants d'Esquimaux disparurent du campement, et à la fin de la journée ils reparurent, vêtus de costumes indiens. C'était une délicate attention de la part des Indiens, mais elle eut un triste résultat; car le même jour il manqua un couteau dans la tente d'un Indien. Stanley insista pour que cet instrument fût rendu à son propriétaire, et réprima sévèrement le coupable.

Quoique l'harmonie générale du camp fût interrompue de temps en temps par de semblables événements, la bonne amitié entre les deux colonies semblait s'accentuer de plus en plus, et Stanley voyait avec plaisir que les Indiens et les Esquimaux sentaient le besoin de devenir alliés.

Tout à coup survint un événement qui modifia cette disposition et altéra beaucoup l'aspect des affaires. Pendant quelque temps les hommes, sous l'empire du froid, eurent à supporter les atteintes d'une maladie épidémique, et ils la communiquèrent aux Esquimaux, qui étaient plus particulièrement susceptibles; elle eut le plus fâcheux effet sur ces pauvres créatures, et un certain nombre en furent frappés. Une dizaine d'hommes forts et robustes moururent après quelques jours de maladie.

Un des premiers atteints fut la petite amie d'Edith, Arnalooa. Peu de temps avant la mort des dix Esquimaux, elle avait été dans le campement lui porter quelques perles pour l'amuser. Elle l'avait trouvée mieux, et, après être restée à causer avec elle, elle promit de venir la revoir le lendemain. Fidèle à sa promesse, Edith se mit donc en route après le déjeuner, avec un de ses petits paniers au bas. Une demi-heure s'était à peine écoulée, que Stanley, assis dans la salle avec sa femme et Frank, vit accourir Edith effarée, hors d'haleine et le visage couvert d'une pâleur mortelle.

— Qu'est-ce que vous avez, ma chérie ? s'écria sa mère, se levant alarmée.

— Oh ! j'ai vu plusieurs Esquimaux couchés morts sur le sable ! proféra Edith en cachant sa tête dans le sein de sa mère, et tout le reste est parti !

Sans attendre d'autres explications, Stanley et Frank prirent vivement leurs fusils et coururent au camp. Là, une scène horrible se présenta devant eux ; le camp entier portait toutes les traces évidentes d'une fuite précipitée, et huit des morts gisaient sur les rochers, leurs faces blanches et leurs yeux vitrés tournés vers le ciel. Deux autres avaient été enterrés sous un monceau de pierres, qui ne les cachait même pas entièrement à la vue.

— Il n'est pas étonnant que la pauvre Edith ait été effrayée, dit Stanley, tristement appuyé sur son fusil, en considérant cette scène de mort et de désolation.

— Je sais, remarqua Frank, que les Esquimaux ont une terreur superstitieuse de la rivière. Oolibuck me disait ce matin qu'il les avait entendus parler longuement de cette crainte, et ils affirmaient que chaque fois qu'ils s'en étaient rapprochés, cela leur portait toujours malheur, et les faisait mourir par douzaines ; aussi n'y viennent-ils que lorsqu'ils ont besoin de bois, et se sauvent-ils ensuite le plus vite possible.

— Ah ! c'est très-fâcheux ! dit Stanley ; cela nuira beaucoup au succès de l'établissement. Disaient-ils encore autre chose, Frank ?

— Oui, ils exprimaient l'intention de s'éloigner de cet endroit fatal, et de s'installer pour l'hiver à l'embouchure de la fausse rivière. Oolibuck ne pensait pas qu'ils auraient pu mettre leur projet aussi vite à exécution et qu'ils se seraient sauvés sans enterrer leurs morts.

— Nous devons le faire pour eux, Frank. Revenons vers le fort, prenons quelques hommes et accomplissons ce devoir.

— On dit, continua Frank, tout en marchant, qu'autrefois des missionnaires de Moravie vinrent à l'embouchure de la rivière pour y établir un fort marchand ; mais, sans cause connue, ils changèrent d'avis et s'en allèrent. C'est Maximus qui m'a raconté cela. D'ailleurs ses souvenirs sont vagues, car cela est arrivé lorsqu'il était tout enfant.

— C'est très-possible, Frank ; les Moraviens ont des établissements sur les côtes du Labrador, à l'est, et ils ont essayé longtemps de s'étendre. J'ai une haute opinion de leur énergie et de leur persévérance ; mais je ne puis comprendre ce mélange de commerce et de religion ; il me semble impossible que des missionnaires soient des négociants. Ce serait d'ailleurs une bonne chose pour le pays indien, si les mêmes principes et les mêmes pratiques régissaient tous les commerçants, avec cette différence toutefois qu'au lieu d'être les missionnaires qui deviennent commerçants de fourrures, ce seraient les commerçants de fourrures qui se feraient missionnaires.

— Il est impossible, poursuivit Frank en s'échauffant, que des hommes qui s'appellent eux-mêmes des chrétiens vivent pendant des années au milieu de pauvres Indiens d'Amérique, sans leur parler jamais de Dieu.

— Sans monter en chaire, ils peuvent en parler, et faire quelque bien à cet égard. Quant à nous, ne pourrions-nous pas consacrer une partie de nos loisirs, pendant l'hiver, à lire et à expliquer la Bible à nos interprètes, dans l'espoir de les amener à faire quelque chose pour leurs pauvres compatriotes ?

Très-peu de temps après la fuite soudaine des Esquimaux, les Indiens enlevèrent leurs tentes et partirent pour l'intérieur avec l'intention, dirent-ils, de chercher des fourrures ; mais plus probablement pour chasser le renne, comme le fit observer Ma-Istequan.

Durant tout le temps de leur séjour au fort, Maximus s'était tenu à l'écart, les rencontrant rarement sans un regard de haine, car il voyait en eux les représentants d'une race qui lui avait volé sa fiancée, et il y avait des instants où le géant tressaillait si vivement à la vue des hommes rouges, que, sans sa promesse expresse à Stanley de ne pas les injurier, il se serait jeté sur eux, afin d'en détruire au moins quelques-uns. Ce fut donc avec plaisir que Maximus les vit filer en une seule ligne, au delà de la plate-forme rocheuse, et disparaître dans le ravin vers les montagnes.

Les commerçants d'Ungava furent ainsi laissés dans la solitude ; et depuis ce temps jusqu'à l'hiver, ils employèrent toutes leurs forces à se faire une provision suffisante de vivres pour aller jusqu'au printemps.

Dick Prince et Massan partirent ensemble à la poursuite du renne ; Augustus et Bryan furent envoyés vers un petit lac pour établir une pêche en règle, dans laquelle ils eurent beaucoup de succès et d'où ils rapportèrent une large provision d'excellent poisson blanc, des truites, des carpes, qui, vidées et suspendues par la queue, furent séchées et gelées. Frank et Moses s'installèrent près d'un autre petit lac, à dix milles plus bas de la rivière, et y bâtirent une hutte avec des saules, où ils restèrent pendant le temps des pêches. Comme il y avait encore beaucoup à faire pour compléter l'ameublement du fort, Stanley garda La Roche, Oolibuck, et les deux Indiens, pour l'aider dans les aménagements que réclamait une aussi longue station, comme couper du bois à brûler, couvrir les toits de toile goudronnée, chasser certains oiseaux qui venaient près du fort, construire des tables et des chaises grossières, faire la cuisine, etc., etc. François et Gaspard remontèrent la rivière pour abattre des arbres.

Edith et sa mère étaient fort occupées, celle-ci en cousant et remplissant ses devoirs de femme de ménage, et celle-là en apprenant ses leçons, en visitant son ravin à fruits, en habillant sa poupée (car naturellement elle avait une poupée), et en causant longuement avec son fidèle Chimo.

Ils étaient si actifs, que le temps s'écoula pour eux sans qu'ils s'aperçussent de sa fuite rapide, notant seulement la longueur graduelle des nuits et la diminution des jours, jusqu'à ce que la glace, faisant de grands progrès, commença à rendre solides et impraticables les eaux de la baie.

XXIV.

Effet de la neige sur l'imagination, pour ne pas parler du paysage. — Un dôme merveilleux de glace.

Il existe toujours une impression de surprise, lorsque, se levant par une brillante matinée d'hiver, on jette un regard au dehors et l'on aperçoit le paysage (qui, la veille, était vert, rouge, brun et bleu) enseveli sous un manteau de neige blanche.

Il est sûr que ce fut celle d'Edith Stanley, en se réveillant un certain matin, et en regardant par sa petite fenêtre. Elle le prouva par des exclamations de bonheur.

Indépendamment de la pureté virginale de ce manteau, qui pouvait exciter à bon droit l'admiration d'Edith, il y avait dans cette apparition soudaine le souvenir vivant de tous les hivers passés au loin. Celui d'Ungava ne ressemblait pas aux autres; mais elle se rappelait le temps où elle et ses petites amies charriaient leur récolte de bois sec sur un mince traîneau, et glissaient sur la rivière gelée, la traversant à toute vitesse et riant à gorge déployée. Elle revoyait le temps où ses premiers pas se firent sur la glace, en se servant de patins, et où elle tomba si souvent, qu'elle fut obligée d'attendre quelques années pour s'en servir. Sa mémoire lui montrait le bel attelage de chiens de son père, les courses délicieuses qu'elle faisait sur la rivière glacée, courses où elle chavirait plusieurs fois, mais qui se terminaient toujours gaîment. Tout cela lui rappelait le vieux fort, qui était son *home*, sa maison natale, la rangée de maisons des hommes, où elle allait souvent et où elle était toujours si bien reçue, le trou dans la rivière d'où le vieux Canadien tirait sa nourriture journalière, et la maison de neige qu'elle construisit avec Frank Morton. Tout cela, et mille autres détails de son ancienne vie encore, revinrent à la mémoire d'Edith, en apercevant la neige.

L'hiver avait posé maintenant sa griffe d'acier sur Ungava. Pendant quelques semaines, le froid fut si intense, que les lacs et les étangs eurent plusieurs pouces d'épaisseur de glace, et la baie salée elle-même fut envahie par des massifs qui allaient toujours en grandissant. La neige qui tomba alors fut comme la cérémonie du couronnement d'un roi dont le règne a commencé en réalité depuis longtemps; le soleil durait peu; les brouillards et les vapeurs, venant de la mer chargée de glace, obscurcissaient l'azur du ciel et révélaient l'hiver du Nord dans toute sa triste et froide réalité. Chaque cime, chaque crevasse, chaque pic, avait son dôme immaculé; chaque vallon, gorge ou ravin, était enseveli sous un linceul; aux endroits où les précipices étaient perpendiculaires, les rochers gris des montagnes formaient de sombres blocs dans le paysage; mais, quelque sombres qu'ils fussent, ils n'égalaient pas l'obscurité de la rivière, sur laquelle flottaient des centaines d'icebergs et des masses surprenantes de glaces, amenés par le flot de la marée. Là, les brumes glacées s'étendaient lourdement comme un mauvais génie, et le fort Chimo lui-même formait une tache noire à peine distincte, à distance, des sapins et des saules qui l'entouraient.

En approchant du fort, l'influence de froid et de tristesse que l'on ressentait alentour se dissipait, en voyant quels éléments de bien-être et de confortable s'y trouvaient groupés à l'intérieur. Le bruit de la machine à tirer de l'eau, celui du marteau de l'enclume et de la hache dans la loge du charpentier, le son joyeux de la forge de Bryan, et la flamme brillante qui en éclairait la fenêtre, tout évidemment montrait que, malgré la force de l'hiver au dehors, ceux qui étaient dans le fort Chimo n'étaient pas ensevelis sans vie, sans cœur et inactifs.

Le seul être humain resté en plein air était La Roche, qui, un chapeau de fourrure enfoncé sur la tête et les oreilles, des mitaines de cuir aux mains, tranchait et coupait les bûches avec lesquelles il se proposait de faire bouillir le repas de midi.

Se reposant un instant de son travail et essuyant la buée qui glaçait ses sourcils et ses favoris, il regarda le fil de sa hache, pendant quelques instants, avec une expression de contrariété ; puis, la jetant sur l'épaule, il traversa la cour et entra dans la loge du forgeron.

— Bryan, dit-il, en s'asseyant à la limite de la forge et en bourrant sa pipe, pendant que l'émule de Vulcain faisait jaillir une volée d'étincelles d'une barre de fer rougie à blanc, Bryan, tu n'es plus bon à rien. Cette hache est encore abîmée, elle est très-malade. Comment ne peux-tu pas mieux l'affiler?

— Mieux l'affiler! répondit Bryan, en mettant sa barre de fer dans le feu et en regardant son compagnon, tandis qu'il se mettait à souffler. Ma foi! c'est moi-même qui ai besoin d'être mieux aiguisé, afin de supporter des créatures comme toi. Malheureux! comment espères-tu garder ta lame en bon état, quand tu la laisses toujours traîner au milieu des pots et des chaudrons ?

— Cela ne signifie rien, riposta La Roche, en appliquant un charbon ardent à sa pipe. C'est du mauvais acier. D'ailleurs, je ne suis pas venu ici pour batailler avec toi. Ta langue est trop longue pour ça. Un tour de meule, s'il te plaît.

— Bon, bon, tu ne le mérites pas, Losh. Mais attends, je vais te donner un coup de main. A propos, demanda Bryan, lorsque le métal fut refroidi, François a-t-il fini le traîneau de Mlle Edith?

— Oui, répliqua La Roche en s'asseyant sur la meule (pas si vite, un peu plus lentement, Bryan), oui, il est prêt; il n'y manque plus que les cercles de fer. Il n'en manquera pas longtemps; nous en prendrons au magasin lorsqu'il le faudra; ils sont sur le banc.

Puis Bryan continua de tourner silencieusement le manche de la pierre pendant quelque temps.

— Sais-tu, Losh, quand M. Frank doit aller à la pêche?

— Il y va demain, je crois, et Mlle Edith avec lui.

— Tous deux seulement? demanda le forgeron.

— Oui. M. Frank y va pour voir s'il y a du poisson. Mais je crois qu'il sort surtout pour faire faire une promenade à Mlle Edith.

— Très-probablement, Losh.

— La pauvre petite créature a beaucoup de goût pour le traîneau, et elle aime à glisser dans la neige avec ses patins.

— Cela lui fera du bien; car elle manque complétement de distractions ici.

— Bien, merci; la voilà superbe, magnifique, dit La Roche, en touchant le tranchant de sa hache avec le pouce; elle serait assez aiguisée pour tondre les cheveux de ta vieille face.

— Allons, c'est fini, ne reste pas là plus longtemps à m'empêcher de travailler. J'ai perdu déjà assez de temps aujourd'hui.

Et tandis que Bryan rangeait son marteau, La Roche, retrouvant sa trace à travers la neige, alla recommencer son travail et couper du bois à brûler.

Le lendemain, Frank et Edith firent leurs préparatifs pour la fameuse excursion. Elle avait deux buts différents : d'abord, chercher à voir s'il n'y avait pas de poisson dans un grand lac situé à dix milles du fort; ensuite, procurer à la petite Edith une promenade sanitaire. Non pas que sa santé fût mauvaise; mais, ayant été renfermée pendant plusieurs semaines à cause du temps, sa mère pensait qu'un changement d'air lui serait favorable et la distrairait. Quoique très-tendre pour elle, elle sentait que cette jeune enfant était privée de ne pas avoir de compagnons de son âge. Aussi cherchait-elle à se mettre à sa portée, en jouant avec elle, et en lui offrant de temps en temps quelques distractions.

Immédiatement après le déjeuner, Frank prit Edith par la main et la mena derrière le fort, vers le chenil, où les chiens attendaient, en compagnie de Chimo, à qui l'honneur de traîner sa jeune maîtresse était réservé. En passant près de la source, Edith s'arrêta pour examiner le curieux effet produit par la gelée à cet endroit, ordinairement vert et fertile. Il était recouvert non-seulement d'une couche épaisse de neige, mais au-dessus de la source il y avait comme un dôme de glace. Ce dôme était un sujet continuel d'admiration pour tous à Ungava. Il avait commencé aussitôt que les premiers froids avaient empêché la petite fontaine de couler en plein air; petit à petit, cette couverture était devenue épaisse; elle atteignait une élévation de douze à treize pieds. A l'intérieur, la source bouillonnait comme autrefois.

— Dites donc, Edith, fit Frank, comme si une idée subite lui arrivait, si je taillais une porte dans cette maison de cristal, pour voir si l'esprit de la source n'y demeure pas?

Edith battit des mains avec délices à cette proposition, et supplia son compagnon de commencer tout de suite; mais, l'arrêtant au moment où il allait fendre la glace avec sa cognée, elle lui dit sérieusement :

— Est-ce qu'il y a réellement des esprits dans les sources, Frank?

— Ah! Edith, il faudra faire venir d'Angleterre une série de contes de fée qui vous apprendront cela. Je plaisante, lorsque je dis qu'il y a là des esprits; mais il y a beaucoup de livres sur ces prétendus esprits et sur les fées, et je vous raconterai une de ces histoires ces jours-ci. Réellement, je crains qu'il n'y ait pas d'esprits dans cette source.

— Ma foi, tant mieux, remarqua Bryan; car ce seraient de drôles d'esprits que ceux qui aimeraient à vivre dans cet horrible climat. J'ai fini le traîneau, monsieur, et je viens pour voir quand il faudra l'atteler.

— Attendez, Bryan, quelques minutes, et prêtez-moi votre hache pour faire un trou dans ce dôme.

Frank tira sa petite cognée de sa ceinture et se mit à le frapper si vigoureusement, que la glace jaillit de tous côtés comme du verre brisé. Bryan l'aida, et, au bout d'une demi-heure, un bloc de glace solide, d'environ quatre pieds de hauteur et deux de largeur, fut enlevé et détaché d'un côté du dôme.

— C'est bien, Bryan, dit Frank, quand ce travail fut presque complet. Je finirai moi-même maintenant. Retournez à la maison.

Frank donna encore à la masse de glace quelques coups qui la fendirent en plusieurs pièces, qu'il déplaça facilement, et montra à sa jeune amie éblouie une caverne du plus bel azur. Prenant ensuite Edith par la main, il la fit entrer dans cette chambre. Les murs étaient lumineux, d'un bleu délicat, excepté à certains endroits, où les mousses vertes, arrachées du terrain, dépassaient le dôme de glace à différentes places du toit. Le plancher était dur et sec; au centre, la source jaillissait, se creusait un canal à travers une des parois du mur et disparaissait sous la neige.

— Quel beau palais! s'écria Edith ravie, après avoir regardé, muette d'étonnement et d'admiration. Il faut revenir et rester ici, Frank. Apportons deux chaises et une petite table, nous aurons un vrai salon. Il faudra y venir tous les jours, lorsque le soleil brillera. Nous lirons, et vous me raconterez les beaux contes des esprits et des fées dont vous me parliez.

— C'est une bonne idée, Edith; mais je crains que nous n'ayons besoin d'un poêle pour nous réchauffer. Cela sera plutôt un excellent lieu pour conserver notre viande fraîche au printemps; car la chambre existera longtemps encore après la fonte des neiges.

— Alors nous en ferons un palais l'hiver et un garde-manger au printemps, dit Edith, en allant à la découverte autour de sa nouvelle maison, en examinant les murs blancs et en plongeant sa main dans l'eau froide de la source.

Frank, pendant ce temps, regardait si son projet avait chance de réussir. Après être restés là tous deux assez longtemps, ils reprirent leur route vers le chenil.

Le traîneau que François avait construit pour Edith était fait d'après le modèle de ceux des Esquimaux. Il avait deux gros brancards ou patins en bois, pour glisser sur la neige, légèrement retroussés, plutôt arrondis en avant, attachés l'un à l'autre par le moyen de barres transversales et de minces planches de bois. Toutes étaient assujetties, non pas par des clous (car de l'acier se serait rompu comme du verre dans un climat comme celui d'Ungava), mais par des lanières de peau de phoque, qui, quoique fragiles en apparence, étaient très-fortes et solides pour cet usage. Deux courtes barres étaient placées derrière et pouvaient servir de dossier. Mais la partie la plus curieuse de cette machine était la substance avec laquelle les brancards étaient garnis, afin de les préserver de la glace. C'était une préparation de boue et d'eau, qui, placée molle et flexible, gelait au grand air; ce qui arrivait instantanément, et devenait alors ainsi une matière dure et solide, moins facile à se briser que le fer ou aucun autre mastic. Cette substance est, de plus, facile à réparer, et tous les naturels s'en servent en hiver.

Un traîneau d'Esquimau.

Les traîneaux d'Esquimaux sont fort lourds. Pour y charrier quelques personnes, ils ont besoin d'une double paire de chiens. Mais celui d'Edith était petit; et, comme sa propriétaire était légère,

Chimo suffisait complétement pour l'attelage. On put s'en convaincre, lorsqu'Edith, ayant pris place dans le traîneau, Chimo se mit à courir et à le faire glisser si rapidement, que Frank ne put l'arrêter qu'après une course d'un demi-mille au moins sur la rivière. Malheureusement, l'excursion projetée fut brusquement interrompue par un événement que nous allons raconter.

XXV.

Enterrés vivants, mais non étouffés. — Le géant dans la tempête de neige.

L'événement qui empêcha la fameuse promenade ne fut autre chose qu'une tempête de neige, une véritable tempête de neige, comme on n'en voit que dans les climats du Nord, et cet ouragan de neige produisit d'étranges effets.

L'orage commença par un mystérieux gémissement qui courut sur les montagnes d'Ungava, comme une douce et triste lamentation : il s'éteignit lentement dans le vallon de Caneapusca, comme si l'esprit du vent du nord eût déploré la désolation amère qu'il allait lancer sur cette terre. Les nuages amoncelés qui précédèrent et suivirent ce grondement, empêchèrent Frank de donner suite à son projet d'excursion.

Afin de consoler Edith de sa partie manquée, il vint avec elle dans la grande salle, et, tirant un tabouret près du poêle, il y plaça un damier ; puis, il approcha un autre tabouret sur lequel il assit Edith, étendit une peau de renne sur le sol, s'y jeta, et commença à arranger les pièces. La salle, qui autrefois était froide et incommode, avait maintenant l'aspect confortable d'une pièce que l'on habite continuellement. Le plancher était recouvert d'un tapis de peau de renne, étroitement attaché aux poutres. On avait suspendu aux murs les lourds manteaux de fourrure et les vêtements de cuir qui appartenaient aux maîtres du logis, sans lesquels ils ne s'aventuraient jamais dehors. Le poêle, au centre de la pièce, avait un long tuyau, et son feu brillant de bûches envoyait une douce clarté autour de lui. La chaleur cependant n'était pas assez intense pour faire fondre la couche de gelée, d'un pouce d'épaisseur, qui était appliquée sur les deux fenêtres, et cachait absolument la vue au dehors, en obscurcissant beaucoup la lumière.

La porte était entièrement close par une bande de fourrure, empêchant les rafales de vent de pénétrer dans l'intérieur et amortissant autant que possible le courant d'air qui s'y glissait, malgré toutes les précautions prises. Cette salle du fort Chimo était curieuse et confortable, plutôt grossière au premier abord, mais saine et agréable. Près d'une petite table rugueuse, œuvre de Frank Morton, placée près du poêle, Mme Stanley était occupée à transformer une douce peau de jeune renne en un costume de chasse pour son mari. Sur une table plus large le service à thé était dressé dans un coin. L'heure du thé était en même temps celle du souper pour les commerçants de fourrures. Des chandelles coulées au fort venaient d'être apportées par La Roche, dont la cuisine communiquait à la salle à manger par un passage étroit.

— Qu'est donc devenu papa ? demanda Mme Stanley, désignant son mari par cette épithète et poursuivant ainsi l'idée de traiter Edith en petite sœur et en camarade de jeu.

Frank leva la tête.

— Je n'en sais vraiment rien, dit-il ; je l'ai laissé en train de donner des ordres aux hommes, et nous sommes venus mettre tout en bon état au fort, car nous craignons une forte bourrasque pour ce soir. Prenez garde, Edith, votre roi est en danger.

— Ah ! c'est vrai, dit Edith, retirant sa pièce, et fixant son damier fort attentivement.

Si Frank n'avait pas été aussi absorbé par son jeu, il aurait remarqué que la bourrasque commençait et sifflait autour du fort avec une vigueur extrême.

— Vous allez gagner, si vous jouez si hardiment, Edith, dit Frank en souriant. Là, donnez-moi un autre pion.

— Et moi aussi, dit Edith, avançant une pièce.

A cet instant, la porte s'ouvrit brusquement, et Stanley entra dans la chambre.

— Quelle nuit ! s'écria-t-il, en refermant lourdement la porte, afin de barrer le passage à la bouffée de vent et de neige qui voulait entrer à sa suite.

Deux coups eussent suffi pour rendre Frank vainqueur ; mais le damier fut brusquement jeté à terre par le vent, et toutes les pièces furent brusquement renversées. Stanley ressemblait à une statue de marbre blanc ; son chapeau, son manteau, ses guêtres étaient entièrement métamorphosés.

— Holà ! La Roche.

— Voilà, monsieur.

— Venez vite, prenez mon manteau, secouez la neige, et apportez le souper aussi vite que possible. Quoi ! l'échiquier dehors ! Frank, vous avez une trop grande passion pour ce jeu. Et vous, ma femme, encore un costume pour moi. On croirait que vous voulez me témoigner votre affection par le nombre de vêtements que vous me confectionnez. Combien en avez-vous déjà fait depuis que vous êtes mariée ?

— Ne pensez donc pas à cela ; allez vite vous changer, et revenez pour le souper, pendant qu'il est chaud.

— Ah ! je serai assez content qu'il soit chaud, s'écria Stanley de sa chambre, car il faut une fameuse chaleur intérieure pour compenser le froid du dehors. Le thermomètre marque 30° au-dessous de zéro.

Tandis qu'on soupait dans la salle, les hommes faisaient de même autour de leur poêle. Il n'y avait pas grande différence entre les deux appartements, si ce n'est que la pièce des hommes était beaucoup plus spacieuse. Il s'y trouvait un nombre infini de haches, de ceinturons, de capotes, de fusils, de mocassins, de lances à phoques, entassés, accrochés aux murs. La fumée de tabac était aussi beaucoup plus épaisse, et la conversation plus bruyante.

— C'est une terrible nuit, observa Massan, tandis que le vent battait la porte.

— L'ouragan de neige est bientôt aussi fort dans le ciel que sur la terre, dit Oolibuck, en tirant un charbon enflammé et en allumant sa pipe.

— Attention, mes amis ! nous sommes enlevés, s'écria Bryan en saisissant sa chaise avec les deux mains, moitié en riant, moitié sérieusement, tandis que les fondations semblaient ébranlées.

Les deux Indiens restèrent à fumer leurs calumets, silencieux comme deux statues de bronze, tandis que Gaspard et Prince allaient vers la fenêtre, où le givre les empêcha de rien voir.

C'était en effet une horrible nuit, comme on n'en avait pas encore eu au fort Chimo ! Vu du haut de la plate-forme rocheuse, cet ouragan dans la vallée devait être sublime. Le vent arrivait quelquefois par bouffées violentes à travers les détroits, quelquefois en longues rafales, balayant les nuages de neige, si épais, qu'ils semblaient des parties de terre ramassées par le courant. Tout cela tournoyait en un cercle affreux, montait, descendait, passait les ravins, contournait le fort, et s'engouffrait avec un bruit sauvage dans la vallée de Caneapusca.

Le ciel n'était pas obscurci partout ; quelques rayons de la lune perçaient çà et là et rendaient encore plus sombres toutes les parties qu'elle n'éclairait pas. Le vent s'arrêtait une minute ou deux, comme pour reprendre haleine, puis il recommençait de plus belle, glissant dans les gorges des montagnes avec une nouvelle rage. Des colonnes de neige s'élevaient par milliers de chaque crevasse ou vallon, mêlées dans une épouvantable confusion, ne sachant quelle direction prendre, comme affolées ; puis, attirées par leurs poids, elles s'étalaient comme des masses de glace, ou balayaient la plaine gelée.

Quel être humain aurait pu soutenir un tel ouragan dans le désert ? Cela existait cependant. Il y avait là, par cette effroyable nuit, un voyageur au haut de la colline. Il n'était autre que notre géant. Mais que pouvaient même les membres nerveux de Maximus en présence d'une telle puissance ?

Quelques jours auparavant, on avait envoyé l'Esquimau vers la fausse rivière, pour voir si ses compatriotes s'étaient procuré des phoques pour nourrir les chiens, s'ils pouvaient pêcher, et s'ils étaient satisfaits de leur position.

En arrivant, il constata que leurs efforts avaient été récompensés, et que la famine (si souvent leur hôte habituel) n'avait pas encore visité leurs demeures de neige. Il trouva là la vieille femme qui lui avait sauvé la vie, fort malade et presque mourante. Connaissant par expérience l'efficacité des remèdes de Stanley, il résolut de s'en procurer quelques-uns pour sa vieille amie, sur laquelle il avait tendrement veillé et qu'il avait approvisionnée depuis le triste jour de l'attaque. Les chiens étaient exténués et ne pouvaient revenir sur leurs pas. Le murmure de l'orage commençait à se faire entendre dans le lointain ; mais rien n'arrêta l'Esquimau, qui, fort et vigoureux, était poussé par toute l'énergie que donne la jeunesse et le désir de revenir au plus vite. Que pouvaient lui faire ces grondements? N'avait-il pas déjà plus d'une fois essuyé des orages dans les régions glacées? Sans dire un seul mot, il jeta quelques provisions dans son sac, et, revenant sur sa route, il se mit à marcher à travers la neige.

Avant d'arriver au fort, la fureur de l'ouragan se déchaîna contre lui; il se jeta tout de son long dans la neige, puis il se releva et continua à marcher. Il fut culbuté de nouveau, et retomba comme un jeune pin brisé. En vain il essayait de distinguer quelque chose à travers la neige tombante; il ne pouvait plus rien voir. A la fin il remarqua un bloc de glace, à quelque distance, et se dirigea de ce côté.

Il y eut un moment d'accalmie; puis l'orage recommençant, Maximus fut jeté dans la neige. Mais il ne se déclara pas vaincu. Il se releva piteusement, il est vrai, mais courageux, et prêt à profiter du premier moment de répit. Il aperçut alors un rocher, ou ce qu'il croyait être la base d'un rocher, à la portée de sa main. D'un saut il l'atteignit, et, se traînant sur les genoux, il commença à faire avec ses mains gantées un trou dans la neige. L'ayant creusé assez profondément pour s'y fourrer, il s'y plaça, et, ayant remis sur lui ce qu'il avait retiré de neige, il fut presque complétement enseveli. A peine avait-il tiré son capuchon sur son visage, qu'un tourbillon s'abattit à cet endroit, et rien ne marqua plus la place où un être humain était enterré vivant.

L'ouragan dura toute la nuit avec une fureur immense; mais le lendemain matin le vent était apaisé, et le soleil se levait éclatant. Néanmoins aucun rayon ne pénétrait dans les maisons des commerçants de fourrures, tout y restait sombre; Stanley alluma une chandelle, afin de vérifier l'heure.

— Vite, Frank, s'écria-t-il en entrant dans la salle et en ajustant vivement ses habits, debout ! Il se passe ici quelque chose d'étrange. Il est plus de midi, et il fait encore nuit. Apportez votre montre, je me trompe peut-être.

Frank sauta subitement hors de son lit ; deux secondes après il apparaissait en chemise et en pantalon.

— Midi et demi ! s'écria-t-il.

— Ah ! qu'avons-nous là ? dit Stanley en ouvrant la grande porte et en apercevant un solide mur de neige.

— Bloqués, bloqués, nous sommes bloqués ! C'est original.

En effet, ils étaient entièrement bloqués, si complétement, que nul rayon de lumière n'arrivait jusqu'à eux. Et si Frank eût été placé dehors, au lieu d'être à l'intérieur, il aurait vu que le fort était si parfaitement enseveli, que l'on n'apercevait plus que ses cheminées et son porte-drapeau.

Les premiers moments de surprise passés, Stanley pensa qu'il fallait atteindre les hauteurs par la cheminée, assez large pour contenir un homme ; mais il vit bientôt qu'elle était également remplie de neige. On ne pouvait songer à l'enlever, car elle était scellée au mur par une barre de fer.

— Personne ne peut nous aider à sortir de là, Frank ; aussi plus tôt nous nous mettrons à l'œuvre, mieux ce sera, dit Stanley.

Edith et sa mère les rejoignirent à ce moment ; quoique surprises, elles ne furent pas effrayées, car elles étaient habituées aux rudes épreuves. Stanley leur assurait d'ailleurs qu'elles n'avaient rien à craindre, qu'ils auraient seulement beaucoup de peine à déblayer la neige qui les écrasait. Tandis qu'ils causaient, la porte du fond s'ouvrit violemment, et La Roche, en complet déshabillé, bondit dans la chambre en s'écriant :

— Oh ! messieurs, c'est fini ! Oui, la fin du monde est arrivée ! Oh ! misère de misère ! qu'allons-nous devenir ?

— Taisez-vous, La Roche, dit Frank, et apportez vite la pelle de la cuisine.

Le cuisinier partit, et, revenant en toute hâte, il remit à Frank une lourde pelle de fer, avec laquelle celui-ci se mit à l'ouvrage avec ardeur. Les tables, les chaises, et tout l'ameublement, furent placés dans les appartement suivants, afin de laisser un espace libre pour la neige, que Frank jetait par pelletées de la porte ouverte à l'intérieur. Comme un seul homme pouvait travailler dans cet étroit passage, trois autres prenaient la pelle tour à tour ; et tandis que l'un d'eux se frayait un tunnel à travers la neige, les deux autres empilaient les débris en masse compacte près du poêle. Comme il n'y avait plus de feu, la neige ne fondait pas et restait sèche sur le plancher.

Edith regardait tout cela avec intérêt, et de temps en temps aidait à empiler la neige. Quant à sa mère, sentant sa présence inutile, elle s'était retirée dans sa chambre.

— Là ! dit Frank en s'arrêtant et regardant une immense caverne qu'il avait creusée dans le bloc, en voilà déjà pas mal de fait. Prenez la place maintenant, La Roche, et piochez en l'air, nous verrons bientôt la lumière.

— Ah ! il sera bientôt temps vraiment, car il est assez tard pour ça, répliqua La Roche en prenant l'instrument.

Le tunnel était coupé de telle sorte, que, tout en s'enfonçant au dehors, il remontait un peu en l'air ; et de l'angle où il était, Stanley calcula qu'une vingtaine de pieds encore les amèneraient à la surface. Il avait raisonné juste ; car, lorsque La Roche eut travaillé une demi-heure, la muraille de neige devint transparente. A la fin la lumière apparut si clairement, que La Roche lança sa pelle dans la neige, croyant en transpercer la dernière couche. Un effet subit et inattendu se produisit immédiatement ; le toit tomba, et un flot de lumière jaillit dans le tunnel, tandis que le pauvre Français se débattait au milieu de cette avalanche d'un nouveau genre.

— Tirez-moi de là, cria-t-il, tandis que Frank et Stanley riaient de tout cœur de sa mésaventure.

Une de ses jambes faisant saillie, Frank la saisit et retira le pauvre homme de sa position désagréable. Quelques instants après, ils passaient tous par l'ouverture et respiraient en plein air.

Le spectacle qui apparut à leurs yeux était curieux, mais peu satisfaisant; tout ce qui restait visible du fort consistait seulement en une cheminée et un porte-drapeau. Quant au paysage environnant, il n'offrait pas de notable différence; car la neige, balayée d'un côté et entassée de l'autre, ne transformait pas complétement la scène sauvage qui s'offrait ordinairement à leurs regards.

A quelques endroits, la neige, emportée par la rafale, avait laissé les rochers à nu ; l'entrée des gorges et des ravins était fermée ; le haut des sapins entièrement blanc et l'eau du lac plus encombrée que jamais par les icebergs.

— Vite, La Roche, dit Stanley, après avoir examiné cette scène désolante ; allez chercher la pelle, et nous allons délivrer les hommes. Je pense que ces pauvres garçons doivent commencer à trouver la nuit longue !

Après un travail excessivement fatigant, ils arrivèrent à faire un tunnel jusqu'à la porte des hommes.

— Quand vous vous êtes réveillés, vous êtes-vous douté qu'il y avait quelque chose d'extraordinaire ? demanda Stanley à Prince.

— Réveillés, répliqua Bryan ; mais nous nous sommes réveillés une douzaine de fois. Je pensais qu'il était temps de déjeuner. Nous aurions bien pu dormir indéfiniment, mais à la fin notre estomac faisait penser à lui.

— Je crains que nous n'ayons à faire encore pas mal d'ouvrage avant que nous nous en occupions, dit Stanley. Allez, François, et deux autres avec vous, ouvrir le chenil des chiens. Quant aux autres, prenez toutes les pelles que vous pourrez avoir et tâchez de déblayer les maisons aussi vite que possible.

— Nettoyez d'abord la cheminée, mes garçons, cria La Roche, à travers le tunnel, je vous ferai à déjeuner de suite.

— Nous y sommes, dit Bryan en se mettant à l'ouvrage du côté de la cheminée, tandis que le reste de la bande, se divisant en plusieurs groupes, traçait des voies pour se rendre aux différents bâtiments.

Trois kilomètres plus loin, dans la montagne, un incident étrange se produisait tout à coup.

Esquimau enseveli sous la neige.

Quelqu'un qui eût passé par là eût sans doute été fort étonné en entendant la neige se rompre à un certain endroit, et en voyant apparaître une tête échevelée, suivie de deux bras qui s'agitaient en l'air comme pour se dégager.

Quel était ce revenant, ce génie glacé qui sortait des entrailles de la terre ?

C'était Maximus, qui se réveillait et tentait de soulever la couche de neige qui le recouvrait.

Ses premiers efforts avaient été infructueux ; la masse qui le recouvrait était trop lourde ; aussi, abandonnant l'idée d'agir seulement par sa propre force, il avait changé de moyen et commencé par gratter toute la neige qui était au-dessus de sa tête ; à force de la tasser et de l'aplatir, il parvint à la comprimer et à se faire une espèce de chambre, où il agit plus à l'aise. Dix minutes après il était parvenu si près de la surface, qu'il était capable, à force d'efforts puissants, de s'élancer au dehors et de sortir de cet étrange sommeil sous le soleil.

Cette manière de passer la nuit a été souvent racontée par les voyageurs arctiques, et il est triste de penser que beaucoup d'hommes n'eussent pas péri, s'ils avaient connu le moyen de s'enterrer vivants ; il offre toute chance de salut. Les Esquimaux passent souvent la nuit de cette façon ; toutefois ils préfèrent se construire une maison de neige, si les circonstances le leur permettent.

Après s'être coupé une tranche de viande de phoque, Maximus termina son voyage et arriva bientôt au fort, où il trouva tous les hommes occupés à déblayer leurs demeures. Il raconta la maladie de la vieille femme à Stanley, qui lui remit quelques médicaments. Il repartit alors immédiatement.

On lui donna l'ordre de revenir ensuite au lac, où Frank espérait trouver du poisson, expérience déjà faite par une famille d'Esquimaux qui s'était établie non loin du fort, et avait appris des commerçants de fourrures la manière de tendre les filets sous la glace.

On espérait donc que le grand lac offrirait des ressources considérables. Le temps se mettant au beau, Frank s'apprêta à partir le jour suivant.

XXVI.

Une excursion. — Construction d'un igloé et pêche sous la glace. — Une table de neige et un bon festin. — Edith passe la nuit sous un toit de neige, pour la première fois, mais non pour la dernière.

— Allons, allons donc, Edith, cria Frank à travers la porte, votre voiture attend et Chimo s'impatiente.

— Me voici, répondit une douce voix. Je mets de nouveaux liens à mes patins et je suis prête dans deux minutes.

Deux minutes, dans le langage féminin, veulent dire dix, quelquefois vingt minutes. Frank le savait, et il se mit à terminer les préparatifs du départ. Il attacha solidement les pattes de son bonnet de fourrure; car le temps était très-froid, quoique clair et serein. La gelée avait affermi le lac devant le fort, et les nuages s'étaient dirigés vers la mer, dégageant ainsi la nature des brumes des jours précédents.

Frank examina encore les canons de son fusil, ajusta mieux la chaude peau de renne qui recouvrait le traîneau d'Edith, caressa Chimo sur la tête, regarda le temps et se mit à siffler.

— Me voilà, Frank, je suis à vous, s'écria Edith en courant vers lui, ses patins à la main, et suivie de son père et de sa mère.

— A bas, Chimo, tenez-vous donc tranquille, dit Frank, retenant le chien, qui, bien que harnaché au traîneau, bondissait vers sa maîtresse.

Edith se plaça dans le traîneau et se garantit avec la peau de renne. Elle portait une longue jupe de fourrure, avec des guêtres de drap. Ses pieds étaient protégés du froid par deux paires de chaussons et des mocassins de renne.

La coiffure habituelle des femmes dans ces régions est un bonnet rond de fourrure; mais Edith avait une affection particulière pour la coiffure des Indiennes de la baie, et portait une espèce de toque pointue en fourrure, avec des oreilles qui défiaient le froid et la gelée. L'enfant ressemblait à une vraie tour; et quoique les peintres l'eussent certainement trouvée trop massive pour en faire un joli portrait, son petit bonnet pointu, avec le nœud de ruban au sommet, lui donnait cependant un air piquant; elle ressemblait assez à une grosse petite magicienne. Mais si elle paraissait déjà lourde avant d'être dans le traîneau, elle le parut encore infiniment plus, lorsqu'elle y fut enveloppée, et on n'apercevait que ses deux yeux brillants. Elle était tellement grotesque, que tous partirent d'un éclat de rire en la regardant.

Cette explosion de gaîté fit partir Chimo au galop. Frank courut après lui pour rattraper les guides, et chercha à le maintenir dans une situation plus calme.

— Ayez-en bien soin, cria M. Stanley.

— Oui, oui, soyez sans crainte, répondit Frank. Allons, doucement, Chimo.

Dix minutes après, les voyageurs avaient dépassé la pointe et étaient hors de vue; mais Stanley et sa femme, tout en rejoignant leur demeure, écoutèrent encore les exclamations lointaines de Frank et les aboiements de Chimo.

La route ou plutôt le terrain sur lequel Frank Morton promenait Edith ce jour-là était excessivement dur et rugueux. Ils marchèrent d'abord pendant trois milles, en suivant le sentier dans la neige, au pied des montagnes. Chimo courait joyeusement au son des petits grelots de cuivre qui garnissaient son harnais. Ils arrivèrent alors à un ravin. Edith descendit du traîneau, mit ses patins à neige et grimpa, aidée par Frank, tandis que Chimo, les suivant, continuait à tirer le traîneau le mieux possible. Ayant atteint une des terrasses, Edith ôta ses patins et revint dans le traîneau; puis, arrivée à un second ravin, elle descendit de nouveau et se remit à marcher. Ils allèrent ainsi de plateau en plateau, jusqu'au sommet de la plus haute montagne.

Après s'être reposés quelques moments, ils repartirent; mais, comme ils avaient une longue route plate à parcourir, Frank prit les guides et maintint le chien à un pas tranquille. Ils parcoururent une bande de terrain rugueux et arrivèrent dans un pays découvert, où ils eurent encore à monter et à descendre des collines. Là, ils trouvèrent des gorges nombreuses et des crevasses étroites, quelques-unes si complétement recouvertes par la neige, que les voyageurs couraient le risque de s'y enfoncer. Il arriva même une fois que Chimo enfonça la croûte de la neige, et se serait perdu dans une crevasse d'une centaine de pieds de profondeur, avec le traîneau à sa suite, si Frank ne l'eût fortement retenu par les guides et ne l'eût rattrapé après beaucoup de difficultés. Frank alla alors en avant avec un bâton, et sonda la neige aux passages dangereux, avant d'avancer.

Vers l'après-midi, ils atteignirent le grand lac près duquel ils voulaient camper. A leur vive satisfaction, ils y trouvèrent Maximus. Il s'était mis à construire une maison de neige.

— Enchanté de vous voir, Maximus, cria Frank en l'apercevant. Comment se porte la vieille femme ?

— Elle est un peu mieux, répliqua Maximus, en aidant Edith à sauter à terre.

— La pêche sera-t-elle bonne?

Maximus était doué d'une remarquable intelligence. Quoique sa résidence au fort eût été de très-courte durée, il avait déjà appris quelques mots d'anglais.

— Très-bonne, fit-il.

— Et votre maison est-elle bientôt construite?

— Je crois bien, les matériaux sont tout prêts. Nous n'avons pas besoin de bois ; nous n'avons qu'à creuser la glace. Hâtons-nous, car le soleil va vite.

Le lac au bord duquel ils se trouvaient avait un mille de circonférence environ. C'était une sorte de bassin naturel formé par un cercle de collines escarpées, dont les ravins n'étaient que des crevasses fort étroites, entièrement dépourvues d'arbres. La neige recouvrait si complétement tout ce désert, qu'on ne pouvait distinguer çà et là que quelques rochers gris, tellement escarpés, que les flocons de neige ne pouvaient y séjourner.

— Maintenant, Edith, je vais tâcher d'attraper un ptarmigan pour notre souper. Ainsi amusez-vous à regarder Maximus construire notre maison, jusqu'à mon retour.

— Très-bien, Frank; mais ne soyez pas longtemps. Revenez avant qu'il fasse nuit. Chimo et moi nous nous ennuierions sans vous.

Quelques minutes après, Frank disparut derrière les rochers, et Maximus, prenant Edith par la main, tira le traîneau après lui et le mena à deux cents mètres sur la glace, ou, pour mieux dire, sur la dure neige battue dont la glace était recouverte. Chimo, fatigué de son voyage, se coucha et se mit à ronfler.

— Bonne place pour maison, dit Maximus, s'arrêtant à un endroit uni du lac. Vous, arrêtez, regardez-moi, ajouta-t-il en se tournant vers la petite fille, qui examinait sa large figure avec une expression mélangée de surprise et de gaîté comique. Si vous froid, courez; si vous chaud, asseyez dans le traîneau et regardez-moi.

Edith, profitant de cette observation, s'assit dans le traîneau, et de cette place confortable surveilla l'Esquimau, qui construisait une hutte de neige.

Il tira d'abord un long couteau d'acier, que Bryan avait fait spécialement pour lui, ayant une amitié particulière pour ce géant. Il traça sur le sol avec la pointe un cercle de sept pieds de diamètre, et il le fit avec une telle habileté, que ce cercle, tracé au compas, n'eût pas été plus parfait. A deux pas de ce premier rond, il en traça un plus petit, de quatre pieds de diamètre; puis il cassa des blocs de neige si durs, qu'il ne pouvait y arriver sans de grands efforts. Il les coupa en tranches, aussi facilement que s'il s'était agi d'un fromage frais, avec un couteau bien aiguisé. Il arrangea tous ces blocs autour du grand cercle, les façonnant à mesure, et les élevant en forme de dôme. Les intervalles entre chaque bloc furent remplis de neige molle. Il plaça le dernier bloc au sommet du dôme, absolument comme s'il eût mis la clef de voûte d'une arche. Lorsque le plus grand dôme fut terminé, il commença le plus petit, et en deux heures ces deux maisons — ou ces deux *iglоés*, comme les nomment les Esquimaux — furent complètes.

Frank était revenu de la chasse, qui avait été infructueuse. Edith, étonnée et fatiguée, se mit à courir avec Chimo, et revint plusieurs fois à son traîneau pour combattre le froid.

On réserva deux ouvertures dans les igloés pour servir de portes; puis, une fois finies, l'Esquimau coupa un trou en carré, au sommet de la clef de voûte. Sur ce carré, il plaça des plaques de glace claire, qui formaient des fenêtres aussi belles et aussi utiles que si elles avaient été faites de verre véritable. Dans la grande maison, il y avait deux portes d'entrée, dont l'une située vis-à-vis de la petite maison. Il construisit entre ces deux portes un passage couvert, qui les fit communiquer; la plus petite formant ainsi un second appartement à côté du premier.

— Maintenant finies, dit Maximus, regardant son œuvre en souriant, d'un air satisfait.

— Et très-bien faites, dit Frank. Voyez, Edith, notre fort de neige est terminé. La grande pièce est notre salle de réception et de banquet, et la plus petite, votre boudoir particulier.

— Mon boudoir! s'écria Edith, quittant Chimo, avec lequel elle jouait, et s'approchant des maisons qui avaient été si rapidement élevées. Oh! que c'est beau! Quelle jolie maison! Une chambre à coucher en neige. Mais ne sera-t-elle pas un peu froide, Frank? Est-ce que le lit va être en neige aussi?

Le géant frisa sa noire moustache avec fierté, en entendant les cris d'admiration de l'enfant.

— Nous ferons les matelas en neige, Edith; mais nous trouverons des couvertures un peu plus chaudes. Vite, Maximus, mettons tout en place. Allumons la lampe; car nous commençons à être fatigués et à avoir faim.

La lampe dont parlait Frank avait été apportée, avec d'autres ustensiles, du camp esquimau. Elle était faite de pierre douce, à peu près de la forme d'une demi-lune, de huit pouces environ de longueur et de trois de largeur. Les Esquimaux y brûlent de la graisse de phoque, et n'ont souvent pas d'autres moyens pour s'éclairer et chauffer leurs maisons en hiver. Elle est d'ailleurs tout à fait suffisante pour ces deux emplois. La chaleur donnée par ces lampes, combinée avec la chaleur naturelle produite par les habitants, est souvent si grande dans les igloés des Esquimaux, qu'ils sont obligés d'ôter une partie de leurs vêtements, et restent dans un état de nudité partielle. Néanmoins, les murs de neige ne fondent jamais; car ils sont exposés à l'influence contraire du froid intense à l'extérieur.

Maximus avait apporté de la graisse de phoque et de l'huile de baleine. Il mit un peu de celle-ci dans la lampe, et, ayant placé la graisse sur une petite planchette de neige préparée exprès, il la posa sur l'huile et y mit le feu. La flamme n'était pas toujours égale ; mais elle brillait assez pour éclairer le grand igloé et jeter encore une douce clarté dans le plus petit.

Frank plaça sur la lampe une petite théière d'étain remplie de neige. Elle fut bientôt fondue, et pendant qu'elle se disposait à bouillir, il prépara les lits avec Edith.

Comme nous l'avons déjà dit, les planchers étaient de la même nature que les murs; mais une moitié en était d'un pied plus élevé que l'autre, suivant les principes d'architecture des Esquimaux. La partie la plus haute était destinée au lit. Elle était recouverte d'une immense peau de renne, le doux poil en dehors; une autre grande peau était posée dessus, pour servir de couverture, et une plus petite était ajoutée, soit pour former le traversin, soit pour faire une seconde petite couverture. Ces deux dernières étaient en ce moment roulées sur le lit, et formaient deux siéges commodes pour Frank et Edith. Ils avaient l'air d'être assis sur une ottomane ou un canapé bas. Une natte était étendue par terre. Maximus s'y assit. Il ressemblait à un ours énorme, dont l'ombre noire se serait détachée sur le mur blanc derrière lui.

Frank avait improvisé une petite table dans un bloc de neige, et l'avait recouverte d'un ample manteau de cuir, que la chaleur de l'igloé lui avait rendu beaucoup trop lourd.

Chimo s'assit à la meilleure place sur le canapé, à côté de Frank, avec un air de solennité majestueuse, comme si ce n'était pas une faveur, mais un droit.

On plaça sur la table une excellente portion de pemmican préparée par les mains habiles de Mme Stanley, trois larges tranches de saumon bouilli sur un plat d'étain, si parfaitement conservé, qu'on pouvait le croire pêché de la veille.

Au milieu du service était la large théière de thé chaud, trois tasses d'étain, un plat contenant quelques parcelles cassées de biscuit de mer, et quelques morceaux de sucre enveloppés dans du papier. Il y avait aussi du sel dans une petite boîte d'étain.

Toutes ces choses délicates avaient été jusqu'ici renfermées dans un petit coffre insignifiant, qui avait été placé derrière le traîneau d'Edith, tant il est vrai qu'une chose réellement importante et utile n'apparaît quelquefois qu'au bon moment, et fait alors sentir son importance et sa valeur à tout un monde d'admirateurs.

Les admirateurs, en cette occasion, furent seulement Frank, Edith, Maximus et Chimo.

La lune envoyait ses rayons argentés par la fenêtre de glace de la hutte, et éclairait le milieu de la table de neige d'une douce lumière.

— Ne sommes-nous pas ici agréablement, Edith? s'écria Frank, en remplissant sa tasse de thé. Quelle charmante maison, et si bon marché encore! Il y a du sucre là, à côté de vous. Prenez garde de prendre du sel à la place. Maximus, ne buvez pas maintenant votre pannekin. Voilà le vrai breuvage pour vous réchauffer le cœur, si vous le prenez bouillant.

— Merci, merci, monsieur, dit le géant, tendant sa tasse d'une main, tandis que de l'autre il fourrait dans sa bouche énorme autant de pemmican qu'elle pouvait en contenir.

— Frank, dit Edith, il faut que nous construisions un igloé au fort, quand nous y retournerons.

— Certainement, oui, maintenant que nous savons comment nous y prendre. Passez-moi le sel, s'il vous plaît, et détournez le nez de Chimo du saumon. Oui, certes, nous ferons un igloé, et nous inviterons votre papa et votre maman à venir souper dans notre maison. Maximus, est-ce tout à fait ainsi que vos compatriotes bâtissent leurs maisons d'hiver?

Repas dans une maison de neige de Maximus, avec Edith, Frank et le chien.

— Oui, monsieur, répondit l'Esquimau, en relevant la tête de dessus la tranche de saumon qu'il mangeait avec ses doigts, trouvant cette façon plus commode qu'avec les fourchettes et les couteaux. Ils les bâtissent toujours ainsi. Mais ils ne connaissent pas ça, ajouta-t-il en touchant la table de neige.

— Ah! ça, je suppose que non, dit Frank. Je me flatte que c'est d'invention récente.

— Maximus, dit Frank, il ne faut pas aller de suite placer nos hameçons. Vous aurez assez à vous occuper en faisant des trous dans la glace; je vais faire pendant ce temps une petite promenade autour du lac, avec mon fusil. Ayez soin d'Edith jusqu'à mon retour.

En disant cela, Frank partit en emmenant Chimo avec lui. Maximus, saisissant sa hache et sa pioche à glace, commença à percer la glace pour atteindre le niveau de l'eau. La glace avait cinq pieds d'épaisseur sur le lac; mais, par suite de sa persévérance, l'Esquimau parvint à faire quelques trous jusqu'au retour de Frank. Chaque trou était assez large pour contenir le corps d'un homme, mais plus large au sommet qu'au fond. Dans ces trous, on plaça de grosses cordes à morue avec des crochets, d'un demi-pouce de grosseur. Ils étaient en métal blanc, et assez brillants pour être visibles. D'ailleurs, le poisson, dans les lacs d'Ungava, est fort confiant. Ces crochets étaient garnis de tranches de phoque gras; et, avant une demi-heure, les pêcheurs à la ligne furent récompensés de leurs efforts.

Frank tira un poisson blanc de six livres dès le premier plongeon. A peine l'avait-il jeté sur la glace, que Maximus, se reculant lestement, et tirant sa ligne de quelques mètres, avec un sérieux comique, finit par sortir du trou une magnifique truite du lac, pesant près de dix livres. Edith, qui avait aussi une ligne sous sa garde, commença à être attentive.

— C'est superbe! s'écria Frank, en frappant ses épaules avec ses deux mains gelées; mais tenir des lignes par une température de 20° au-dessous de zéro, est décidément un ouvrage rafraîchissant. Nous pourrons établir ici une pêche en règle. Les poissons sont tous là à nager. En voilà encore un! Oh! là! Eh! non, il a filé!

— Oh! oh! oh! cria Edith désespérée, avec un accent de crainte et de joie; car elle recevait des chocs qui manquaient de l'entraîner dans le trou.

— Tenez bien, cria Frank, tirez vivement.

Edith obéit, le poisson aussi; et comme il était de cinq livres seulement, elle put le lancer elle-même, par un violent effort, sur la glace.

Les cris d'Edith, quelques instants après, furent si désespérés, si stridents, que Frank et Maximus bondirent alarmés auprès d'elle. Celui-ci prit la ligne qui était arrachée violemment de son étreinte. Pendant quelques minutes, l'Esquimau permit au fil de se dérouler; mais, quelques secondes après, le mouvement de la corde devenant moins rapide, Maximus put la retenir, tandis que son corps, en dépit de sa force et de son poids, était violemment secoué. La corde se détendit un peu, et Maximus s'éloigna du trou, afin de la ramener autant que possible au dehors. Lorsque le poisson parvint près de l'embouchure, il se refusa décidément à en sortir; puis il repartit, obligeant l'Esquimau à lui redonner très-rapidement une longueur de corde.

— Ce doit être un fameux gaillard, dit Frank, qui, à côté d'Edith, surveillait ces efforts avec le plus grand intérêt.

L'Esquimau fit une grimace.

— Ah! oui! il doit être fameux. Aïe!

La cause de cette exclamation était la détension de la corde d'une façon si subite, que Maximus crut que le poisson était sauvé. Mais il se trompait. Une autre violente secousse lui prouva que le poisson était encore captif, bien involontairement, il est vrai, et les efforts recommencèrent de part et d'autre.

Au bout d'un quart d'heure à peu près, Maximus attira enfin ce poisson réfractaire dans le trou, et sa tête apparut sur l'eau.

— Oh! quel poisson! s'écria Edith.

— Prenez la lance, cria l'Esquimau.

Frank attrapa l'instrument que Maximus avait apporté, et, au moment où le poisson tentait de nouveaux ébats, l'arrêta par les ouïes, contre les parois du trou de glace. La bataille était terminée. Quelques minutes suffirent pour le retirer de son élément natal et pour l'étendre sur la glace.

Certes, peu de pêcheurs eurent jamais la chance et le plaisir d'attraper une telle prise. C'était une truite pesant soixante livres, ce qui n'est pas excessivement rare dans les lacs de l'Amérique du Nord.

Ayant donc mis le noble animal en sûreté, Maximus le coupa, le vida; puis il fut destiné à être gelé. Ses compagnons subirent le même sort, et tandis que l'Esquimau s'occupait ainsi, Frank et Edith continuèrent leur chasse. Le jour étant fort court en hiver dans ces contrées du Nord, ils furent bientôt forcés d'abandonner la partie et de quitter le lac.

— Maintenant, Maximus, dit Frank, pendant qu'ils roulaient leurs lignes, je n'ai pas l'intention de vous retenir plus longtemps avec nous. Edith et moi nous terminerons fort bien la pêche; aussi il faut retourner vers vos amis de la fausse rivière, et prendre de la chair de phoque pour les chiens du fort. Faites-vous prêter un traîneau et quelques chiens pour le tirer, et revenez en passant par ce chemin, afin de ramasser le poisson que nous aurons préparé. La lune va bientôt se lever. Apprêtez-vous à partir aussi vite que possible.

Maximus, obéissant à ces ordres, prit quelques provisions, et, souhaitant bonne chance à ses deux amis, se mit en route tout de suite pour faire le plus de chemin sur la côte.

Cette nuit-là, Frank et sa petite protégée s'assirent à côté l'un de l'autre et soupèrent dans l'igloé, tandis que Chimo était accroupi en face d'eux, dans la chambre de l'Esquimau. Ils passèrent ainsi une agréable soirée, causant, devisant, riant, racontant des histoires, éclairés par la lampe de pierre dont la douce flamme jetait sa chaude influence sous ce dôme de neige.

Frank, avant d'aller se reposer, remarqua qu'il fallait être debout de bonne heure, le lendemain matin; car il voulait avancer la pêche. Mais l'homme ne peut prévoir ce que le jour suivant lui réserve. Aussi ni Frank ni Edith ne songèrent cette nuit-là aux événements qui devaient leur arriver le lendemain.

En se réveillant dès le matin, ils furent frappés de nouveau par les cris du loup qui les avait visités la veille. Maximus, afin de l'attraper, avait, avant de partir, construit une trappe suivant la méthode des Esquimaux. C'était simplement un grand trou creusé dans la glace, non loin de l'igloé. Ce trou était juste assez large pour contenir le corps d'un loup, et assez profond pour empêcher l'animal d'atteindre le fond avec son museau, quelque long que son cou pût être. Frank avait placé au fond une tranche alléchante de gras de baleine, un peu faisandé.

Le résultat de cet ingénieux arrangement était plein de promesses, et presque infaillible. Attiré par l'odeur de la viande, compère le loup vint dès l'aurore, en trottant le long du lac, et se mit à sentir la trappe avec précaution; il la lorgna et se lécha les lèvres d'avance, à la pensée de l'excellent déjeuner qui était là à sa portée. On aurait pu presque penser qu'il riait avec bonheur, en ouvrant démesurément sa bouche, et en montrant ses formidables dents blanches. Alors, étendant ses pattes de devant, et plaçant sa poitrine sur la glace, il plongea sa tête dans le trou et se mit à flairer fortement le morceau convoité. Il s'était trompé quant à la profondeur du trou. Aussi se blâmant sans aucun doute de sa stupidité, il se lança plus avant et enfonça sa tête. Quoi! pas encore! Oh! cela est curieux! Sous cette impression, il se lève, se secoue, et, avançant ses épaules aussi loin que la prudence le permet, il se rejette de nouveau, en avançant le cou jusqu'à ce que les nerfs en craquent. Malgré cela, il n'y arrive pas encore, et est forcé de reconnaître que le précieux morceau est encore hors de son pouvoir. Se traînant, il se roule sur le côté et pousse un cri de désespoir. Mais l'odeur qui s'échappait du trou est trop forte pour que la force de volonté d'un loup puisse y résister. Montrant les dents avec une expression de profond désappointement et de rage, il plonge sa tête plus profondément que jamais dans l'ouverture. Il avance de plus en plus. La tranche de baleine n'est plus qu'à trois pouces de son museau ! Un autre effort, non, une simple dislocation seule amènerait un résultat. Ses épaules glissent imperceptiblement dans le trou, son nez n'est plus qu'à un pouce de la proie, il peut presque la toucher avec sa langue. Arrière toute lâche prudence ! il ne se soucie plus des conséquences de son audace. Une dernière secousse, il se pousse avec ses pattes de derrière, plonge sa tête plus avant, et l'appât est gagné !

Hélas ! ses pattes de devant restent clouées et immobiles à ses côtés. Il se débat vigoureusement en vain. Le sang jaillit à sa tête, et la froide gelée met bientôt un terme à ses souffrances. Quelques instants après, il est mort ; une demi-heure plus tard, il est gelé, solide comme un bloc de bois, avec ses pieds de derrière et sa queue pointant vers le ciel !

C'était à la suite de cet événement qu'un autre loup, attiré également par le gras d · baleine, descendait le ravin sauvage et se jetait sur son compagnon mort, pour le dévorer, ce qui est la coutume parmi les loups. Ses hurlements attirèrent Frank, qui, complétement habillé, vit le loup bondir de la gorge de la montagne. Il saisit son fusil, ses patins, et suspendit vivement sa poudrière à sa ceinture.

— Edith, cria-t-il, je cours chasser ce loup. Je ne serai pas longtemps. Allumez la lampe et préparez le déjeuner, chérie, au moins autant que vous le pourrez ; je viendrai le terminer. Ici, Chimo, ici, cria-t-il en sifflant le chien, qui suivit son maître dans le ravin.

Edith était si bien accoutumée à errer solitairement dans les vallons sauvages des environs du fort Chimo, qu'elle ne fut nullement alarmée de se trouver seule dans ce lieu désert. Elle savait que Frank n'était pas loin; elle savait aussi que les animaux sauvages n'ont pas l'habitude de se montrer dans des endroits découverts, après le lever du jour, et, au lieu de penser aux dangers possibles qui pouvaient l'assaillir, elle se mit joyeusement à préparer le repas du matin. Elle commença par allumer la lampe, qui éclaira tout l'intérieur de l'igloé, où pénétrait seulement encore la fine lueur de l'aube, par le carreau de glace de la fenêtre; puis elle fit fondre un peu de neige, nettoya la petite marmite, dans laquelle elle plaça deux tranches de truite fraîche, et, ayant avancé ainsi tout son ouvrage, elle mit son capuchon et regarda si Frank revenait. Elle ne vit rien et rentra. Elle roula les peaux de renne sur lesquelles ils avaient couché et les enveloppa dans les nattes; puis elle arrangea le canapé, mit le couvert sur la petite table de neige, pour le déjeuner, s'aperçut que les tranches de saumon avaient suffisamment bouilli, et commença à penser qu'il serait urgent que Frank revînt, s'il ne voulait pas trouver son déjeuner gâté. Tourmentée par cette idée, elle remit son capuchon et se dirigea vers le lac, surveillant le rivage d'un regard inquisiteur. Le soleil était alors bien au-dessus de l'horizon; et quoique les hautes montagnes empêchassent ses rayons de pénétrer dans l'ombre de la vallée et du lac, il y avait néanmoins assez de clarté pour qu'Edith pût distinguer les objets qui se trouvaient sur le bord. La haute taille de Frank ne se voyait nulle part.

Edith rentra soucieuse dans la hutte, tout en se parlant à elle-même.

— Mais oui, il est étrange que Frank tarde si longtemps. La truite va s'abîmer. Peut-être serait-elle très-bonne froide. C'est certain. Nous la mangerons froide, et je vais tenir le thé prêt.

Afin d'exécuter son projet, la vaillante petite femme de ménage retira le poisson du petit chaudron, qu'elle nettoya et qu'elle remplit de neige. Une fois fondue et bouillante, elle la versa sur le thé. Lorsqu'il fut prêt, elle regarda encore dehors avec une certaine inquiétude, pour voir si Frank arrivait. Son compagnon n'apparut pas encore, et, pour la première fois, elle éprouva une sensation de peur. Elle essaya de la repousser, en se disant que, peut-être, Frank avait été obligé de poursuivre le loup plus loin qu'il n'en avait eu l'intention.

Puis, un frisson de crainte passa dans sa poitrine lorsque cette pensée lui vint : Si le loup l'avait attaqué et tué?

Quelque temps s'écoula. Aucun son de voix ; pas un seul coup de fusil ; aucun aboiement de chien ne troublait la tranquillité effrayante de la nature. Un sentiment d'horreur l'envahit. Elle se dépeignit toutes sortes d'événements tragiques qui auraient pu arriver à son compagnon, tandis qu'elle s'imaginait peu à quel point elle était sans secours et sans protection. Une seule pensée la réconfortait, c'était l'idée que Maximus reviendrait à la hutte en retournant au fort. Cela la tranquillisait pour elle-même, mais n'apportait aucun soulagement à la pensée de tous les dangers auxquels Frank était exposé, sans aucune aide.

L'après-midi s'écoula, le soleil se cacha derrière les collines, la courte journée touchait à sa fin, et Frank n'était pas revenu ! La pauvre enfant, qui l'attendait si anxieusement, après plusieurs tours et circuits sur le bord du lac, retourna vers l'igloé, le cœur envahi par l'angoisse et la terreur ! Se jetant sur sa couche de peau de renne, elle se mit à sangloter ; tandis qu'elle était là, pleurant amèrement, elle surprit un bruit hors de la hutte, et, immédiatement, Chimo entrait par la porte ouverte. Un cri et un aboiement se confondirent, la tête de Chimo se posa sur ses genoux.

— Oh ! où est-il, mon chien, mon cher Chimo? Où est Frank? s'écria l'enfant passionnément, tandis qu'elle embrassait son favori avec des sentiments de joie et de crainte. Vient-il, Chimo? dit-elle en s'adressant à l'animal et en semblant attendre une réponse.

Elle alla regarder encore au dehors et elle revint désappointée. Bientôt la conduite de Chimo la frappa par son étrangeté. Au lieu de recevoir ses caresses avec la tranquille satisfaction qu'il montrait ordinairement, il continua à se plaindre et à courir à droite et à gauche, sans aucun but visible. Une ou deux fois, il aboya mélancoliquement, en se tournant vers les montagnes; puis, s'arrêtant soudain, resta près de sa jeune maîtresse, en tournant autour d'elle. Au premier abord, Edith crut que le chien avait perdu son maître et était revenu à la hutte, pensant l'y trouver; elle l'appela, examina sa gueule, craignant d'y trouver des traces de sang; mais rien n'indiquait les signes d'une bataille avec des loups; aussi Edith pensa que Frank était hors de leur portée et leur avait échappé; car Chimo était trop brave pour avoir laissé son maître seul en péril.

Le chien se soumit avec impatience à cet examen, et, à la fin, s'échappant des mains d'Edith, il courut de nouveau vers les collines, s'arrêta encore, et retourna en arrière.

Ces allées et venues et la persévérance de Chimo finirent par convaincre Edith que le chien désirait qu'elle le suivît. Instantanément, elle pensa qu'il pourrait la conduire auprès de Frank, et, sans penser au danger qu'elle courrait en quittant l'igloé, elle prit ses patins, mit son capuchon et d'épaisses mitaines, et suivit le chien vers la limite du lac. L'inquiétude de Chimo sembla se calmer, et il trotta rapidement vers le ravin où Frank avait poursuivi le loup le matin. Le chien s'arrêtait de temps en temps, et avançait, comme pour donner à l'enfant le temps de la suivre. Telles étaient son impatience de retrouver Frank et sa force de volonté dans cette entreprise, qu'Edith put déployer une activité qu'elle n'eût pu obtenir sans ces circonstances extraordinaires. Elle retrouva dans le ravin les restes du loup qui avait été pris le matin dans la trappe de neige; les débris et les os rongés de l'animal prouvaient que ses camarades s'étaient régalés après le passage de Frank. Là, Edith s'arrêta pour mettre ses patins; car la neige du ravin était plus douce, moins exposée à l'action âpre du vent. Le chien l'attendit patiemment jusqu'à ce qu'elle fût prête. Il reprit son chemin rapidement à travers les buissons de saules. En agissant ainsi, il était fréquemment obligé d'attendre sa jeune maîtresse, dont la force s'usait rapidement. Quelquefois elle s'arrêtait pour reprendre haleine; elle considérait l'affreuse solitude qui l'entourait, solitude où rien ne frappait sa vue, elle se remettait à verser des larmes amères. Mais le cœur d'Edith était brave et aimant; la pensée que Frank supportait peut-être quelque danger mystérieux et inconnu, lui redonna une nouvelle force. Ayant repris courage, et retrouvant l'activité qu'elle avait mise à partir, elle avança rapidement dans les ravins des montagnes, avec ce pas long et mesuré que donne la marche avec les patins ou raquettes, dont elle avait appris heureusement à se servir habilement.

Pendant presque deux heures, Chimo conduisit Edith au milieu des montagnes. A mesure qu'ils avançaient, la route devenait de plus en plus sauvage. A la fin, elle fut si rugueuse, si remplie de précipices, de sombres gorges, de pentes glissantes, qu'Edith faillit tomber dans des fentes recouvertes presque entièrement d'une croûte de neige. Heureusement, la soirée était très-claire, et une nuée d'étoiles brillait suffisamment pour pouvoir lui permettre de continuer son chemin.

Jusque-là, ils avaient suivi presque complètement la trace des patins de Frank; mais, près du sommet de la colline, Chimo tourna brusquement à gauche, laissant sa maîtresse seule dans un sentier tortueux. Il courut vivement en avant, recommençant à gémir, et disparut derrière le coin d'un précipice. Courant après le chien, avec un battement de cœur, Edith gagna lestement la pointe du rocher, et, le contournant, elle resta pétrifiée d'horreur, en entendant des aboiements mêlés de hurlements terribles. Un moment après, elle vit Chimo qui se jetait sur un loup sauvage, près d'un cadavre étendu sur la neige.

Le loup, au premier abord, ne paraissait pas décidé à céder la place; mais le cri épouvantable d'Edith, en voyant cette scène horrible, l'effraya et lui fit tourner les talons lestement.

Un instant après, l'enfant terrifiée tomba épuisée sur la neige, auprès du corps inanimé de Frank Morton.

XXVIII.

Edith devient une véritable héroïne.

L'émotion qu'Edith avait éprouvée en voyant son compagnon blessé et ensanglanté, l'avait d'abord complétement paralysée ; mais cela ne dura que quelques minutes. L'idée évidente que Frank périrait, s'il ne recevait pas de secours, lui fit reprendre plus vite ses sens ; elle eut à cœur de remplir son devoir et elle se leva résolûment, décidée à sauver son compagnon ou à mourir auprès de lui. Pauvre enfant, à ce moment elle connaissait peu l'étendue de sa propre faiblesse ! Mais elle adressa une fervente prière à celui qui peut, quand il le veut, tirer les plus grands effets des plus faibles moyens.

Soulevant de la neige la tête de Frank, elle la plaça sur son genou, et retira avec son mouchoir le sang accumulé sur son front. Elle constata avec une inexprimable joie qu'il respirait librement, et qu'il était seulement évanoui. L'endroit où il gisait était une large déchirure faite dans la montagne ; des précipices s'élevaient de chaque côté à une hauteur de vingt à quarante pieds. Le sommet de cet abîme était entièrement recouvert d'une croûte de neige.

Frank avait évidemment traversé ce plateau, inconscient du danger de cet endroit, et avait été subitement précipité au pied de l'abîme. En dégringolant, sa tête avait heurté le bord du rocher, qui l'avait blessé sérieusement; toutefois, la douceur de la neige sur laquelle il était tombé l'avait préservé d'une mort certaine.

Edith ne pouvait deviner quel temps s'était écoulé depuis sa chute; mais il devait être déjà considérable, car certainement Chimo ne l'avait pas quitté aussitôt après cet accident.

Edith se jette sur Frank pour lui porter secours.

Le loup ne l'avait pas touché, et sa blessure au front ne semblait pas profonde. Observant que quelques parties de son visage commençaient à se geler, Edith se mit à les frotter vigoureusement, tout en l'appelant de la voix la plus douce et la plus pénétrante. L'effet fut presque immédiat; quelques minutes après, il ouvrit les yeux et regarda languissamment le visage de l'enfant.

— Où suis-je ? Edith, dit-il faiblement, tandis qu'un triste sourire courait sur ses lèvres.

— Vous êtes dans les montagnes, mon cher Frank. Ouvrez encore vos yeux ; je suis si contente d'entendre votre voix. Etes-vous mieux maintenant ?

Sa voix attira Chimo, qui avait abandonné la poursuite du loup et était revenu près de son maître. Il plaça son museau sur la joue de Frank ; mais cette action sembla lui rappeler les événements récents. Se dressant sur ses genoux avec un cri de colère, Frank saisit le fusil qui était près de lui, comme pour frapper l'animal ; puis, laissant retomber l'arme, il s'écria :

— Ah ! Chimo ! c'est toi, bon chien !

Et il s'évanouit de nouveau dans les bras de sa compagne.

Edith pleura amèrement pendant quelques minutes, tandis qu'elle s'efforçait en vain de tirer son ami de son état de léthargie ; puis, elle essuya vivement ses larmes, se releva, et, plaçant la tête de Frank dans son chaud manteau, elle lui en enveloppa la tête, le visage et les épaules. Elle fit coucher Chimo à ses pieds, afin de lui communiquer un peu de sa chaleur personnelle, lui frotta les mains, les pressant, les réchauffant, et les mettant sur tout son corps aussi vigoureusement que sa force le lui permettait. Au bout de quelques minutes, la réaction se fit. Frank se souleva sur le coude en regardant tout effaré autour de lui.

— Il faut donc que je sois tombé ! Où suis-je, Edith ?

Et graduellement ses facultés revinrent.

— Edith ! Edith ! murmura-t-il d'une voix basse et anxieuse, il faut retourner à l'igloé. Je gèlerais ici. Nouez-moi les cordons de mes patins, chérie, je vais me lever.

Edith fit ce qu'il désirait, et Frank, après un violent effort, se redressa, mais il chancela comme un homme ivre.

— Laissez-moi m'appuyer sur votre épaule, Edith, dit-il ; ma pauvre tête tourne terriblement. Conduisez-moi, car je n'y vois pas bien.

L'enfant plaça sa main sur son épaule, et ils firent quelques pas ensemble, Edith pliant presque sous le poids du fardeau de son compagnon.

— Est-ce que je m'appuie trop fort? dit Frank, se frottant le front avec la main. Pauvre enfant !

Tout en parlant, il retira sa main de l'épaule de son jeune guide ; mais à ce moment même, il perdit pied et tomba avec un sourd gémissement.

— Oh! Frank, cher Frank, que faites-vous? dit Edith, inquiète. Vous ne me blessez pas, je ne m'en aperçois même pas. Essayons encore, relevez-vous.

Frank essaya et réussit à marcher ou à se traîner pendant un mille, faisant des faux pas et renversant souvent involontairement sa petite amie sur le sol.

Après mille efforts, il retomba lui-même encore une fois et ne put reprendre sa position droite. La pauvre Edith commença alors à perdre courage, le désespoir de voir que ce pauvre blessé ne pouvait plus avancer même de quelques mètres, et sa faiblesse, augmentant de plus en plus. Les larmes lui revinrent aux yeux. Elle observa aussi que Frank entrait de plus en plus dans l'état léthargique si dangereux dans ces froides régions, et elle avait beaucoup de peine à l'empêcher de retomber dans le sommeil, qui pour lui serait le sommeil de la mort. Persévérant cependant, elle réussit à le faire avancer petit à petit, tantôt sur les mains, tantôt sur les genoux, quelquefois roulant par terre, puis reprenant pied ; enfin, bien longtemps après le lever de la lune, ils atteignirent la limite du lac.

Là, Frank resta positivement sans forces, et nulle tentative de la part de sa compagne ne réussit à le faire relever. Dans cette détresse, Edith l'enveloppa dans son chaud manteau et dit à Chimo de rester couché à ses pieds, et courut vers l'igloé. En y arrivant, elle alluma la lampe et chauffa le thé, qu'elle avait fait dans la matinée. Cela lui prit à peu près un quart d'heure; elle calma son impatience, en enveloppant quelques bouchées de pemmican et de biscuit, et en étendant les peaux de renne sur la couche.

Lorsque tout cela fut fait, le thé bouillait. La neige sur la rivière étant très-dure, elle ne s'embarrassa pas de ses patins, mais elle attacha les traits de son petit traîneau sur ses épaules, et le tira; le petit chaudron à la main, elle arriva aussi vite qu'elle put à l'endroit où étaient Frank et Chimo, et les retrouva tels qu'elle les avait laissés.

— Frank, voilà du thé chaud pour vous, essayez d'en prendre un peu.

Mais Frank ne remua pas. Elle recommença à le frotter, et eut bientôt la satisfaction de lui voir ouvrir les yeux. A ce moment, elle insista tendrement pour lui faire prendre un peu de thé; au bout de quelques minutes, il put s'asseoir et boire de ce chaud breuvage. L'effet en fut magique. Le sang se remit à circuler plus rapidement dans ses membres engourdis; cinq minutes après, il fut capable de se lever et de parler à sa petite compagne.

— Maintenant, Frank, dit Edith avec un accent de décision qui, dans d'autres circonstances, eût paru comique, essayez de vous mettre dans mon traîneau, je vous aiderai; l'igloé est tout près maintenant.

Frank obéit presque machinalement, et, s'installant avec difficulté dans le traîneau, il retomba instantanément dans un profond sommeil; mais l'anxiété extrême d'Edith avait disparu. Harnachant Chimo au traîneau aussi bien qu'elle le put, elle courut en avant; et bientôt après ils atteignirent la hutte de neige. Là, il fallut encore réveiller Frank ; mais comme le thé chaud lui avait rendu un peu de vie, cela fut moins difficile qu'auparavant, et au bout de peu de temps Edith eut la satisfaction de voir son compagnon, étendu sur sa peau de renne, sous le toit hospitalier de l'igloé. Rallumant la lampe et bouchant la porte par une plaque de neige, elle s'assit à côté de lui pour le veiller. Chimo s'étendit tranquillement à ses pieds, tandis que Frank, sous l'influence de cette chaleur bienfaisante, retombait dans un assoupissement profond.

La nuit arrivait, les yeux d'Edith devenaient lourds aussi ; appuyant sa tête sur la peau de renne, elle s'endormit ; la lueur de la lampe expira bientôt, et l'abri de neige fut plongé, ainsi que ses habitants, dans la plus complète obscurité.

Contrairement à l'attente d'Edith, Frank n'éprouva qu'un mieux peu sensible le jour suivant ; mais il put causer avec elle d'une voix faible et lui raconter comment il était tombé du rocher, comment il avait eu à lutter de toutes ses forces épuisées déjà pour se défendre des attaques du loup. Dans toutes ces conversations, son esprit semblait divaguer un peu, et il était évident qu'il n'était pas encore remis de son coup reçu à la tête.

Pendant deux jours, l'enfant le soigna avec l'affectueuse tendresse d'une sœur ; mais, comme il parut plutôt moins bien que mieux, elle devint inquiète et se demanda ce qu'elle pensait faire. A la fin elle forma une étrange résolution. Supposant que Maximus était encore au village esquimau à l'embouchure de la fausse rivière, et concluant immédiatement que ce village ne devait pas être éloigné, elle se décida à partir à sa recherche, pensant que si elle le trouvait, l'Esquimau la ramènerait à l'igloé du lac et emporterait Frank au fort Chimo, où il serait parfaitement soigné et guéri. Les fantaisies d'imagination sont particulières aux enfants ; mais l'exécution de ces caprices et de ces projets est spécialement réservée à ceux qui ont le caractère entreprenant et décidé.

Telle était Edith ; aussi n'eut-elle pas plus tôt conçu son idée, qu'elle se mit à exécuter ce projet. Frank était si absorbé et si épuisé, qu'elle pensa qu'il était inutile de le déranger et de l'ennuyer en le réveillant pour lui demander ce qu'il pensait de ce plan ; aussi fut-elle obligée de se consulter elle-même à défaut de meilleur conseiller. Elle réfléchit longuement et sérieusement à ce sujet avant de laisser son compagnon seul dans la neige. Frank pouvait se lever et s'asseoir, les vivres et la boisson étaient à sa portée ; aussi ne redoutait-elle pas de le voir mourir de faim pendant son absence, qu'elle supposait être d'un, peut-être de deux ou trois jours ; car, dans sa simplicité enfantine, elle croyait que là où Maximus pouvait atteindre en quelques heures, elle ne serait pas beaucoup plus longtemps à y arriver, surtout avec un bon guide comme Chimo pour lui montrer le chemin. Elle avait très-bien remarqué, en outre, le chemin par lequel l'Esquimau était parti, et Frank lui avait souvent indiqué la direction où le campement devait se trouver. Elle savait aussi qu'il n'y avait aucun danger à craindre des animaux sauvages ; elle se détermina seulement à fermer étroitement la porte de l'igloé, ou au moins elle essaya de la clore complétement. Elle plaça aussi le fusil chargé de Frank à l'endroit où il avait l'habitude de le mettre, afin qu'il fût tout prêt sous sa main en cas d'alarme. Ayant pris tous ces arrangements, Edith se glissa sans bruit hors de la hutte, harnacha son chien, boucha la porte, et, sautant sur les fourrures de son traîneau, elle fut bientôt loin du lac.

Le chien suivit d'abord une trace qu'elle pensa être celle de Maximus, et son esprit se rassura lorsqu'après une course d'une heure, elle arriva à une plaine sans limite qu'elle s'imagina être les rivages de la mer glacée, où les Esquimaux demeuraient. Encourageant Chimo de la voix, elle fila sur la surface unie de cette dure neige gelée, et regarda fixement dans toutes les directions, espérant y trouver des signes des indigènes. Mais nulle trace ne parut, et elle commença à craindre que la distance ne fût plus longue qu'elle ne l'avait supposé. Dans l'après-midi il commença à neiger fortement; il n'y avait pas de vent, et la neige tombait par larges flocons, s'amassant doucement et sans aucun bruit. Cela l'empêcha de voir à une grande distance, et, ce qui était pis, rendit le terrain plus difficile pour voyager.

Enfin, elle arriva au bord d'un rocher, et, supposant que de là elle verrait à une grande distance, elle sauta hors du traîneau et grimpa à pied, car le sol était trop rugueux pour y faire glisser le traîneau. De ce point, la vue était affreuse ; on ne voyait que des plaines, des écueils de glace, de la neige, excepté dans une direction où elle aperçut ou crut apercevoir un groupe de saules et quelque chose qu'elle prit pour une hutte. Descendant la pente glissante, elle traversa la plaine, atteignit cet endroit, mais y trouva les saules et pas de hutte ! Accablée par la fatigue, la crainte et le désappointement, elle s'assit sur un bloc de neige. Désespérée, mais sentant que sa situation était trop sérieuse pour lui permettre de perdre son temps en vains regrets, elle se releva et tâcha de revenir sur ses pas. C'était déjà maintenant une difficulté. La neige était tombée si épaisse, que la trace de ses pas avait disparu, et elle ne put retrouver ses traces. Après avoir erré quelques minutes dans l'incertitude, elle appela à haute voix Chimo, espérant un aboiement pour réponse ; mais tout resta silencieux.

Chimo, en vérité, n'était pas infidèle ; il entendit le cri, et répondit, suivant sa méthode, en bondissant vers la direction d'où il était parti. Mais arrêté par le traîneau, qui s'accrocha aux flancs du rocher, le pauvre chien fut traîné et jeté par terre. Le vent s'élevait, et quoiqu'il soufflât doucement, il fut suffisant pour empêcher Edith d'entendre les gémissements de son chien. Un instant l'enfant perdit la tête et courut en avant sans savoir au juste où elle allait, désirant ardemment retrouver son traîneau, puis elle s'arrêta ; retenant les mouvements haletants de sa respiration, et pressant étroitement ses mains sur son cœur, comme pour en contenir les battements, elle écouta longuement et silencieusement. Nul son ne parvint à ses oreilles, excepté le sifflement de la froide bise ; elle ne vit rien que les flocons épais de la neige qui tombait fortement ; alors Edith se jeta à genoux, cacha son visage dans ses mains, et eut la conviction profonde qu'elle était définitivement perdue au milieu de cette horrible solitude de neige.

XXIX.

Un sombre nuage de chagrin s'étend sur le fort Chimo.

Trois jours après les événements racontés dans le chapitre précédent, le fort des commerçants de fourrures était en deuil; car, le matin de ce même jour, Maximus était arrivé au fort avec la masse inerte de Frank Morton, qu'il avait découvert seul dans l'igloé du lac. La petite Edith Stanley n'avait pas été retrouvée.

On peut plus facilement imaginer que décrire l'état d'esprit dans lequel furent jetés ses parents; mais, lorsque la première explosion de douleur fut passée, Stanley sentit qu'une recherche active et immédiate était le seul espoir qui lui restât. Malgré tout, lorsqu'il considéra l'intensité du froid auquel elle avait été exposée, et la longueur du temps qui s'était déjà écoulé depuis qu'elle manquait, son cœur faiblissait, et il trouvait à peine quelques mots pour réconforter sa compagne désolée.

Maximus avait aussitôt examiné les environs du lac, dans l'espoir de retrouver les traces de l'enfant perdue; mais une lourde couche de neige les avait déjà totalement effacées, et il jugea plus sage de porter le malade au fort, aussi vite que possible, de donner l'alarme, afin que des escouades fussent envoyées de tous côtés pour fouiller le pays.

Frank fut mis au lit immédiatement après son arrivée, et tout fut fait pour le rétablir promptement. On espérait de plus obtenir quelques éclaircissements sur ces aventures; mais il ne se rappelait rien autre chose, si ce n'est qu'Edith lui avait procuré les moyens de regagner la hutte de neige, où il était resté plongé dans une torpeur dont il n'avait été tiré que par Maximus.

Lorsque Frank comprit qu'Edith était perdue, il bondit sur son lit comme s'il eût reçu un choc électrique. La confusion de ses facultés semblait disparue, et il mit ses vêtements avec une telle vigueur, qu'il semblait guéri et robuste; mais lorsqu'il serra son ceinturon sur son manteau de cuir, ses joues pâlirent, sa main trembla, et il tomba sans connaissance sur son lit. Forcé de reconnaître son impossibilité actuelle d'aider Stanley dans les recherches, il ne put que confier cette entreprise à d'autres.

Pendant longtemps, les montagnes et les vallées d'Ungava furent traversées de place en place par le malheureux père et ses hommes; les environs du lac furent les premiers explorés. Ils n'eurent pas longtemps à chercher pour découvrir le petit traîneau, enfoui dans les rochers de la côte, et Chimo gisant sous les traits, presque mort de froid et de faim.

Le chien était resté en vie, en dévorant les peaux de renne dont les traits étaient faits. On concentra les recherches autour de cet endroit, et les Esquimaux du campement voisin furent employés à traverser le pays dans toutes les directions; mais, quoiqu'un pied à peine de terrain n'échappât aux regards inquisiteurs des uns et des autres, on ne trouva pas l'ombre d'une trace d'Edith, pas même une empreinte dans la neige.

Les jours et les nuits s'écoulaient, et les recherches continuaient toujours. Frank, promptement rétabli par les soins affectueux de Mme Stanley, put marcher sans soutien, et, longtemps avant qu'il fût réellement prudent de le faire, il rejoignit la bande d'explorateurs. Il fut d'abord de peu de secours; mais, peu à peu, ses forces revinrent, et si rapidement, qu'il ne resta plus d'autres traces de sa chute qu'une extrême pâleur et une expression désolée sur tout son visage. La mystérieuse disparition d'Edith avait plus agi sur lui que la maladie.

Les semaines passaient, et le sombre nuage de chagrin pesait toujours sur le fort Chimo, dont la joyeuse petite voix qui réveillait si bien les échos environnants avait disparu. La recherche systématique avait cessé; car chaque coin, chaque vallon, chaque gorge ou crevasse, à peu près à quinze milles autour de l'endroit où on avait trouvé le traîneau, avait été visité et fouillé sans aucun succès. Toutefois, un espoir était resté au fond du cœur des pauvres parents avec une singulière tenacité, tandis qu'il était disparu déjà de celui des hommes du fort et des Esquimaux.

Chaque jour, Stanley et Frank furetaient et fouillaient plus soigneusement encore dans les places où l'enfant avait le plus de chance d'être retrouvée, désirant, tout en le craignant, découvrir son pauvre petit corps; et chaque soir ils revenaient vers la mère alarmée, la bouche muette, et les yeux tristes et baissés. Ils causaient fréquemment ensemble, et toujours avec un ton d'espoir, essayant de se cacher, les uns et les autres, l'état de tristesse de leur esprit. En réalité, excepté lorsque la nécessité l'exigeait, ils ne pouvaient parler d'un autre sujet.

Un jour, Stanley et Frank étaient assis à côté du poêle dans la salle, causant, comme d'habitude, de leur plan de recherche pour le jour suivant. Mme Stanley s'occupait à préparer le déjeuner.

Il commença à souffler dur du nord.

— Frank, dit Stanley, se levant et regardant par la fenêtre, je vois les icebergs qui entrent dans la rivière avec la marée.

Frank ne répondit pas, mais il se leva et s'approcha de la fenêtre. La vue de là était étrange. Durant la nuit, une gelée plus intense que d'habitude avait glacé l'eau du lac au centre, et les icebergs qui arrivaient vers la rivière de Caneapusca, avec une grandeur imposante, faisaient craquer la glace, comme si elle eût été de papier. Sans trouver de résistance, quelques-uns de ces blocs étaient énormes, et ils passaient si près du fort, que les habitants craignaient que leurs sommets, en se brisant, ne retombassent sur les magasins construits près du bord de l'eau. Le flot, en arrivant avec la marée, devint de plus en plus fort; il s'élançait avec violence dans les cavités, et, ne trouvant pas d'issue, sauf quelques crevasses ou fissures, il s'élevait en colonnes et s'éparpillait dans toutes les directions; il tournoyait avec bruit en éclatant, comme si le grand Océan fût furieux de voir qu'une *puissance* plus forte que la sienne venait entraver et atténuer ses efforts. Quelquefois, la glace unie se fendait et craquait comme une décharge d'artillerie. La nature, voulant imiter jusqu'au bout cet effet curieux, avait chargé le rivage de petits blocs de neige, auxquels l'action de la marée, en les roulant, avait fini par donner l'aspect de boulets de canon.

De tels spectacles étaient communs aux habitants du fort Chimo et n'attiraient qu'une remarque passagère.

— Serait-il possible, murmura Stanley, s'appuyant le front sur la main, qu'elle ait pu parvenir jusqu'à la fausse rivière!

— Je ne le pense pas, dit Frank. Je ne sais comment cela se fait, mais j'ai la conviction étrange qu'elle est encore en vie. Si elle avait péri dans la neige, nous l'aurions certainement déjà retrouvée. Je ne puis expliquer mes sentiments ou en donner la raison; mais je reste persuadé que cette chère Edith est vivante!

— Oh! que Dieu le veuille! soupira Stanley d'une voix profonde, tandis que sa femme s'agitait dans sa chambre, afin de cacher les larmes qu'elle ne pouvait retenir.

Tandis que Frank continuait de regarder la froide scène au dehors, un son de clochettes parvint à ses oreilles.

— Ecoutez, cria-t-il en ouvrant la porte.

Le son régulier et familier des clochettes d'un traîneau arrivait, dominant doucement la brise; il devenait de plus en plus fort, et, quelques secondes après, un attelage de chiens entrait dans le fort, tirant un petit traîneau derrière eux. Ils étaient suivis par deux robustes Indiens, dont le costume et les manières prouvaient qu'ils avaient l'habitude de s'associer souvent aux commerçants de fourrures. Les chiens tirèrent vivement le traîneau à l'intérieur du fort, et y restèrent couchés dans la neige, tandis que les deux hommes approchaient de la grande salle.

— C'est un paquet, dit Stanley, oubliant un moment son chagrin par l'arrivée de cette visite inattendue.

En un moment, tous les hommes du fort furent rassemblés dans la cour.

— Un paquet! D'où venez-vous?

— De Moose-Fort, répliqua l'aîné des Indiens, tandis que son camarade tirait du traîneau un paquet contenant des lettres.

— Aucune nouvelle? Ils vont tous bien? dirent les hommes en chœur.

— Oui, tous bien; mais il y a déjà quelque temps que nous sommes partis. Le chemin est très-rude, et nous n'avons pas trouvé de rennes. Nous avons vu des Indiens; mais ils ont hésité à venir. Je ne sais pas pourquoi, j'ai vu avec eux une blonde fleur qui avait poussé dans les champs des Esquimaux. Je suppose que les Indiens l'ont enlevée et n'osent venir ici.

Stanley tressaillit, et ses joues pâlirent.

— Une blonde fleur! dites-vous. Parlez sans périphrase, mon ami. Etait-ce une petite fille blanche que vous avez vue?

— Non, répliqua l'Indien, ce n'était pas une petite fille blanche, c'était une fille d'Esquimaux.

Stanley secoua la tête et se retourna en murmurant :

— Ah! j'aurais dû penser qu'elle ne pouvait tomber dans les mains des Indiens du lac du Sud! Allons, mes amis, ayez soin de ces camarades, cria-t-il, en chassant les émotions qui avaient été un instant éveillées dans son cœur par les paroles de l'Indien. Donnez-leur beaucoup à manger et à fumer.

Puis il s'en alla avec le paquet, suivi de Frank.

— N'ayez nulle crainte; venez ici, mes amis, dit Bryan, prenant l'Indien le plus âgé par le bras, tandis que le plus jeune était emmené par Massan, et les chiens confiés à la garde de Ma-Istequan et de Gaspard.

Stanley, en parcourant les lettres, trouva qu'il était absolument nécessaire d'envoyer des dépêches au quartier chef. Les difficultés de cette position avaient besoin d'être plus expliquées, et des notions erronées devaient être rectifiées.

— Que ferai-je, Frank? dit-il, avec un regard indécis. Ces Indiens ne peuvent retourner à Moose; car ils ont reçu d'autres ordres pour continuer leur voyage dans une direction différente. Nos hommes connaissent le chemin; mais je puis prendre les meilleurs d'entre eux, et les autres ne peuvent partir sans la conduite d'un chef.

Frank ne répondit pas immédiatement; il semblait peser ces questions intérieurement. A la fin, il dit :

— Est-ce que Dick Prince ne pourrait être détaché?

— Non, il est trop utile ici. Le fait est, Frank, que ce doit être vous. Cela vous sera bon, mon cher garçon, vous distraira, et éloignera votre esprit d'un sujet qui est maintenant épuisé.

Frank s'opposa d'abord fortement à ce plan, disant que ce départ l'empêcherait de continuer ses recherches; mais Stanley objecta que lui et ses hommes les poursuivraient, et que, d'un autre côté, la présence en personne de Frank au quartier chef serait d'une grande importance pour les intérêts de la compagnie. A la fin, Frank se vit forcé d'obéir.

La route qu'il pouvait suivre était par terre, au-dessus du golfe de Richmond. Le chemin étant rude, il se détermina à prendre seulement des provisions pour quelques jours, et à faire dépendre sa nourriture de son hameçon et de son fusil. Maximus, Oolibuck et Mastequan furent désignés pour l'accompagner; il ne pouvait pas avoir de meilleurs compagnons; car ils étaient braves et robustes, accoutumés dès l'enfance à vivre de leur chasse, à traverser des terrains sans aucun sentier frayé, guidés seulement par leur puissance d'observation ou par l'instinct dont les sauvages sont généralement doués.

Avec ces hommes, des provisions pour une semaine, des munitions abondantes, un petit traîneau et trois chiens, dont Chimo était le chef, Frank fit un matin l'ascension de la plate-forme rocheuse, derrière le fort, et, disant adieu à Ungava, commença son long voyage à l'intérieur de la terre de l'Est.

XXX.

Un vieil ami, parmi de nouveaux amis, et une scène nouvelle. — Une bataille désespérée et une glorieuse victoire.

La scène de notre histoire change maintenant, et il faut s'enfoncer plus avant dans le Nord, derrière les régions d'Ungava, sur la mer glacée.

Il y a là une île qui depuis de longues années a servi de refuge aux rennes pendant l'hiver, saison où, après avoir parcouru les terres du continent, ces animaux séjournent comme sur un abri. A ce moment, l'île en question était occupée par une tribu d'Esquimaux qui avaient construit un village, aussi curieux qu'on puisse se le figurer. L'île avait peu ou pas de bois, et les rares buissons de saules qui montraient leurs têtes au-dessus de la neige unie étaient minces et rabougris. Cependant, tels qu'ils étaient, ils avaient formé une masse sur laquelle la neige s'était amoncelée ; on eût dit un énorme rempart qui formait une sorte de protection au village d'Esquimaux contre les rafales du nord. Le village se composait à peu près de vingt igloés, tous ayant la forme d'un dôme, exactement semblables à la hutte construite par Maximus sur le lac. Ils étaient de tailles variées; quelques-uns isolés, d'autres placés par groupe et réunis par des tunnels ou passages. Les portes qui conduisaient à quelques-uns d'entre eux étaient si basses, que les indigènes étaient obligés de se traîner sur les mains et les genoux pour y pénétrer, quoique les huttes elles-mêmes fussent assez élevées pour permettre à l'homme le plus grand de la tribu de s'y tenir debout, et assez spacieuses pour qu'une famille de six à huit personnes pût y être à l'aise.

Cependant les idées des Esquimaux sur le confortable et l'aménagement des chambres diffèrent totalement des nôtres. Leur principal but est de trouver de la chaleur ; et pour l'obtenir, ils se soumettent volontairement à l'ennui d'être écrasés et sans air.

Le village avait, à quelque distance, une curieuse analogie avec une ruche d'abeilles. Les indigènes qui s'y traînaient continuellement, et s'y agitaient en tous sens, ne différaient pas beaucoup (avec l'aide d'un peu d'imagination) d'une nuée de monstrueuse abeilles noires. L'on entendait un bourdonnement continuel autour de ce groupe affairé. Ici vous aperceviez des kayaks et des oumyaks supportés par des blocs de glace, là des lances, des rames, des dans, des javelots, des rouleaux de cordes de veau marin, et d'autres instruments ; plus loin des traîneaux, des peaux de phoque, des tranche de viande crue, des os, sur lesquels les chiens nombreux de la tribu se lançaient avidement.

Au milieu du village était une hutte qui différait considérablement de celles qui l'entouraient ; elle était bâtie en glace claire, au lieu de neige. Il y avait un ou deux autres igloés faits de la même matière ; mais aucun n'était si large, si propre, si élégant que celui-ci. Les murs perpendiculaires étaient composés d'une vingtaine de larges blocs carrés, cimentés entre eux par de la neige, et arrangés en forme octogone. Le toit était un dôme de neige ; un petit porche ou passage de glace était en face de la porte d'entrée, qui avait été faite assez haute pour permettre au possesseur de la maison d'y entrer sans se baisser. En face, et autour de cette hutte, la neige était soigneusement amoncelée ; tous les objets nuisibles, tels que les phoques et les morceaux de baleine, étaient rangés symétriquement, ce qui lui donnait un air de propreté et de confort que les igloés environnants étaient loin de présenter. Au milieu de cette résidence glacée, sur une couche de peau de renne, était assise Edith Stanley.

Dans cette terrible nuit où l'enfant perdit son chemin dans la plaine déserte, elle avait erré au hasard jusqu'à ce qu'elle fut subitement arrêtée au bord de la glace solide sur les rivages de la baie d'Ungava. Là, les vents arides avaient détaché la glace, et les eaux noires de la mer roulaient à ses pieds. Terrifiée à cette vue inattendue, Edith chercha à revenir sur ses pas ; mais elle vit avec effroi que la glace sur laquelle elle était placée était flottante, et que le vent, l'ayant détachée à l'est, la poussait vers la côte ouest de la baie. Là, sans savoir ce qui lui arriverait le jour suivant, la pauvre enfant, transie par le froid et affaiblie par la faim, se traîna sur la terre ferme aussi longtemps qu'elle le put, puis se laissa tomber.... pour mourir ! pensa-t-elle.

La Providence en avait décidé autrement ; avant une demi-heure, elle fut trouvée par une bande d'Esquimaux. Ces créatures sauvages étaient venues de l'est dans leurs traîneaux à chiens ; ils avaient dépassé la mer au loin, afin d'éviter les eaux ouvertes de l'embouchure de la fausse rivière, et avaient manqué la rencontre de leurs compatriotes ; ils ne connaissaient pas encore alors l'établissement du fort Chimo. En côtoyant la terre, ils avaient trouvé les traces d'Edith, et, après une courte recherche, ils l'avaient trouvée gisante sur la neige.

Les mots sont incapables de traduire l'impression et l'extraordinaire amusement de ces pauvres créatures, en découvrant cette blonde enfant si peu semblable à toutes celles qu'ils avaient imaginées jusqu'ici ; mais quelles que fussent leurs pensées à son sujet, ils avaient assez de bon sens pour voir qu'elle était faite de chair et d'os, et qu'elle serait infailliblement gelée, s'ils la laissaient couchée là plus longtemps. Ils la ramassèrent donc doucement, et la placèrent dans un des traîneaux sur une peau de fourrures, au milieu d'un groupe de femmes et d'enfants qui la couvrirent et la réchauffèrent vivement.

Pendant ce temps, les conducteurs des six traîneaux firent claquer vigoureusement leurs longs fouets ; les chiens hurlèrent, s'élancèrent et enlevèrent les traîneaux comme ils l'eussent fait de plumes ; la tribu entière marcha, sifflant, criant et hurlant tout le long du chemin sur la mer glacée.

La surprise des sauvages, lorsqu'ils trouvèrent Edith, égala celle d'Edith en ouvrant les yeux. Elle commença à comprendre, quoique confusément, sa position particulière. Les sauvages épiaient ses mouvements, la bouche ouverte, avec une curiosité intense, et semblaient réjouis au delà de toute expression, lorsqu'à la fin, elle fut remise suffisamment pour s'écrier faiblement :

— Où suis-je? Où m'emmenez-vous ?

Nous n'avons pas besoin d'ajouter que ces questions restèrent sans réponse, car les indigènes ne comprenaient pas un mot de son langage. De quelle durée et dans quelle direction fut leur voyage, Edith ne put s'en former une idée ; car elle dormit profondément pendant le trajet et ne recouvra complètement sa force et ses facultés qu'à son arrivée au campement.

Pendant longtemps la pauvre Edith, au milieu du village d'Esquimaux, ne fit pas autre chose que pleurer ; car, outre la situation misérable dans laquelle elle était placée maintenant, elle était trop raisonnable et trop sensible pour oublier que ses parents la croyaient morte, et étaient dans la plus grande douleur. Elle y ajoutait encore la supposition terrible que les indigènes dans les mains desquels elle était tombée n'avaient jamais entendu parler du fort Chimo. L'enfant chercha en vain, par le moyen de signes, à leur faire entendre que cet endroit existait ; ses efforts n'eurent aucun succès, soit qu'elle fût peu éloquente dans le langage des signes, soit que les sauvages fussent inintelligents.

Edith sculptant son nom sur des ronds d'ivoire.

Le temps atténua la première violence de son chagrin. Elle commença à entretenir l'espoir que quelques indigènes pourraient avoir, en circulant, des rapports avec les commerçants de fourrures, et parler d'elle. Plus cet espoir s'affermit, plus elle devint confiante, et elle résolut de faire un nombre de petits ornements où elle inscrirait son nom, et qu'elle attacherait au cou des chefs de la tribu, afin que, si jamais quelques-uns d'entre eux avaient la chance de se rencontrer avec les siens, ils pourraient fournir un indice de son étrange résidence.

Une petite médaille d'os de baleine lui sembla la matière la plus propre pour son idée ; mais il lui fallut de longues heures de travail pour couper une pièce ronde de cette dure substance, avec la seule aide d'un couteau d'Esquimau.

Lorsqu'elle y fut parvenue, quelques jeunes garçons qui avaient surveillé son opération avec beaucoup de curiosité et d'intérêt, n'eurent pas plus tôt compris ce qu'elle désirait, qu'ils se mirent activement à l'œuvre, et lui coupèrent plusieurs petits ronds d'ivoire ou de défense de veau marin, qu'ils donnèrent à leur petite hôtesse. Elle y sculpta le nom d'Edith, et les suspendit au cou des chefs de la tribu. Les Esquimaux sourirent et caressèrent faiblement la blonde tête de l'enfant, en recevant cette marque d'attention, qu'ils se flattaient d'obtenir sans aucune doute d'une façon désintéressée et affectueuse.

L'hiver s'avançait, et la glace se fêlait. Pendant les vents arides du printemps, les tourbillons de neige avaient si complétement enseveli le village, que les roches étaient à peine visibles. Les grosses abeilles noires marchaient au sommet de leurs igloés et avaient à les fendre profondément pour pouvoir y entrer.

Les indigènes n'avaient pas été heureux dans leurs chasses de phoques ; ils étaient réduits à une très-petite ration de nourriture. La portion d'Edith cependant n'avait jamais encore été restreinte. Elle était préparée pour elle, sur une lampe de pierre, par une excellente et grosse jeune femme dont l'igloé était voisin de celui de la petite étrangère. Cette femme se nommait Kaga ; ayant été, comme le reste de la tribu, instruite soigneusement par la gentille Edith, elle commençait à l'appeler Eeduck. Kaga avait un gros et robuste mari appelé Annatock, qui était le meilleur chasseur de la tribu. Elle avait encore un neveu de douze à quatorze ans, nommé Peetoot, qui appréciait beaucoup Edith et était très-attentif pour elle. Kaga avait, en outre, un bébé (un vrai petit sac de graisse) auquel Edith devint si attachée, qu'elle se constitua presque sa bonne d'enfant. Lorsque le temps était assez mauvais pour la retenir à la maison, elle allait le prendre chez sa mère, le portait dans son igloé, jouait avec lui tout le jour à peu près comme les petites filles jouent à la poupée, avec la différence toutefois qu'elle ne le jetait pas le nez sur le plancher et ne lui arrachait pas les cheveux.

Un jour, il faisait clair, doux et chaud ; des rayons lumineux brillaient en cercle autour du soleil; l'air saturé de sel commençait à remonter à la surface de la neige, et les igloés qui étaient restés solides pendant la moitié d'une année, commençaient à devenir dangereux ; on ne pouvait circuler par-dessus qu'avec précaution, et on restait peu à l'intérieur. On était fort agité au campement, car on organisait une expédition générale de chasse, et les hommes de la tribu préparaient leurs traîneaux à chiens.

Edith était dans son igloé de glace, assise sur une double pile de peaux de rennes, qui formaient son lit la nuit, et son sofa pendant le jour. Elle berçait le bébé de Kaga, qui riait aux éclats. L'intérieur de cette maison prouvait le goût et le soin de son habitante. Le toit de neige, ayant commencé à fondre, avait été ôté, et remplacé par des tranches de glace, qui, avec les murs transparents, laissaient pénétrer quelques rayons de soleil et jetaient une lueur pleine de charme dans l'intérieur. Sur une planche de glace qui avait été proprement arrangée par son ami Peetoot, étaient placés un grossier couteau, quelques pièces d'os de baleine et d'ivoire (débris de ce qui avait servi pour les médailles qu'elle avait faites), et une coupe d'ivoire. Le plancher était recouvert de nattes et de plusieurs peaux de daims avec le poil en dehors. Un toit de planches de saules était placé au-dessus. Sur une autre planchette de glace, près de la tête du lit, était la petite lampe de pierre, qu'on avait pu éteindre, le temps étant plus chaud. Les autres articles d'ameublement de ce simple appartement étaient sur une table carrée et sur un tabouret carré, tous deux taillés dans des blocs de glace, et recouverts de peaux de phoque.

Tandis qu'Edith et sa poupée vivante étaient en train de se livrer à leurs ébats, ils furent interrompus par Peetoot, qui fit irruption dans la chambre plutôt comme un sauvage habitant des bois que comme un être humain. Il portait une lourde lance d'une main, et de l'autre indiquait la direction du rivage, en proférant une suite inintelligible de sons confus, qui se terminèrent par un emphatique Eeduck.

L'amour d'Edith pour la conversation, qu'elle fût comprise ou non, s'était encore accru, plutôt que diminué, dans ces circonstances extraordinaires.

— Qu'est-ce que c'est, Peetoot? pourquoi avez-vous l'air si excité? Oh! mon cher, je voudrais bien vous comprendre; oui, je le désirerais beaucoup. Mais cela ne sert à rien de parler si vite. Allons, soyez sage, bébé chéri, restez tranquille. Je vois bien que vous voudriez que je fisse ou disse quelque chose; mais quoi, je n'en sais rien.

Et Edith regardait le visage du jeune garçon d'un air anxieux et interrogatif.

Peetoot recommença alors à vociférer et à gesticuler violemment; mais sentant, comme il l'avait vu déjà souvent, que sa jeune maîtresse ne paraissait nullement éclairée, il la saisit par le bas, et, trouvant ce moyen plus sommaire et plus facile de s'expliquer, il la tira vers la porte de la hutte.

— Oh! le bébé, s'écria Edith en se dégageant, et en plaçant son petit fardeau à l'endroit le plus en sûreté de la couche; maintenant je vais avec vous, quoique je ne voie pas ce que vous voulez. Mais je suppose que je finirai par comprendre comme d'ordinaire.

Peetoot, ayant conduit Edith vers la berge, lui indiqua le traîneau de son oncle, auquel les chiens étaient déjà attelés, et lui fit signe qu'Edith devait aller avec eux.

— Oh ! je comprends maintenant ; ah ! oui, c'est une charmante journée, je vais sortir ! Pensez-vous qu'Annatock voudra m'émmener ? Ah ! vous ne me comprenez pas. Attendez un peu, je cours mettre mon capuchon et rendre le bébé à sa mère.

Au bout de deux minutes, Edith revint avec son manteau de fourrure, son capuchon indien, et le gros bébé grimaçant sur son épaule. Ce bébé ne criait jamais. Il riait perpétuellement, au lieu de pleurer. Edith avait vu une seule fois quelques larmes monter à ses petits yeux noirs ; mais c'était un jour où elle lui avait donné une cuillerée de soupe tellement chaude, que sa pauvre petite bouche avait été presque brûlée.

Plusieurs des traîneaux avaient déjà quitté l'île et filaient à toute vitesse sur la mer glacée, déviant à droite ou à gauche, afin d'éviter un écueil de glace ou une crevasse d'eau libre, creusée par la séparation des masses à la marée montante. Pendant ce temps, les hommes criaient et les chiens hurlaient en sentant le long fouet.

— Vais-je monter? dit Edith à Annatock avec un regard interrogateur, en approchant de l'endroit où était le traîneau.

L'Esquimau secoua sa tête chevelue et montra deux magnifiques rangées de dents blanches, entourées par une épaisse barbe noire, croyant ainsi répondre au regard de l'enfant.

Edith, avec un geste souriant à Kaga, qui les regardait, monta dans le traîneau et s'assit sur une nappe de peau de renne. Annatock et Peetoot se mirent plus bas à côté d'elle. L'énorme fouet siffla dans l'air comme la détente d'un pistolet, et l'attelage de quinze chiens, poussant un hurlement, s'élança en avant sur la mer.

Le traîneau sur lequel Edith était assise était fait de la même manière que celui qui avait été construit pour elle au fort Chimo. Il était beaucoup plus grand cependant, et aurait pu aisément contenir huit ou dix personnes. Les montants, qui étaient scellés par de la boue gelée (substance qui commençait à être hors d'usage, à cause de la chaleur de la température), étaient une merveille d'invention. La machine entière était construite en bois. On en avait réuni les différents éléments par des cordes de peau de renne. Les chiens étaient attachés séparément au traîneau par une corde ; le meilleur chien était placé en flèche et avait la plus longue corde, tandis que les autres étaient attachés par des cordes proportionnées de longueur, suivant la distance qui les séparait du chien conducteur, les autres touchaient les conducteurs du traîneau. Tous les liens étaient réunis à la barre devant la machine. Il y avait avantage à employer ce mode d'attelage, car on pouvait promptement détacher ou atteler un chien, sans dételer les autres. De plus, Annatock, en s'inclinant, pouvait prendre le guide du chien réfractaire, le tirer en arrière sans arrêter les autres, et lui donner une correction. Cela arrivait rarement, car le conducteur pouvait toucher chaque élément de l'attelage avec la pointe de son fouet. Le manche de ce terrible instrument n'avait pas plus de dix-huit ou vingt pouces de long, mais le fouet dépassait six mètres. Il avait près du manche trois pouces de grosseur, puis il s'amincissait graduellement vers la pointe, qui était terminée par une corde de veau marin. En marchant, la longue mèche de ce fouet traînait sur la neige derrière le traîneau, et par un tour de main particulier, ses anneaux serpentaient en l'air ou pouvaient être immédiatement défaits.

Nul bûcheron du Kentucky n'était plus habile dans la manière de se servir de sa cognée, nul n'était plus certain de son pouvoir sur elle, qu'Annatock ne l'était de son fouet. Il donnait un coup mortel lorsqu'il le voulait ; il pouvait répandre l'alarme parmi les chiens, en faisant bourdonner seulement ses nœuds pesants au-dessus de leurs têtes ; il pouvait toucher doucement l'extrême pointe de l'oreille de celui qui marchait de travers pour le rappeler au devoir. Si, par hasard, il persistait, il en lançait la pointe dans le flanc du réfractaire avec un claquement semblable à un coup de pistolet, si bien que l'attelage partait plus vigoureusement qu'avant. Et comme ils couraient ! Le traîneau semblait une plume enlevée par ce puissant attelage. Ils repartaient à fond de train, rasant un petit écueil, ou déviant à droite et à gauche, pour en éviter un plus grand ; quelquefois traversant une étroite brèche dans la glace, ou balayant la neige amoncelée dans la plaine, tandis que le traîneau bondissait secoué et cahoté derrière eux.

Pendant ce temps, Annatock criait toujours en faisant claquer son long fouet pour exciter l'allure. Peetoot riait avec bonheur; Edith était assise, serrant étroitement ses mains sur ses genoux, son capuchon rejeté en arrière, ses blonds cheveux agités par la brise, ses joues rougies, ses lèvres ouvertes et ses yeux brillant d'émotion.

Au bout d'une demi-heure, le petit village fut hors de vue. Quelque temps après, ils arrivaient à un endroit où quelques Esquimaux étaient réunis en groupe de deux ou trois, cherchant sur la glace des trous de phoques et se préparant à les attraper.

— Qu'est-ce que fait donc cet homme ? s'écria Edith, en désignant un Esquimau qui, ayant trouvé un trou, avait construit un mur de neige demi-circulaire pour le protéger de la brise qui soufflait, et était assis comme un homme qui écoute attentivement.

Le capuchon de son manteau de peau de phoque était sur sa tête, de sorte que ses traits étaient cachés. A ses pieds était posée une grosse lance blindée à phoque, dont la poignée était de bois et la pointe et la plus basse partie en ivoire. Une forte corde y était attachée par un bout et l'autre extrémité était nouée autour de la taille de l'homme ; car, lorsqu'un Esquimau veut tuer un phoque, il se prépare à le conquérir, ou à mourir ; s'il ne peut parvenir à tirer l'animal hors du trou, il y a toute probabilité pour que ce soit celui-ci qui l'entraîne avec lui à l'intérieur. Pour l'Esquimau, il est vrai, l'axiome est qu'un homme est toujours supérieur à un phoque ; il attache la corde autour de sa taille, ce qui lui donne le rôle d'un mât.

Il paraît inadmissible qu'un gros phoque intrépide se laisse harponner par un présomptueux petit Esquimau ; mais c'est là l'exception à la règle.

Lorsqu'Edith le regarda, l'Esquimau avançait la main avec la prudence du chat et ramassait sa lance. Un moment après, la jeune glace qui couvrait le trou fut brisée en morceaux, et l'instant suivant, la pointe d'ivoire s'enfoncait dans l'épaule d'un phoque qui paya de sa vie son désir de venir respirer l'air frais.

Immédiatement, l'Esquimau se rejeta en arrière à pleine force, ses talons fortement entrés dans deux trous coupés dans la glace au bord du trou. Le phoque parut, l'homme plia en deux ; mais la corde était solide et l'Esquimau vigoureux ; le phoque fut vaincu, en moins d'un quart d'heure il fut hissé et jeté sur la glace. Il y avait seulement deux heures que le trou du phoque était surveillé, mais les indigènes restent fréquemment assis derrière leurs murs de neige pendant la plus grande partie du jour, quelquefois sans remuer les mains ni les pieds.

Annatock, ayant eu le bon sens de deviner cette capture, s'était avancé, tandis que la plus grande partie de ses compatriotes étaient restés en arrière. Il fit subitement arrêter ses chiens et parla à voix basse à son neveu, tandis qu'ils regardaient tous deux attentivement un point spécial du côté de la mer. Edith tourna la tête dans la même direction et vit bientôt l'objet qui attirait leur attention ; mais cela lui parut être un énorme tonneau ou baril.

— Qu'est-ce que cela ? dit-elle à Peetoot, tandis qu'Annatock détachait sa plus grande lance et allait vers l'objet en question.

Naturellement Edith ne reçut pour réponse qu'une large grimace ; mais son petit camarade plaça ensuite son doigt sur ses lèvres, et le lécha d'une façon significative. Alors Annatock, approchant rapidement de leur but, se plaça derrière les écueils de glace, et arriva assez près pour être certain qu'il avait affaire à un veau marin, en apparence endormi.

Annatock avança encore plus prudemment; et lorsqu'il ne fut plus qu'à une centaine de mètres du monstre énorme, il se coucha tout de son long sur la poitrine et commença à marcher comme un phoque. Il ressemblait tellement à cet animal avec ses vêtements à poil, qu'il aurait pu tromper un être plus intelligent qu'un morse ou veau marin; mais celui-ci ne se réveilla pas, et il en approcha à dix mètres. Alors, se levant subitement sur ses pieds, Annatock leva l'arme pesante, et la jeta de toute sa force dans la côte de l'animal; elle le frappa comme si elle eût touché un roc impénétrable, rebondit en arrière, et tomba sur la glace, avec sa pointe aiguë émoussée et sa poignée cassée en deux.

Pendant un instant le visage d'Annatock exprima la surprise. Il leva les bras et gesticula avec bonheur en découvrant que le morse avait été gelé et était mort à côté de son trou.

Cette catastrophe n'est pas rare pour ces sortes d'éléphants des mers du Nord. Ils ont l'habitude de venir quelquefois au bord de leur trou pour respirer, puis y restent pour dormir, sur la glace, comptant sur leur couche de neige pour les empêcher d'être gelés; ce qui, du reste, n'est pas facile. Quand ils ont assez dormi ou que la sensation aiguë du froid les persuade que rien n'est à l'abri de la température des mers polaires; quand ils devinent qu'ils seront infailliblement gelés s'ils ne font pas une retraite précipitée dans les eaux comparativement chaudes au-dessous, ils arrivent à leurs trous, cassent la glace nouvelle avec leurs défenses et leurs têtes épaisses, et y plongent ;

mais quelquefois aussi, la glace qui s'est reformée pendant leur sommeil est trop forte pour être cassée facilement, et alors ces monstres marins restent sans secours et meurent.

Tel avait été le sort du morse qu'Annatock s'occupait maintenant de découper avec sa hache, comme des quartiers de bœuf. Quelques jours avant le dégel qui existait maintenant, le temps avait été extrêmement froid, et le monstre avait péri victime de son imprudence.

Non loin de l'endroit où cette bienheureuse découverte avait été faite, il y avait une nappe de glace noire récemment formée. Cette glace ferme avait été récemment cassée, et l'eau laissée libre. Cette nappe, quoique presque fondue par le dégel, était encore épaisse de trois pouces, et capable de supporter un homme.

Tandis qu'Annatock travaillait sur cette glace, il entendit un énorme craquement derrière lui, et, se retournant lestement, il s'aperçut que ce bruit était causé par un autre énorme morse, dont les larges yeux ronds et la bruyante respiration montraient assez clairement qu'il n'était pas gelé comme son infortuné compagnon.

A ce moment, le jeune garçon arrivait avec Edith et le traîneau ; aussi Annatock lui ordonna-t-il de mettre les chiens derrière un écueil, de les garder hors de vue, tandis qu'il retirait plusieurs gros harpons et une lance du traîneau ; donnant alors une autre lance à Peetoot, il fit signe à Edith de s'asseoir sur le massif de glace, tandis qu'ils allaient attaquer le monstre.

Pendant ces préparatifs, le morse plongea, l'homme et le jeune garçon disparurent et se couchèrent derrière un bloc de glace. A peine y étaient-ils, que le morse revint avec un bruyant ronflement, éclaboussant l'eau avec ses larges et lourdes pattes qui étaient une espèce de jambes et de nageoires, et poussant les vagues sur la glace avec sa lourde et massive carcasse. C'était vraiment un monstre sauvage aussi gros qu'un petit éléphant ; il avait deux défenses d'un pied et demi de long. Sa face avait une horrible ressemblance avec celle d'un homme, sa tête était ronde et bombée, ses joues grosses et pendantes ; et une moustache luisante et épaisse, rude comme les pointes d'un porc-épic, couvrant sa lèvre supérieure, retombait en une masse touffue sur sa bouche.

Après avoir circulé et respiré un peu de temps, il plongea de nouveau. Ce fut le moment pour Annatock. Saisissant son harpon et un peloton de corde, il murmura quelques mots à son neveu, s'élança en avant, et, courant sur la glace unie, s'arrêta au bord de l'eau courante. Il y était depuis quelques secondes seulement lorsque les eaux furent encore remuées par la tête noire du monstre, comme s'il eût voulu recommencer ses gambades d'éléphant dans l'étang. Pendant qu'il se levait, l'Esquimau brandit son bas et piqua le harpon ; à cet instant, l'animal, surpris, sortit plus encore sa tête de l'eau et regarda ébahi l'homme qui était en face de lui. Ce moment lui fut fatal. Annatock planta profondément la pique sous sa mâchoire gauche : avec un soubresaut horrible, la brute tenta de se jeter sur la glace, cherchant dans sa fureur à atteindre son assaillant ; mais la glace ne put soutenir son énorme poids, tandis qu'Annatock courait en arrière aussi loin que la longueur de la corde attachée au harpon le lui permettait.

Le monstre, voyant qu'il ne pouvait atteindre son ennemi, sembla se rendre à la raison. Il regarda longuement Annatock et plongea, mais l'Esquimau était préparé à cette ruse ; il changea brusquement sa position, et, repliant sa corde, il planta la pointe de sa lance dans la glace, afin de se donner un point d'appui. A peine l'avait-il fait, que l'endroit qu'il avait quitté fut agité de nouveau, et la tête du morse apparut grimaçant et mugissant, comme s'il était désappointé. Peetoot passa alors à son oncle un second harpon, et avant que l'animal eût disparu, l'arme était entrée dans son côté. Annatock changea une fois encore de position, et une seconde fois encore l'endroit qu'il avait occupé fut atteint par le morse. C'était un terrible spectacle que celui de ce monstre énorme, écrasant tout autour de lui, laissant la mer tachée de sang, et luttant avec un homme calme et prudent.

Combien l'un semblait puissant et fort, et combien l'autre paraissait faible et sans secours en comparaison ! C'était le triomphe de l'esprit sur la matière, de la raison sur l'aveugle force brutale. Annatock eut à subir une rude bataille, avant de devenir vainqueur. Des harpons furent lancés successivement sur le morse, des coups de lance se succédèrent dans ses flancs, le sang jaillit souvent, mais il fallut trois heures de lutte avant que son cadavre fut tiré des profondeurs de la mer, par la force réunie des hommes et des chiens.

Edith avait suivi ce terrible combat avec tant d'intérêt, qu'elle put à peine en croire ses yeux lorsqu'elle vit le soleil presque couché, et le jour fort avancé. Il était trop tard maintenant pour songer à découper la carcasse du morse. Aussi Annatock se détermina-t-il à retourner chez lui pour prévenir ses compatriotes de sa bonne fortune.

C'est une coutume chez les Esquimaux de considérer chaque animal tué comme la propriété de tous, l'heureux chasseur ayant droit en plus à tous les morceaux délicats, outre la portion égale de chacun ; aussi Annatock savait qu'il n'avait qu'à faire un signe, et chaque homme valide du village, chaque femme ou enfant arriverait comme des vautours sur la proie. Grimpant dans le traîneau, il appuya son corps épuisé à côté d'Edith, et confia le fouet à Peetoot.

— Que je suis contente, s'écria Edith, avec une figure épanouie, que vous ayez tué cette bête ! Le pauvre peuple aura maintenant de quoi manger en abondance.

— Ha ! ha ! ha ! cria Peetoot, donnant une forme emphatique à chaque nouvelle exclamation, et prononçant le dernier mot par un cri de victoire, tout en faisant claquer le magnifique fouet à droite et à gauche, comme une décharge de pistolets.

— Oh! Peetoot, s'écria Edith d'un ton grondeur, tandis que le traîneau filait sur la plaine, ne courons pas si vite, vous allez tuer les pauvres chiens.

— Ho! ho! ho-o-o, Eeduck, continua le jeune garçon, donnant un léger coup à l'oreille gauche du conducteur, et promenant le large bout de son fouet sur les côtes des six meilleurs chiens qui suivaient. Ce fut ainsi, au milieu d'une volée de cris, de remontrances, d'exclamations, de cris et de claquetis de fouets, qu'Edith et ses amis parcoururent la mer glacée, et firent irruption dans le campement d'Esquimaux comme un tourbillon.

XXXI.

Une autre bataille désespérée et une victoire décisive. — Les Esquimaux font une grande perte.

La nuit qui suivit cette journée fut une nuit de repos pour Edith; mais il n'en fut pas de même pour les Esquimaux. A peine se donnèrent-ils le temps de dételer leurs chiens, après les nouvelles qu'on leur avait données, et ils arrivèrent sur le lieu de l'action comme un seul homme. Chaque traîneau était occupé. Personne ne resta au campement, excepté les malades, qui étaient peu nombreux, et les vieillards plus rares encore. Tout en s'occupant de leurs préparatifs de départ, les femmes chantaient avec joie; car, étant restées sans provisions depuis plusieurs semaines, et la famine les ayant presque visitées, le succès présent jetait les pauvres créatures dans une joie universelle.

Leurs préparatifs ne furent pas longs. Une courte scène de tumulte suivit l'arrivée d'Annatock. Les cris des chiens s'y mêlèrent; puis le village devint silencieux et désert, comme s'il n'avait pas été habité depuis des siècles.

Il ne resta pas longtemps cependant dans cet état. Deux ou trois heures plus tard, la première partie de la bande revint, pliant sous le poids des fardeaux. La chair du morse fut empaquetée sur les traîneaux. Quant aux rares phoques qu'ils avaient attrapés, ils servirent de traîneaux eux-mêmes. De solides cordes furent attachées à leurs queues, et une douzaine d'indigènes les tirèrent sur la neige.

Cette nuit-là, Peetoot, dont l'esprit était fort surexcité par le succès, et qui sentait qu'il avait été le lion de la journée (après Annatock), s'assit sur un des phoques morts et fut traîné dans le camp sur ce nouveau véhicule, en poussant une série d'exclamations, dans un jargon inintelligible, où le mot Eeduck était fréquemment prononcé. A la fin, le dernier retardataire arriva, et alors commença une fête du genre le plus extraordinaire. La chair du morse fut portée à l'igloé d'Annatock, où il fut coupé et distribué aux indigènes. Les femmes paraissaient folles de joie, et allaient de hutte en hutte, s'embrassant en signe de félicitations. Bientôt les lampes du village furent remplies d'huile, les tranches coupées et rôties, les enfants pourvus de morceaux de graisse crue pour les faire tenir tranquilles, tandis que les plus grosses portions cuisaient. La colonie entière se réjouissait et se régalait comme des sauvages peuvent le faire, lorsque, en présence d'une famine imminente, ils sont sauvés comme par miracle.

Pendant cette scène, Edith allait aussi de hutte en hutte pour se distraire et s'amuser. Combien la nature humaine est flexible et accommodante! Edith ne se réjouissait pas de la corruption dont elle était entourée, loin de là; elle ne pouvait même supporter la vue de ces morceaux de gras crus sucés par les petits bébés, spécialement par son favori; mais elle partageait la joie générale de voir l'abondance revenue là où, quelques heures auparavant, on commençait à souffrir de la faim, et elle sympathisait de tout cœur au bonheur de ses amis hospitaliers. Un très-savoureux plat de chair et de gras, coupé spécialement pour son goût particulier, fumait sur la table d'Eeduck. Peetoot et le bébé l'aidaient à le manger. Il aurait vraiment été curieux de calculer, ce soir-là, lequel de Peetoot ou du bébé se permettait les plus joyeux éclats de rire. Sans aucun doute, le premier faisait le plus de bruit, quoique le dernier eût un timbre particulièrement aigu et strident. Les heures s'écoulèrent, les enfants tombèrent endormis, tandis que leurs aînés continuaient à rester assis autour de la lampe et du chaudron, mangeant et s'assoupissant tour à tour. L'amas de nourriture consommée fut énorme et bien au delà de l'appétit d'un homme habitué aux zones tempérées; mais il faut se rappeler que les gelées arctiques réclament des stimulants considérables. Les meilleurs sont précisément une grande quantité de nourriture onctueuse.

Le lendemain matin, les Esquimaux se levèrent et sortirent dès l'aube, avec leurs chiens et leurs traîneaux, pour apporter le reste de la viande de morse; car ce pauvre peuple est prévoyant et ne passe pas son temps dans une paresse indolente. Sur ce point, ils sont supérieurs aux Indiens, qui sont naturellement imprévoyants et sans souci du lendemain.

Ce jour fut mémorable encore par un autre succès remporté par Annatock et son neveu, qui retournèrent à pied sur le lieu de la bataille. Edith resta en arrière, ayant résolu de se dévouer entièrement au bébé, pour compenser son abandon de la veille. En atteignant l'endroit où le morse avait été dépecé, Annatock en coupa une portion avec laquelle il avait l'intention de retourner au campement. Pendant qu'il s'occupait ainsi avec une douzaine de ses compagnons, Peetoot vint en courant vers lui, disant qu'il croyait voir un phoque couché sur la glace en avant. Ayant pris un harpon et deux lances, Annatock quitta son ouvrage et suivit son neveu à l'endroit où ils pensaient trouver l'animal gisant; mais, en y arrivant, ils virent qu'il était parti, et quelques petites bulles à la surface du trou montraient qu'il était descendu dans l'élément liquide.

Avec l'indifférence caractéristique d'une personne habituée aux vicissitudes et aux déceptions de la vie d'un chasseur esquimau, il poussa un grognement et s'en alla; mais il n'avait pas fait plus d'une vingtaine de pas, qu'il vit qu'il se trompait. Pendant quelques minutes, il parla sérieusement à son neveu. Le jeune garçon fit quelques remarques et ne sembla pas porté à suivre l'avis de son oncle, qui secouait la tête. A la fin, Peetoot saisit une lance, et, se retournant, marcha délibérément sur les traces de l'animal, d'un air prompt et déterminé, tandis qu'Annatock, prenant l'autre lance, suivit les pas de son neveu. Une petite marche d'une demi-heure sur la glace, au milieu des écueils de la mer, les mit hors de portée de leurs compagnons; mais ils ne virent pas l'animal qu'ils recherchaient. A la fin, Peetoot s'arrêta pour scruter les traces plus attentivement.

A ce moment, un énorme ours blanc sortit de derrière un écueil de glace voisin, et, après avoir flairé une ou deux fois autour de lui, il s'en alla.

L'Esquimau jeta un regard de doute à son neveu, tandis qu'il abaissait la pointe de sa lance et semblait hésiter; mais le jeune garçon n'attendit pas; il ajusta sa lance, poussa un cri sauvage et courut vers l'animal, qui se retourna instantanément, en lui jetant un regard de défiance.

Si Annatock avait conservé encore quelques doutes sur le courage de son neveu, ils durent disparaître; car le jeune homme courait en avant pour attaquer l'ours. Les deux chasseurs s'avancèrent côte à côte vers le monstre imposant; mais, en approchant, ils se séparèrent, et allèrent, l'un à droite et l'autre à gauche de l'animal. Comme ils avaient décidé qu'Annatock lui donnerait le coup mortel, celui-ci alla du côté gauche et s'arrêta un moment, afin que Peetoot le rejoignît sur la droite. A trois mètres de distance à peu près, l'ours se leva. Cette action eut un effet puissant sur le jeune garçon ; car, les ours polaires étant comparativement plus longs de corps et plus bas des jambes, leurs véritables proportions ne sont réellement en vue que lorsqu'ils se dressent sur leurs jambes de derrière. Il semblait que l'ours devînt de plus en plus grand et plus énorme à mesure qu'il se redressait, et les joues du jeune garçon pâlirent, tandis qu'il restait en arrière. Il hésita un instant; mais une parole d'encouragement d'Annatock le rappela à lui; il marcha en avant, pendant que l'ours regardait à droite et à gauche, incertain de savoir quel ennemi il attaquerait le premier. Sur ce, le jeune homme jeta sa lance en avant et le piqua dans le côté.

Ce fut le moment décisif. L'animal se retourna avec un grognement furieux pour tomber sur son insignifiant ennemi; mais, en agissant ainsi, son épaule gauche se montra à nu à Annatock, qui, rapide comme un éclair, lui plongea sa lance dans le cœur. Un tremblement agita le corps du monstre, et il retomba mort sur la glace.

Annatock resta quelques minutes appuyé sur son arme, regardant l'ours avec une grimace de satisfaction, tandis que Peetoot, riant et criant, dansait autour de lui comme un fou. Il est difficile de dire combien de temps eussent duré ses gambades extravagantes, probablement jusqu'à ce qu'il eût été épuisé, lorsque son oncle les termina promptement, en mettant la poignée de sa lance en contact immédiat avec l'épaule de Peetoot. Celui-ci bondit sur la glace, comme un jeune daim, pour porter la bonne nouvelle à ses amis et prendre un traîneau pour ramener l'ours.

En revenant au village, on recommença un autre festin, qui continua de jour en jour, et s'éteignit graduellement, en gaîté et en appétit, jusqu'à ce que les provisions du morse, de l'ours et des phoques, fussent entièrement consommées.

Bientôt après, le temps devint plus doux, et les rayons du soleil assez puissants pour que la neige dans l'île, et la glace sur la mer, se transformassent en eau. Il existe, pendant cette période, plusieurs importants changements dans les manières et les coutumes des Esquimaux. Les femmes, qui portaient des chaussures de peaux de rennes, reprirent leurs énormes bottes d'été imperméables. Les hommes, pour aller à la recherche des phoques sur la glace, reprirent leur paire de lunettes en bois, à deux étroites ouvertures pour y voir, afin de protéger leurs yeux de l'éclat du soleil se reflétant sur la neige et la glace. On fit aussi des préparatifs actifs pour l'érection des tentes d'été et le lancement des kayaks et des oumyaks. Les petits garçons furent forcés de grimper sur les toits pour réparer les sommets des maisons de neige, qui se craquelaient. Mais ces jeunes garçons, qui ont hérité, dans le Nord, de la désobéissance des enfants d'Adam, passaient leurs bras ou leurs jambes par les trous des toits, au lieu de les réparer, au grand mécontentement des habitants.

Une catastrophe de cette sorte arriva au pauvre Peetoot, peu de temps après l'aventure de l'ours polaire, et amena une brusque détermination dans le camp d'hiver.

Edith s'était amusée dans sa maison de glace, toute la matinée, avec son bébé d'adoption; elle le nourrissait avec un morceau choisi de gras de phoque, un peu cuit, assez pour faire une concession à ses préjugés personnels, mais pas assez rôti pour contrarier le goût du bébé, lorsque Peetoot entra violemment dans la hutte, appela Eeduck avec un mystérieux sourire, prit le bébé dans ses bras et le porta à sa mère. Edith était accoutumée à le voir prendre ainsi par Peetoot, qui servait de messager à Kaga, lorsqu'elle voulait revoir sa progéniture; elle n'y fit pas grande attention.

L'igloé dans lequel Kaga et sa famille demeuraient était le plus grand du village. Il avait au moins vingt pieds de diamètre. Le passage qui y conduisait avait à peu près une vingtaine de mètres, sur cinq pieds de largeur et six de hauteur. A ce passage aboutissaient d'autres allées de grandeurs variées pour différents magasins ou d'autres demeures. La blancheur de la neige, dont cette maison princière et ses dépendances étaient composées, n'était pas encore très-altérée à l'extérieur ; mais à l'intérieur, un long hiver de cuisine et de fumée avait rendu ses murs entièrement noirs.

Au lieu de pénétrer dans ce palais par la porte, Peetoot, suivant son habitude, voulut entrer par le dôme. En conséquence, il hissa le gros enfant sur son épaule et bondit sur le toit de l'igloé de Kaga. Hélas ! il n'avait pas plus tôt mis le pied sur la clef de voûte de l'arche, qu'elle s'écroula par-dessous. Le dîner avait été cuit et préparé pour une vingtaine de personnes. L'avalanche ensevelit un ragoût de veau marin, et un instant après Peetoot et le bébé tombaient en se débattant au milieu des débris.

Ce ne fut pas tout. Le toit, incapable de supporter son propre poids, craqua et s'écroula avec un affreux déchirement. Les hommes, les femmes et les enfants se jetaient les uns sur les autres, en renversant tout. L'huile des lampes, la soupe des marmots, les noirs débris des murs et des toits, les chiens qui aboyaient, les tranches rôties, à moitié cuites, ces personnages vêtus d'habits à poil, tout cela formait une scène étonnante et si épouvantable, qu'il faut se résoudre à ne pas la décrire.

Cet événement détermina les Esquimaux à quitter les igloés, et à planter leurs tentes de peaux à un endroit plus exposé aux rayons du soleil et libre de neige.

Ils n'y avaient pas campé plus de trois jours, lorsqu'un événement plongea la colonie dans un profond chagrin. Ce fut la perte de leur grand chasseur Annatock, le mari de Kaga. Une de ces affreuses rafales du nord-ouest qui visitent de temps en temps ces mers arctiques et dévastent les terres avec une fureur énorme, était arrivée pendant qu'Annatock était parti sur la glace, à la recherche des phoques. Plusieurs de ses camarades étaient avec lui ce jour-là; mais, comme il était très-hardi, il les avait tous laissés en arrière. Lorsque la rafale commença, les chasseurs esquimaux se préparèrent à retourner à leur logis aussi vite que possible, craignant que, en se détachant en masses, la glace ne les entraînât avec elle au loin sur les eaux. Ils furent fort effrayés de constater que la glace était déjà mobile. C'était sur ce banc qu'Annatock était occupé à chasser.

Esquimau s'en allant à la dérive sur un glaçon, pendant que ses compagnons lui font des signaux du bord.

Ses compatriotes ne voulurent pas le quitter sans le prévenir du danger qu'il courait; mais une brèche de vingt pieds séparait déjà la masse de la glace ferme, et quoiqu'ils pussent apercevoir encore au loin leur ami, leurs cris ne purent l'atteindre.

Lorsque le tourbillon entraîna plus vivement la masse vers la mer, on vit Annatock courir anxieusement au bord; mais, avant qu'il eût pu atteindre le bout, la distance s'accentua, et des nuages épais le cachèrent à leur vue. Alors ses compagnons, craignant pour son propre salut, revinrent en toute hâte au campement apporter ces mauvaises nouvelles.

Kaga fut d'abord inconsolable, et Edith essaya de la réconforter, sans aucun succès ; mais le temps émoussa le premier chagrin de la pauvre femme ; l'espoir commença à lui revenir. Elle se rappela que l'accident de son mari était déjà arrivé à quelques-uns de leurs amis, dans des circonstances tout à fait semblables. Quoiqu'en certains cas le résultat ait été fatal, il y en avait d'autres où les malheureux avaient été entraînés d'abord par la glace flottante à des endroits éloignés du rivage, et étaient revenus ensuite à leur foyer, au bout de plusieurs mois de souffrances et de douleurs.

Cet espoir, il est vrai, était peu de chose ; car, si quelques Esquimaux avaient été retrouvés après de tels accidents, des douzaines d'autres manquaient encore à l'appel. Le cœur de la pauvre femme se serrait à la pensée de cette terrible nuit où son mari avait été perdu, sur l'immense mer chargée de glaçons ; mais le système complet du monde dépend de celui dont la puissance et la sagesse sont infiniment supérieures à celles de ses créatures, même les plus expérimentées. Les événements qui paraissent quelquefois les plus contraires aux hommes, sont parfois ceux qui les servent le plus.

XXXII.

Edith devient mélancolique; mais sa tristesse est subitement changée en joie. — Les Esquimaux ont une surprise, trouvent un ami et en perdent un autre.

La mer! Combien de vaillants cœurs palpitent et de mâles poitrines se gonflent, en entendant ce petit mot et la pensée de tout ce qu'il amène! Combien grande est cette adoration, cet amour pour tant de puissance, de beauté, de liberté et de majesté! O mer! en quoi consiste le charme extrême qui amène tant d'hommes vers toi avec une irrésistible affection? Est-ce à cause de la calme tranquillité de tes eaux, lorsque tu ressembles à une nappe de cristal, caressée par un reflet du ciel? Aime-t-on ces blanches voiles qui sont comme les oiseaux de ton immense volière, et les jolies mouettes qui filent sur la surface de tes ondes, abandonnant le bleu de l'eau pour pénétrer dans l'azur du ciel? Est-ce à cause du mugissement des vagues, qui s'élancent, fument et jaillissent furieuses sur les côtes? Est-ce ta puissance infinie qui, commençant dans les zones torrides du sud, s'est élevée majestueusement à travers l'Océan, a culbuté les baleines comme des jouets d'enfant, s'est précipitée comme une tempête, envahissant la moitié du globe, et enfin s'est abattue sur un lit de sable? La séduction qui vient de toi est-elle dans la furie encore plus terrible de la tempête et des ouragans, quand les éléments déchaînés balayent l'univers entier, ou dans ton aspect toujours nouveau, tantôt calme et beau, tantôt agité par la brise, ou assombri par les nuages orageux qui prédisent la tempête à venir?

Ah! oui, il me semble que tout cela constitue le charme qui attire l'homme vers ce brillant Océan, qui remplit son âme de sympathie et d'amour. Car, dans ces aspects changeants, il y a des talismans qui touchent les différentes cordes du cœur des hommes. Peut-être aussi y a-t-il dans ce sifflement hardi des vents ou dans le tourbillonnement fou des vagues un emblème de liberté reconnu par les esprits opprimés qui brûlent d'être libres. Ils ne peuvent t'entourer de murs, ils ne peuvent te diviser en ares et en hectares, t'environner de haies. Aucune charrue ne fend tes sillons, excepté la quille aiguë des navires; aucun prince ou monarque ne possède tes eaux tumultueuses. Dans tes cavernes cachées existent des trésors qui surpassent ceux de la terre, et ceux qui demeurent sur tes ondes contemplent les merveilles de tes sublimes profondeurs.

Edith était assise sur le bord de la mer. Les vagues miroitantes n'étaient presque plus encombrées par la glace, mais brillaient comme de l'or bruni à la lumière du soleil d'été. Çà et là, cependant, un large iceberg flottait sur la surface, souvenir de l'hiver passé, garantie de l'hiver à venir. A la base de ces îles bleues, la mer venait expirer, et sur la crête des vagues voltigeaient les mouettes blanches. Le sable jaune sur lequel l'enfant était posée, les saules verts qui égayaient le sol bruni des rochers, et le chaud soleil, contrastaient puissamment avec les dernières traces de l'hiver, tandis qu'une brillante auréole enrichissait encore le ciel et complétait les caractères d'un été arctique.

Il y avait tant de vie et de mouvement dans le camp esquimau, qu'Edith s'était retirée à quelque distance, recherchant la solitude pour rêver du foyer perdu, souvenir qui pesait plus fortement encore sur son cœur, à mesure que le temps passait, et que l'espoir d'une rapide délivrance devenait de plus en plus faible.

— Oh ! ma chère bonne mère, s'écria l'enfant à haute voix, tandis qu'un flot de larmes coulait sur ses joues, vous reverrai-je jamais? Mon cœur est las d'attendre, toujours attendre, et personne ne vient ! Je n'ai jamais vu un bateau ni un navire sur cette large mer. Oh ! quand viendra-t-il donc !

Elle s'arrêta, comme elle l'avait fait souvent déjà, mettant sa figure dans ses mains et pleurant. Mais elle se releva bientôt. Ces explosions de chagrin ne duraient jamais longtemps; car l'espoir était toujours plein de force chez cette enfant, et elle n'avait jamais douté que sa délivrance n'arrivât à la fin.

Son attention fut bientôt distraite de la mer, qu'elle avait si souvent surveillée, par les voix des Esquimaux. Un grand nombre d'entre eux s'apprêtaient à s'embarquer sur leurs kayaks. Quelques petites baleines avaient été signalées, et les indigènes, toujours en alerte, allaient les attaquer. Edith remarqua que Peetoot courait vers elle sur la berge, avec une lance à phoque ou harpon dans la main. Cet adolescent était remarquablement intelligent, et avait appris quelques mots et quelques phrases d'anglais dont il se servait le mieux possible.

— Eeduck! Eeduck! cria-t-il, en indiquant un des oumyaks que les femmes s'apprêtaient à lancer. Vous venir. Baleine tuée. Charmant, oui, Eeduck !

— Je ne pense pas qu'elle soit si charmante, dit Edith en riant; mais j'irai pour vous faire plaisir, Peetoot.

— Bon, Eeduck, vous bon, cria le garçon, tandis qu'il brandissait son harpon, et saisissait sa compagne par la main, pour la mener dans la direction des kayaks.

Quelques minutes après, Edith était placée au centre de l'oumyak, au milieu des femmes d'Esquimaux, dont les langues se déliaient et les esprits se relevaient par l'espoir d'une chasse heureuse. Elles suivaient joyeusement ainsi cette petite armée, composée de douze ou treize hommes, chacun dans leur kayak, et filant comme une flèche. Les femmes étaient assises en rond sur leur bateau grotesque, le visage tourné à l'avant, manœuvrant chacune une espèce de lance à palettes, avec laquelle elles faisaient mouvoir leur équipage aussi vite que possible. A l'arrière d'un oumyak était assis un vieillard aux cheveux gris, qui remplissait l'office de barreur, fonction qui revenait de droit aux hommes trop âgés pour manœuvrer le kayak. Il faut beaucoup de vigueur et d'habileté pour ramer dans un kayak; car il est si facilement renversé, qu'un homme ne peut s'y asseoir une minute, sans se servir de la longue rame qui fait la sécurité des Esquimaux.

Lorsque la flottille eut ramé pendant une courte distance, elle aperçut une baleine qui se levait au large et restait comme un baril sur la surface de l'eau. Instantanément, les hommes des kayaks filèrent vers elle, tandis que les oumyaks les suivaient. En approchant, le premier Esquimau prépara son harpon. Une grosse corde de huit à dix brasses de longueur était attachée à la pointe de cette arme; un dan ou bouée, fait de peau de phoque, était à l'autre bout. Le dan était assez gros pour contenir soixante litres au plus.

L'Esquimau, étant arrivé tout près de la baleine, lui enfonça le harpon dans le côté et tira le dan au large. La baleine plongea, emportant dans son agonie le dan avec elle, et l'Esquimau, ramassant la poignée libre du harpon, rama dans la direction qu'il supposait avoir été prise par l'animal. Peu de temps après, le dan reparut à une petite distance. Les kayaks, lancés comme la flèche d'un carquois, filèrent vers cet endroit, et, avant que l'énorme poisson eût plongé une seconde fois, il reçut deux autres harpons et plusieurs coups profonds de lances des Esquimaux. Il disparut de nouveau, emmenant deux nouveaux dans avec lui. Mais la force attractive de ces larges bouées, combinée avec les profondes blessures qu'il avait reçues, amena bientôt le poisson à la surface, où il fut assailli et relancé par ses persécuteurs, qui, en moins d'une heure, l'eurent tué et tiré en triomphe sur le rivage.

Baleine.

Les indigènes étaient encore occupés à découper cette belle capture, lorsqu'un des hommes poussa un cri sauvage en montrant la mer. Au premier abord, Edith s'imagina qu'ils avaient vu une autre baleine; mais cette opinion fut bientôt dissipée, lorsqu'elle observa la précipitation avec laquelle ils ramèrent vers la terre et se parlèrent les uns aux autres avec des marques d'inquiétude, en regardant l'objet en vue à l'horizon. Cet objet semblait une simple tache aux yeux inexpérimentés d'Edith; mais, en le regardant fixement, une pensée traversa son esprit. Elle bondit. Ses yeux brillants semblèrent sortir de leurs orbites, dans son désir ardent de savoir au juste ce qu'était cet objet d'un si grand intérêt. L'oumyak touchait terre à ce moment. Edith, légère comme une gazelle, descendit sur le rivage et monta au sommet d'un immense rocher. Là, elle dirigea son regard sur la mer, tandis qu'elle rougissait et pâlissait, en serrant ses mains nerveuses contre sa poitrine, dans une agonie d'espoir. Lentement, très-lentement, la tache s'agrandit; le vent s'éleva et envoya un rayon de lumière sur ce point blanc. C'était une voile! un bateau! elle ne pouvait en douter, et dirigé directement sur l'île. Edith, incapable de se contenir, jeta un cri, tomba sur le sol et éclata en sanglots. C'était l'espoir si longtemps différé, à la fin réalisé; car l'enfant ne doutait pas un instant que ce ne fût une réponse à sa longue attente.

Les Esquimaux, pendant ce temps, allaient et venaient dans un état extraordinaire d'excitation. Ce peuple avait probablement entendu parler d'un navire qui avait traversé une fois les détroits d'Hudson, afin d'arriver aux dépôts sur les rivages de la baie; mais ils ne s'étaient jamais rencontrés avec eux; ils n'avaient jamais vu un Kublunat (face blanche) avant ce jour mémorable dans leurs annales, de la découverte de la petite Edith. Leurs yeux perçants comprirent alors, en voyant le bateau approcher, combien il différait de leurs kayaks ou de leurs propres oumyaks; car, avec ses blanches voiles, gonflées par la brise du soir, son pavillon flottant à la pointe, et l'écume blanchissante s'enroulant autour de sa proue, il semblait un vrai modèle de grâce et de symétrie.

On voyait seulement trois personnes dans le bateau. Une d'elles paraissait être un Esquimau; une autre était debout et immobile à la barre, et une troisième à l'avant.

— Courons au bord, dit la douce voix d'Edith, lorsque le navire ne fut plus qu'à une portée du rivage.

La proue fendit l'onde, la pointe s'abaissa, et, un moment après, la quille gratta le sable.

Pendant un moment, une sensation de désappointement intense remplit le cœur d'Edith, en cherchant en vain le visage de son père ou de Frank; puis, avec un cri de joie, elle bondit en avant et tomba dans les bras de son ancien ennemi Gaspard.

— Dieu soit loué! dit Dick Prince d'une voix émue, en sautant légèrement du bateau et en serrant l'enfant dans ses bras. Dieu soit loué! nous avons retrouvé Mlle Edith. Quelle nouvelle vie va rentrer dans le cœur de votre pauvre mère!

— Oh! comment va-t-elle? Pourquoi n'est-elle pas venue avec vous? sanglota Edith, tandis que Dick Prince, s'asseyant sur un rocher, l'attirait sur ses genoux et soutenait sa blonde tête, pendant qu'elle pleurait sur son épaule.

En même temps, Annatock était presque étouffé par sa femme, son enfant et ses compatriotes, qui se pressaient en foule autour de lui, pour obtenir des renseignements et lui offrir toutes leurs félicitations. Quant à Gaspard, afin de se remettre de son émotion, il essayait de tirer le bateau hors de l'eau et il y réussissait difficilement, quoique robuste, à cause des larmes de joie qui gonflaient ses yeux.

Quand les premières questions furent posées et éclaircies des deux côtés, les indigènes furent informés par leurs camarades de la nature et du but de l'établissement du fort Chimo. Ils montrèrent les signes de joie les plus extravagants en apprenant ces nouvelles. Cet enthousiasme une fois calmé, ils conduisirent la bande dans leur principale tente, et leur servirent les viandes les plus choisies, parlant avec véhémence tout le temps, et s'arrêtant de temps en temps pour montrer un bonheur et un délire inexprimables.

— Vous voyez, mademoiselle Edith, commença Dick Prince, lorsqu'il fut assis en rond avec Gaspard autour d'un plat de veau marin, comment nous avons su que vous étiez de ce côté. Gaspard et moi étions envoyés au bas de la côte pour chasser des phoques, car nous étions à court de graisse, et nous n'aimions pas à donner de la chair de renne à nos chiens. Votre père nous avait donné le bateau ; car, dit-il, « il ira plus loin avec le vent qu'un canot; et, si vous voyez quelque indigène, n'oubliez pas de vous informer d'elle. » Vous saurez, mademoiselle Edith, que, depuis que vous avez été perdue, nous ne prononcions plus jamais votre nom, quoique nous parlions souvent de vous. Nous craignions peut-être de parler d'une morte. Nous étions donc partis pour les rivages de l'Ouest, et nous nous étions arrêtés en face d'un morceau de glace flottante, où se trouvaient des phoques. Un jour où nous étions occupés à chasser comme d'habitude, nous vîmes, sur un icefield, un objet noir, qui était poussé vers la haute mer par une forte brise. « C'est un phoque bizarre, dit Gaspard. — Certes oui, dis-je, il est étrange. S'il y avait des ours noirs de ce côté, je dirais que c'en est un. — Mettez une balle dans votre fusil, reprit Gaspard; car, comme nous avons tiré ces jours-ci quelques oiseaux, l'arme est à sec. » Je mis une balle et je fixai la bête, prêt à tirer au moindre mouvement. Heureusement, je fus empêché de faire feu. Au moment où j'allais lâcher la détente, la bête se leva debout et marcha sur ses pattes de derrière. « Arrêtez, » cria Gaspard avec un cri d'effroi. Je laisse retomber mon fusil, et le faux ours nous appelle avec une voix humaine; il commence à marcher vers nous. Nous l'emmenons à terre, et je peux seulement comprendre, à son jargon, que la glace l'avait emporté loin du rivage, et qu'il se nommait Annatock. Pendant que nous causions avec l'Esquimau, Gaspard s'écria : « Regardez donc, Prince, il a une sorte de médaille à son cou, et quelque chose écrit dessus. Vous qui êtes savant, dites-moi ce qu'il y a là. » Je regardai, en me frottant les yeux plusieurs fois, avant d'être sûr de ce que je lisais : *Edith*. Oui, Edith! Etait-ce possible!

— Oh! s'écria Edith, souriant à travers ses larmes, c'était la médaille que je lui avais suspendue au cou il y a déjà longtemps. J'espérais toujours qu'elle serait vue par quelques-uns des miens.

— Ce fut aussi ce que je devinai, continua Prince; je le pensai de suite; car je savais que les Esquimaux n'auraient jamais pu écrire cela d'eux-mêmes. Alors Gaspard et moi, nous eûmes une peine terrible à lui faire expliquer comment il était venu là, et d'où il venait. A la fin, nous avons compris qu'il arrivait d'une île dans cette direction. Aussi nous courûmes prendre le bateau et le mîmes en droite ligne sur ce point, ce qui ne fut pas difficile, ayant Annatock pour pilote.

— Donc, mon père ne sait pas où vous êtes, ni rien de ce que vous avez appris sur moi, demanda Edith surprise.

— Il le fallait bien, mademoiselle Edith, répliqua Dick Prince. Vous voyez, nous aurions perdu deux ou trois jours pour retourner au fort Chimo. Nous ne savions pas comment cela tournerait, et nous aurions pu donner de l'espoir à votre mère pour rien. D'ailleurs, nous étions partis pour une ou deux semaines. Ils ne peuvent s'étonner de notre absence, et nous avons pensé qu'il valait mieux d'abord venir ici, surtout depuis que nous avons compris que c'était à une aussi petite distance.

— Une petite distance! s'écria Edith en se redressant. Je croyais qu'il y avait d'ici au fort des milles et des milles! Oh! c'était si loin, si loin! Comment! la distance est réellement petite?

— Oui, elle est très-courte, dit Prince en caressant la tête de l'enfant. Il ne faut pas plus de trois jours pour ramer de cette île au fort, et une forte brise nous y mènerait en moins de deux.

— Et Frank? où est Frank? dit Edith, avec un air anxieux et inquiet.

— Ah! mademoiselle, répliqua Prince, il est parti presque plus loin que vous-même. Aussitôt après votre disparition, il arriva un paquet du Sud, et il fut obligé d'interrompre ses recherches à votre sujet, quoiqu'il fût désolé de les suspendre. Il fut envoyé avec trois des hommes à Moose. Depuis ce jour, nous n'en avons plus entendu parler du tout. Son voyage est fort long; car il a à faire tout le chemin qui sépare Moose d'York-Fort. Aussi nous n'espérons pas de ses nouvelles avant longtemps maintenant. Mais je vous parlerai plus longuement de tous vos vieux amis, lorsque tout sera prêt pour repartir demain.

Le reste du jour fut employé à faire des préparatifs pour faire voile le lendemain matin. La première nouvelle de l'existence d'un nouveau centre de négoce jeta les indigènes enfantins dans les plus grandes délices; mais lorsque Prince leur fit comprendre qu'il comptait repartir le jour suivant, avec l'enfant qui avait été pour eux si longtemps comme un esprit lumineux dans leur camp, ils montrèrent les marques du plus profond chagrin. Ils essayèrent même de faire opposition à ce projet. Mais quand Edith leur dit, par l'entremise de Peetoot, qui faisait fonction d'interprète, que l'éloignement du fort de son père n'était pas grand, qu'elle reviendrait souvent, et resterait longtemps, ils devinrent plus calmes et s'habituèrent à son départ; puis, lorsqu'elle essaya de changer leurs idées, œuvre peu difficile d'ailleurs, en leur décrivant les richesses amoncelées au fort par les négociants, ils dansèrent, sautèrent, rirent et chantèrent comme de vrais enfants. Jusqu'au bébé de Kaga qui, partageant l'ivresse générale, se mit à rire et à pousser de tels cris, que tous ceux qu'il avait jetés précédemment n'étaient rien à côté de cette explosion.

Quand l'heure du départ fut réellement arrivée, et qu'Edith fit ses adieux à ses bons amis, chez lesquels elle avait reçu si longtemps une rude et cordiale hospitalité, ils furent de nouveau jetés dans le plus profond désespoir. Enfin, le petit bateau prit la mer. Alors il n'y eut pas un œil sans larme dans toute la tribu, et jusqu'au dernier moment tous restèrent sur la rive pour suivre des yeux la charmante enfant qui s'éloignait doucement, enlevée par une forte et favorable brise.

XXXIII.

Les nuages sont dispersés; le soleil luit de nouveau sur le fort Chimo. — Espoir et crainte pour Maximus.

Le temps marchait lentement et pesamment au fort Chimo. Les chansons, les plaisanteries et les rires s'échappaient rarement des maisons des hommes, qui remplissaient leurs occupations respectives presque en silence. La perte d'Edith jetait une ombre qui s'étendait sur tout le fort. L'absence de commerce sur une grande échelle avait aussi amené une déception générale. De plus, on commençait à se sentir anxieux de ne pas voir revenir Frank Morton.

— Jenny, dit un jour Stanley, voulez-vous venir avec moi aujourd'hui sur la grève? Je ne sais pas pourquoi, mais, chaque fois que je sors maintenant, j'espère toujours entendre le coup de fusil du bateau arrivant par les détroits.

Mme Stanley se leva; elle prit son châle et son capuchon, et accompagna son mari en silence.

Sur ce, La Roche arriva, et, touchant sa casquette :

— Pardon, madame, que voulez-vous avoir pour dîner?

— Ce que vous voudrez, La Roche; faites comme hier.

— Ah! madame, pardonnez-moi, c'est impossible; nous avions du poisson frais hier, et il n'y en pas aujourd'hui. C'est une pitié!

La Roche fut subitement interrompu par une exclamation de son maître, qui regardait fixement, en indiquant le détroit de la rivière. On apercevait contre le sombre rocher la blanche silhouette triangulaire d'une voile de navire. Elle apparut lentement comme un fantôme; car le vent était fort léger. Sur le rivage, les trois spectateurs, le cœur palpitant, ne la perdaient pas de vue, osant à peine en croire leurs yeux. Peu de secondes après, une deuxième voile apparut. Enfin, la goëlette flotta visiblement, une fumée blanche entoura sa proue, et de nouveau encore les silencieux échos d'Ungava furent réveillés par une décharge d'artillerie. Les hommes du fort quittèrent leurs travaux et coururent sur la berge pour saluer le navire du cri de bienvenue.

Tandis que le vaisseau jetait l'ancre en face du fort, Frank Morton se montra à l'avant, et alors tout l'équipage répéta le cri de salut avec un degré d'énergie qui rappelait les anciens jours.

— Voilà Frank! cria M. Stanley, en se retournant vers sa femme avec un geste de joie. Béni soit-il! Il faut qu'il ait trouvé quelque femme indienne sur sa route. Je vois le mouvement d'un jupon.

Le bateau se détacha du navire et gagna rapidement le rivage.

— Eh! qu'y a-t-il? s'écria Stanley, tandis que sa femme le quittait brusquement et bondissait vers le lac.

Une enfant était placée à l'avant, les bras tendus vers le rivage.

— Hurrah! mes amis, cria Frank de sa voix la plus forte.

— Mère! mère! cria l'enfant.

Un moment après, Frank plaçait Edith dans les bras de sa mère.

Il y a dans les histoires des hommes des incidents qui ne peuvent être minutieusement décrits sans être gâtés. Telle fut la rencontre entre le père, la mère et l'enfant si longtemps perdue.

Une sorte d'excitation fiévreuse avait gagné toute la colonie. Les questions se croisaient avec les réponses, mais sans présenter la forme d'une conversation suivie.

De temps en temps, la nécessité de décharger la cargaison du navire et de préparer les fourrures pour l'embarquement apportait une diversion et occupait la troupe entière.

Lorsque le soir approcha, La Roche, fidèle à son devoir, plaça la soupe sur la table. Stanley et sa femme, à côté d'Edith et de Frank, tout en prenant leur repas, continuèrent à causer.

— A quel endroit, Frank, avez-vous retrouvé le bateau? dit Stanley.

— A peu près à cinq milles de l'embouchure de la rivière, vers six heures, ce matin. Nous regardions ce bateau, qui s'avançait près d'un bloc de glace, et vous pouvez deviner notre surprise lorsque nous vîmes l'*Union-Jack* flotter à sa pointe. J'ordonnai à notre navire d'aller à l'avant pour lui prêter secours. Tandis que les hommes manœuvraient, je l'examinai avec la lorgnette, et ce fut alors que je découvris que le bateau contenait Prince, Gaspard et Edith.

— Ah! Frank, dit Mme Stanley, n'est-ce pas une providence étrange que vous, qui étiez si triste et si désolé d'interrompre vos recherches, vous avez été choisi pour retrouver notre enfant bien-aimée et l'amener vers nous?

— Non, répliqua Frank, ce n'est pas moi qui l'ai trouvée, mais bien Dick Prince et Gaspard.

— Et que pensez-vous de l'absence de Maximus? dit Stanley.

Frank secoua la tête.

— Je ne sais que penser, dit-il. Comme je vous l'ai dit, nous l'avons laissé à Moose-Fort, avec sa fiancée retrouvée, et nous avons envoyé le missionnaire pour les marier en bonne forme. Le lendemain, ils montaient dans un petit canot pour revenir à Ungava.

Je partis pour le lac Supérieur, et je pensais les trouver ici à mon retour.

Stanley devint sérieux.

— Je crains beaucoup, dit-il, que quelque mésaventure ne soit arrivée à notre brave Esquimau. Il était bien armé, dites-vous, et amplement pourvu de provisions ?

— Oh ! oui, certainement. Il a pris deux fusils avec lui, en disant que sa femme était aussi bon tireur que lui-même.

— Les hommes désirent savoir où on doit mettre les grosses provisions, dit Massan, en ouvrant la porte, et s'arrêtant, la casquette à la main, pour attendre les ordres.

Stanley se leva pour quitter la salle.

— Je serai à vous dans une minute, Massan. Frank, nous entendrons votre récit ce soir. En attendant, je vais aller voir ce que font les hommes.

Lorsque le soleil fut couché, que le chant des marins eut cessé, et que les habitants fatigués du fort Chimo eurent allumé leurs pipes pour se reposer, après une journée de labeur, Frank et Stanley s'assirent de chaque côté du foyer, avec Mme Stanley et Edith en face de l'âtre, entre eux deux. Une merveilleuse bûche de sapin fut jetée au feu, et rendit au bout de quelques instants la lueur de la chandelle tout à fait superflue. Stanley alluma sa pipe et dit à Frank :

— Maintenant, mon ami, nous sommes à vous.

Frank commença ainsi son récit.

XXXIV.

Péripéties. — Un ours polaire rendu utile. — Pêches. — Luttes et sauvetage. — Une découverte inattendue. — Anxiété mêlée de joie.

Vous vous rappelez, j'ose le croire, que le jour où je quittai Ungava, au printemps dernier, était un jour exceptionnellement beau, un jour comme celui que nous eûmes, vous, Edith, moi et Chimo, dans le vallon à fruits ; mais l'excursion que nous fîmes alors n'était rien en comparaison de l'ouvrage qui nous arriva le troisième jour de notre départ du fort.

Maximus et Oolibuck étaient d'habiles grimpeurs, et nous allions sur le sol aussi vite que possible ; mais les chiens ne pouvaient marcher aussi facilement sur ce rude terrain avec leur traîneau chargé. Chimo, en vérité, tirait comme un héros ; et si les autres chiens l'eussent égalé en ardeur, nous aurions été ici en moins de rien. Notre troisième jour fut donc un jour de travail excessif. Quittant la rivière, nous nous enfonçâmes dans les montagnes ; aussi, après avoir presque mis notre traîneau en pièces et avoir risqué nos vies, nous jugeâmes nécessaire de retourner vers la rivière et de suivre son cours dans l'intérieur.

Après quelque temps de rude voyage, nous arrivâmes, comme je l'avais prévu, au détroit du lac, sur la hauteur des terres ; nous allâmes alors plus rapidement et plus facilement. Il y a là une quantité de ptarmigans ; aussi nos provisions furent-elles épargnées ; chose importante, vous le savez, dans un pays où quelquefois on peut ne rien trouver à manger. Un soir, vers le coucher du soleil, nous traversâmes un grand lac, et il commença à neiger lourdement et si longtemps, que nous ne pouvions plus voir la terre.

— Qu'allons-nous faire maintenant? dis-je. Il me semble que si nous continuons, nous ne pourrons reconnaître notre chemin, et nous perdrons beaucoup de temps pour le retrouver ensuite. Allons-nous revenir en arrière ?

— Il vaut mieux continuer, répliqua Maximus.

Oolibuck semblait du même avis ; aussi je donnai un vigoureux coup de fouet pour exciter les chiens qui commençaient à grogner, sentant la difficulté de tirer le traîneau sur cette neige épaisse ; car ceux du dernier rang pouvaient à peine continuer à se mouvoir. Même Chimo fut arrêté dans cette détresse. Maximus leur vint en aide. Il suspendit un ptarmigan à sa ceinture, et le fit sentir aux chiens, tandis qu'il marchait en avant. Les animaux affamés s'élancèrent instantanément, et avancèrent avec rage pendant une distance considérable. Mais, après avoir gagné deux ou trois milles, la neige devint si épaisse, qu'il fallut faire halte et tenir conseil.

— Maintenant, dis-je, mon avis est que nous devons camper sur la glace ; il ne sert à rien d'exténuer les chiens et nous-mêmes dans l'incertitude. Voyons, qu'en dites-vous, mes amis ?

— Je pense comme vous, dit Oolibuck.

Maximus secoua la tête en signe d'assentiment ; aussi nous nous mîmes immédiatement à faire notre campement. Vous vous rappelez la hutte que nous avions construite sur le lac, lorsque je fus si gravement blessé, et lorsque vous vous êtes perdue, Edith. Eh bien ! nous fîmes une maison de neige comme celle-là. Et comme nous travaillions rudement, nous l'eûmes établie et nous fûmes confortablement sous son abri en moins de deux heures.

Pendant ce temps, les chiens mangeaient, et un petit morceau de bois que nous avions heureusement pris avec nous sur le traîneau, fut coupé ; le feu flamba ; il servit seulement à faire bouillir la marmite, puis il s'éteignit, nous laissant dans l'obscurité manger notre souper, car le soleil s'était couché. Néanmoins, il ne nous manqua pas beaucoup ; et lorsque nous eûmes fini et que nous fûmes étendus côte à côte sur la neige, avec nos pipes, nos chiens couchés à nos pieds nous tenant chaud, je pensais qu'un palais n'eût pas été plus confortable que notre maison de neige.

Comme nous n'avions pas de bois pour faire un autre feu, et que nous ne pouvions avoir de l'eau qu'en perçant la glace, je résolus de tenter une expérience qui, je l'avais entendu dire, était souvent couronnée de succès. Ce fut de remplir une bouteille de neige, et de la mettre près de moi. Pendant la nuit, la chaleur de mon corps la fit fondre, et le matin nous avions de l'eau suffisamment pour nous faire une boisson à déjeuner.

Lorsqu'il fut jour, nous trouvâmes que le vent était si dur et si pénétrant, que nous ne pouvions nous remuer ; aussi nous nous demandâmes ce que nous ferions jusqu'à ce que le temps se fût calmé.

— Maximus, dis-je, après avoir déjeuné avec notre morceau de ptarmigan froid, essayez d'aller dehors et de faire un trou à travers la glace. Je ne doute pas que nous ne trouvions du poisson dans ce lac. Si nous en avons, cela formera une excellente addition à notre festin. Je vais préparer les cordes et les crochets.

Maximus, dont le large corps était étendu tout de son long en fumant sa pipe, se leva pour obéir ; mais comme il allait quitter la hutte, Oolibuck lui dit quelques mots.

— Pardon, monsieur, dit Oolibuck, avec son gracieux sourire habituel, mes compatriotes pêchent dans leur igloé, même lorsqu'il fait trop froid dehors. Peut-être nous pourrions faire un trou ici, si vous vouliez.

— Très-bien, lui dis-je, faites le trou où vous voudrez ; mettez-vous-y vite, car j'aurai mes lignes prêtes avant que vous atteigniez l'eau.

Les deux Esquimaux se mirent immédiatement à l'ouvrage, et en moins d'une heure ils avaient fait un trou de six pieds de profondeur dans le milieu de notre plancher. Nous y plongeâmes deux lignes, et notre ruse réussit immédiatement. Nous prîmes cinq ou six excellents poissons blancs, une ou deux truites dès la première demi-heure ; aussi nous pûmes donner un vrai régal aux chiens. Nous en fîmes geler alors autant que nous pûmes en emporter pour l'avenir ; mais nous n'eûmes pas la satisfaction d'avoir un bon dîner ce jour-là ; car nous manquions de bois pour faire du feu. Vous vous seriez beaucoup amusés, si vous aviez regardé par la fenêtre de glace de notre igloé ce jour-là ; car nous étions tous autour du trou sur le plancher, attendant fiévreusement.

Je dois avouer cependant que je laissai l'ouvrage principalement aux deux hommes, qui semblaient beaucoup s'amuser. Maximus était sérieux et énergique, comme il l'est toujours, mais le visage d'Oolibuck subissait les plus étonnantes transformations, montrant tantôt un espoir complet, tantôt un découragement total, traduit par un grognement ; quelquefois ébloui et excité lorsqu'un choc l'avait fait tressaillir sous l'influence des efforts du poisson. Puis son visage était désespéré si le poisson s'échappait.

Vers le soir, le vent tomba, et nous continuâmes notre voyage. Nous ne fûmes pas interrompus par le temps plus d'une semaine en tout; à la fin, nous vîmes le lac de Claire-Eau, et nous tînmes encore une consultation pour savoir quelle était la meilleure route à prendre, car il fallait décider si nous suivrions la chaîne des lacs par lesquels nous étions venus à Ungava, dans nos canots, ou si nous ferions une descente en droite ligne vers la côte, en tentant la chance de la trouver. Nous étions encore incertains de ce qu'il fallait faire, lorsque notre sort fut décidé par un ours polaire.

Frank et deux Esquimaux suivent dans la neige la piste d'une ourse et d'un ourson.

— Un ours polaire? s'écria Edith surprise.

— Oui, un ours polaire et son ourson tranchèrent la question, comme vous allez le comprendre. Mais d'abord passez-moi la blague à tabac de papa, s'il vous plaît, car ma pipe est à bout.

— Là! bien! Donc, continua Frank, en rallumant sa pipe, et en jetant une bûche fraîche dans le feu, nous étions anxieux de savoir ce que nous ferions, lorsque, errant autour de ce lieu, cherchant à y trouver une issue, je rencontrai les traces d'un ours polaire, et à côté l'empreinte de petits pieds, qui me firent voir que c'était une ourse et son ourson. Je remarquai que les traces étaient toutes fraîches.

— Allons maintenant, Maximus, dis-je, en montrant ces traces qui allaient vers l'ouest, voici un guide sûr qui nous conduira par le plus court chemin à la côte.

Je vous dis cela, Edith, parce que je sais que l'ours trouve rarement sa nourriture dans ces hautes régions, et descend vers les cascades qui y sont très-nombreuses. En approchant de la côte, il trouve beaucoup de phoques sur la mer.

Il n'y avait rien à faire, qu'à suivre les traces pour être menés par le plus court chemin à la rivière de Claire-Eau, dont la source est difficile à trouver, à cause de l'abaissement des bords du lac à cet endroit. Nous partîmes donc, et, comme je l'avais espéré, nous trouvâmes bientôt la rivière sur les bords de laquelle nous descendîmes, en côtoyant les rochers et les crevasses à travers des amas de neige, jusqu'à la côte du golfe de Richmond. Il nous fallut plusieurs semaines pour accomplir cette partie du voyage; et lorsque nous arrivâmes à la côte, épuisés par ce rude trajet, avec nos vêtements tout déchirés, le printemps était fort avancé et les rivières dégelées. Les oies et les canards avaient déjà émigré vers le nord; quant aux troupeaux de rennes, ils étaient innombrables; aussi nous nous trouvâmes subitement au milieu de l'abondance. Juste avant d'atteindre le golfe, je vis la rupture d'une rivière glacée. C'est un des plus magnifiques spectacles dont j'aie été jamais témoin.

Cette rivière n'était pas très-large. En en approchant, nous fûmes frappés par une curieuse barrière de glace, qui était placée en travers. En l'examinant de plus près, je vis que cette glace s'était remuée récemment; une énorme plaque de plusieurs mètres de surface et de six pieds d'épaisseur, avait en tourbillonnant atteint les rochers escarpés, et était restée juchée par-dessus. Ainsi placée, elle formait une barrière temporaire, contre laquelle d'autres masses étaient venues s'échouer. L'issue fut bientôt totalement fermée, et l'eau commença à s'élever avec une grande rapidité. Tandis que nous restions sur le haut rocher, regardant en bas le sauvage ravin dans lequel ceci se passait, j'entendis un bruyant craquement. Un instant après, la barrière de glace éclata comme un coup de tonnerre, les eaux envahissantes s'élancèrent furieuses dans leur détroit accoutumé. La dévastation qui suivit fut inexprimable, des rocs de plusieurs tonnes de poids étaient enlevés et jetés comme des jouets sur la glace. Le torrent frappait les falaises, tandis que les arbres, la glace, l'eau, balayaient la gorge dans un tourbillon, qui m'étourdit pendant que je le regardais. En une heure, l'horreur de cette scène terrible fut terminée ; mais la désolation indescriptible qui en fut le résultat en laissera la trace pendant des siècles.

Notre première expérience du golfe de Richmond ne fut agréable d'aucune façon ; lorsque nous arrivâmes, il était couvert de glace, et solide en apparence. En réalité, il ne l'était guère plus que de l'écume gelée. Oolibuck alla le premier y marcher avec la guide de son petit traîneau sur l'épaule. Pendant une courte distance nous le suivîmes, comptant traverser, lorsque je fus subitement tiré de ma rêverie par un cri de Maximus. Regardant vivement en l'air, je ne vis plus que la tête d'Oolibuck, enfoncé dans la glace. Maximus essayait de le tirer par les traits de son traîneau.

Probablement Oolibuck en avait enroulé une bonne partie autour de son épaule ; car, après de longs efforts, nous réussîmes à le mettre hors de l'eau. Une gelée aiguë arrivant de suite, les vêtements du pauvre garçon furent si raidis, qu'il ne pouvait plus se mouvoir.

— Ceci est un mauvais tour, dis-je à Maximus, nous devons

le porter. Prenez-le par la tête, et je vais lui tenir les pieds.

— Oh ! soyez tranquille, je vais me dégeler, cria Oolibuck.

Alors, jetant un regard piteux sur ses hardes raidies, qui n'étaient plus qu'un amas de glaçons, Maximus rit bruyamment, et, avant que je pusse l'aider, il saisit son camarade dans ses bras puissants, le chargea sur son épaule comme un sac, et courut vers le rivage aussi légèrement que si son fardeau eût été un enfant, au lieu d'un gros et lourd Esquimau.

Arrivés dans les bois, nous enveloppâmes Oolibuck dans nos couvertures, puis nous allumâmes un bon feu ; et deux heures après, ses vêtement étaient séchés.

La leçon ne fut pas perdue, car nous côtoyâmes le golfe de Richmond au lieu de vouloir le traverser.

Et maintenant, continua Frank en remuant le feu et rallumant sa pipe qui s'éteignait régulièrement aux parties intéressantes de son récit, maintenant, j'arrive à la partie de mon histoire qui concerne le sort de Maximus.

Comme je l'ai dit, nous étions arrivés à la côte, et nous commençions à regarder le fort Moose comme la première halte sérieuse de notre voyage, quoique la plus grande partie de notre course restât encore devant nous, Edith, car, suivant mon calcul, j'ai parcouru depuis le printemps dernier une distance de trois mille milles, un mille ayant été accompli à pied, à peu près un mille en bateaux et en canots, et un mille par mer. Pendant tout ce temps, je n'ai pas vu une parcelle de terre civilisée, une simple route, pas même un sentier. C'est bien le cas de répéter la chanson favorite de Bryan : « Sur les montagnes et les rivières, je suis jeté comme un débris. » Moi je suis heureux de le dire, je n'ai pas, comme la même chanson l'ajoute, concentré sur cette terre une tombe humide de larmes. Cependant j'en fus bien près, comme vous allez le voir.

Nous avions côtoyé la baie de Saint-James très-réconfortés, en songeant que les montagnes étaient dépassées maintenant, et que notre route serait unie désormais. Un soir, exténués après une rude journée de marche sur la neige douce, alternant avec le galet des berges, car le printemps s'avançait, nous arrivâmes subitement dans un campement indien. Je pensais que ce pouvaient être quelques Indiens de Moose, mais, en m'informant, j'appris que c'était une tribu de Muskigons qui errent sur toute la terre de l'Est, et semblent être dans des dispositions peu favorables. Cependant nous résolûmes de camper près d'eux cette nuit-là, et d'apprendre tout ce que nous pourrions savoir sur leurs terrains de chasse.

Nous passâmes quelque temps dans le wigwam de cuir du principal chef, qui avait un sinistre regard de chacal et qui nous parla longuement, lorsque le temps et la pipe eurent dissipé sa réserve. Quoi qu'il en soit, je me déterminai à passer la nuit dans la tente d'une vieille femme solitaire, qui avait été récemment au Fort-Moose et de qui j'espérais avoir quelques nouvelles de nos amis de là-bas.

Vous savez, Edith, que j'ai toujours eu un faible pour les pauvres vieilles femmes misérables : c'est peut-être pour me donner un point de ressemblance avec vous. Cette femme était appelée la vieille Moggy par le peuple de Moose, et elle avait le visage le plus parcheminé, ridé, séché, que vous ayez jamais vu. Elle était aussi fantasque et capricieuse ; mais c'était à cause de l'abandon qu'elle avait eu à subir de ceux de sa tribu. En somme, elle avait un bon caractère ; ce qui me parut de plus en plus évident à mesure que je causais avec elle.

— Eh bien ! vieille Moggy, dis-je en entrant dans sa tente, quelle joie ! quel bonheur ?

— Il n'y a pas de joie ici ! répliqua-t-elle d'un air bourru, dans son idiome natal.

— Alors, dis-je, ne soyez pas en colère. Voici un peu de tabac pour vous réjouir le cœur. Mais qu'est-ce que vous avez là près de vous? demandai-je, en remarquant une jeune fille agréable qui avait une teinte de tristesse peinte sur toute sa personne, et était assise dans un sombre coin du wigwam, comme si elle cherchait à se cacher. Je remarquai qu'elle était plus blanche que ne le sont les Indiennes, et je supposai d'abord que c'était une jeune fille de sang mêlé; mais un second regard me convainquit qu'elle n'avait nulle trace de sang indien dans les veines.

— Elle est ma seule amie, dit la vieille Moggy (son œil noir brillait en la regardant). Elle devait être la femme de mon fils au loin, et elle est tout ce qui me reste maintenant.

La voix de la vieille femme tremblait en parlant ainsi; et elle étendit ses mains décharnées sur le petit feu qui brûlait au centre du plancher.

J'allais prendre de plus complètes informations sur l'histoire de la jeune fille, lorsque le rideau de la porte fut levé, et Oolibuck montra sa tête velue.

— S'il vous plaît, monsieur? Le vieux chef redemande du tabac; j'ai fumé tout le mien, voulez-vous m'en donner?

— Puisque vous êtes ici, dis-je en lui en jetant un paquet, envoyez-moi Maximus; j'ai besoin de lui parler.

— Je suis là, dit Maximus, en dehors de la tente.

— Ah! c'est vrai. Vieille Moggy, je reviens dans quelques minutes, ne vous endormez pas avant mon retour.

Comme j'allais sortir de la tente, la jeune fille me dépassa lestement, et, jetant son capuchon sur sa tête et sa figure, elle sortit par l'ouverture.

Je vis Maximus qui la regardait avec surprise.

— Quoi! Maximus, qu'y a-t-il? Pensez-vous que cette fille soit une magicienne?

— Non, mais je pense qu'elle est folle. Elle m'a regardé de tout près, et a filé lorsque vous êtes sorti de la tente.

— C'est original. L'aviez-vous déjà vue avant?

— Je ne l'ai pas même vue là, elle gardait son visage couvert. Passons, cela ne signifie rien. J'ai besoin que vous veniez avec moi vers le wigwam du chef, pour demander où nous devons mettre nos chiens pour la nuit et voir aussi nos propres quartiers.

Le wigwam de la vieille Moggy était à une distance de plusieurs centaines de mètres des autres tentes du village, dont elle était séparée par une rangée d'arbres rabougris. A travers ce taillis, Maximus et moi retrouvâmes notre chemin en suivant une des traces faites par les Indiens. La nuit était claire, et nous n'eûmes nulle difficulté à marcher. Arrivés à moitié chemin, j'observai une forme féminine se glissant dans les buissons; elle courut vers Maximus, puis elle s'arrêta incertaine de ce qu'elle ferait.

— Sûrement c'est encore votre amie inconnue, dis-je, tandis que nous nous arrêtions tous deux.

Puis, je vis qu'elle s'approchait encore. D'abord elle hésita; enfin, changeant brusquement d'avis, elle marcha hardiment devant Maximus, rejeta son capuchon en arrière et se planta devant lui. Je reconnus la petite amie de Moggy. Mais un changement surprenant l'avait métamorphosée. Ses joues pâles étaient maintenant colorées, ses yeux tristes brillaient avec animation, tandis qu'elle regardait la figure de l'Esquimau. Pendant quelques minutes, Maximus sembla frappé d'un coup de foudre.

— Aneetka! s'écria-t-il alors avec véhémence.

Et, bondissant en avant avec un cri de surprise il enlaça la jeune fille dans ses bras.

Vous pouvez facilement vous figurer ma surprise à cette scène.

Immédiatement après, le souvenir de l'attaque du camp esquimau par les Indiens et de l'enlèvement de la fiancée de Maximus me revint en mémoire ; je ne doutai pas que cette jeune fille d'Esquimau ne fût à cet instant devant moi. Les exclamations entrecoupées prononcées par ces deux Esquimaux m'en convainquirent complétement ; un sentiment délicieux remplit mon cœur, en les voyant réunis d'une façon si inattendue, lorsque, oublieux de ma présence, ils se firent une foule de questions et de réponses, qu'ils entremêlaient de baisers, comme pour bien se pénétrer de leur identité physique. Il me sembla que j'étais réellement indiscret et maladroit de gâter ces expansions, et je m'en allai à une petite distance vers le rivage, où je restai à faire des observations astronomiques dans le ciel, et à regarder attentivement la lune, qui couvrait le sommet des arbres d'une lumière argentée.

Au bout d'un quart d'heure Maximus vint vers moi et me présenta sa fiancée si longtemps perdue, Aneetka, dont la gentille figure brillait de joie.

Nous n'avions pas le temps de parler du passé ; le présent réclamait notre constante et sérieuse attention ; aussi nous nous assîmes sur le tronc d'un arbre tombé, pour nous consulter et pour savoir comment nous enlèverions Aneetka de la main de ses ravisseurs.

Sa courte histoire après son enlèvement d'Ungava peut se résumer ainsi.

L'Indien qui avait résolu d'en faire sa femme la trouva décidée à mourir plutôt que de l'épouser ; mais, espérant que le temps modifierait cette décision, il la plaça sous la garde de la vieille Moggy, et retourna dans le village de l'intérieur. Bientôt après, l'Indien fut tué par un ours brun, et la pauvre mère devint une sorte d'abandonnée au milieu de la tribu, n'ayant aucun parent pour penser à elle. Elle fut assistée cependant de temps en temps par deux jeunes gens, qui vinrent solliciter la main de la jeune fille ; mais Aneetka, restant fidèle à son premier amour, refusa d'écouter leurs propositions. Un de ces jeunes hommes était absent au moment où nous arrivâmes au camp, pour une expédition de chasse; l'autre, un hardi compère, était détesté de la plupart de ses compagnons. Depuis la mort de son fils, un sentiment de sympathie s'était élevé entre la vieille Moggy et la jeune fille ; ce sentiment devenait graduellement une affection.

Voici quel était l'état des choses lorsque nous la découvrîmes. Après une longue délibération, il fut convenu que j'irais vers le vieux chef et lui dirais que la vieille Moggy et son enfant d'adoption désiraient quitter la tribu pour aller à Moose et y demeurer avec nous, tandis qu'Aneetka, se rendant vers sa vieille protectrice, lui raconterait ce qui venait d'arriver.

— Adieu donc, Aneetka, dis-je, lorsque la jeune fille quitta son fiancé et s'enfonça dans les bois. Maintenant, Maximus, rien ne peut l'aider que de vaillants cœurs et de robustes bras ; venez vite, mon garçon.

Je trouvai à ma grande surprise que le vieux chef n'avait pas d'objection à l'arrangement que je lui proposai ; quelques-uns des autres ne semblaient pas portés à se séparer de leur captive ; mais je leur expliquai l'avantage qu'ils auraient à avoir des amis là-bas, et je leur dis que les commerçants de fourrures seraient heureux d'assister Moggy dans sa vieillesse, ce qui est vrai d'ailleurs ; car vous savez aussi bien que moi qu'il n'y a pas un poste, dans tout le pays, où l'on secourt davantage les vieillards sans soutien et sans aide, aux frais de la compagnie de la baie d'Hudson. Le seul homme résolûment opposé à cette proposition fut Meestagoosh, le jeune homme rejeté ; mais je le rendis silencieux par une nouvelle méthode.

C'était un grand et fort compagnon, presque de ma taille.

— Venez, dis-je à ses camarades rassemblés, dans la langue indienne, car je m'apercus qu'ils comprenaient fort bien mon jargon.

Venez, mes amis, laissons le droit du plus fort se faire justice sur ce point. Voici mon ami qui aime cette fille; laissons Meestagoosh et lui se battre pour elle.

Un joyeux rire accueillit cette proposition, et les Indiens mesurèrent les rudes proportions de mon Esquimau.

— Bien, continuai-je, si Meestagoosh est effrayé de l'Esquimau, il n'y a pas d'objection pour que je le remplace moi-même.

L'Indien me regarda avec un regard de colère, et sembla à demi porté à accepter le défi. Aussi, coupant court sur ce sujet, je le saisis par la gorge et je le roulai sur le sol; ce qui réjouit énormément tous ses compatriotes.

Meestagoosh se releva et se retira avec une expression sauvage sur le visage; je n'en entendis plus parler. En réalité, je crois qu'il quitta le camp immédiatement.

Après cela, nulle opposition ne reparut, et je consolidai cette décision par une large distribution de poudre et de tabac aux chefs. La vieille Moggy consentit à exécuter notre plan; aussi nous partîmes le lendemain, avec un chien en plus, acheté aux Indiens, afin de rendre notre attelage assez fort pour pouvoir traîner la vieille femme, lorsqu'elle serait fatiguée. Au bout de six jours nous étions à Moose-Fort. Maximus et Aneetka furent mariés en bonne forme par le missionnaire de l'Ouest, après avoir reçu quelque instruction et avoir témoigné le désir de devenir chrétiens. Puis, on leur donna un canot et les instructions nécessaires, et ils partirent pour la côte d'Ungava, accompagnés de notre bon chien Chimo, dont nous n'avions plus besoin, et de la vieille Moggy, qui ne voulut pas se séparer de sa chère amie Aneetka.

Ils partirent le long de la côte par une belle journée de printemps. Son manteau de peau de renne, qui brillait sous les rayons du soleil comme du velours, tandis que le canot s'éloignait et disparaissait derrière la pointe basse, fut la dernière chose que je vis de Maximus.

Je ne vous fatiguerai pas maintenant, continua Frank, avec les détails de mon voyage de retour, car, malgré plusieurs incidents, nul ne mérite d'être cité, excepté un seul. Je restai à Moose jusqu'à ce que les rivières fussent libres de glace, et alors je partis par l'intérieur du pays avec un petit canot et cinq hommes, Oolibuck étant barreur. Pendant longtemps nous avons voyagé sur les rivières et les lacs, jusqu'à la rivière de Michipicoton qui est fort rude, remplie de rapides et de cascades. Un jour que nous descendions un rapide qui sort d'une sombre gorge de rochers bruns et se termine par une chute, notre canot fut cassé en deux, et nous fûmes jetés à l'eau. Nous pûmes nager jusqu'au rivage en sûreté, à l'exception d'un seul homme qui s'accrocha au canot. Pauvre garçon, il fut emporté par lui vers la chute. Nous ne l'avons pas retrouvé, quoique nous ayons longtemps et soigneusement cherché son corps.

Nous nous trouvions alors dans une triste position, nous étions trempés sans moyens de faire du feu, sans provisions ni couvertures, au milieu d'un pays sauvage et désert. Ne perdant pas courage, nous partîmes à pied pour le bord de la rivière vers son embouchure, où nous savions que nous aurions du secours au fort de Michipicoton. Les jours qui suivirent furent les plus misérables que j'aie jamais passés. Nous trompions les douleurs de la faim en râclant l'écorce de quelques arbres, et par quelques fruits de l'année dernière, qui, ayant été gelés, avaient été préservés. Une ou deux fois, nous traversâmes la rivière sur un radeau de bois, et à la nuit nous nous couchâmes à l'abri d'un arbre ou d'un rocher. A la fin nous arrivâmes au fort du lac Supérieur, épuisés de faim et de fatigue. Là, nous attendîmes les canots du Canada, et, après un voyage presque semblable à travers les bois, les rivières et les lacs, nous atteignîmes enfin York-Fort, sur la baie d'Hudson, au commencement de l'automne.

J'y passai plusieurs semaines à me rappeler et à écrire le contenu des dépêches qui avaient été perdues avec notre canot et nos bagages dans la rivière de Michipicoton ; et lorsque ce fût fini et classé, je m'embarquai avec notre bagage de vivres dans le Beaver ; puis je fis voile pour Ungava. J'ai à peine besoin d'ajouter que ce voyage fut heureux, que le plus beau jour de tous fut celui où nous trouvâmes le bateau avec notre chère Edith, amené sur la glace près de l'entrée de la baie d'Ungava.

Tandis que Frank était ainsi occupé dans la salle du fort Chimo à raconter les événements de son long voyage, Oolibuck avait le même sort avec les hommes. Une fois la rude tâche de décharger le navire terminée, il fut placé au centre du cercle, près du feu brillant, en face de Dick Prince et de Massan, tandis que Moses, Oostesimow, Gaspard et Ma-Istequan étaient assis à sa droite, et Bryan, La Roche, François et Augustus l'entouraient à gauche, tous la pipe à la bouche, plus ou moins noircie ou enfumée par un usage constant. Une pipe fut offerte à Oolibuck, et il commença.

Alors le visage huileux de l'Esquimau s'épanouit, et les éclats de rire qui s'entendirent ce soir-là dans la maison prouvaient que l'esprit et l'humeur du robuste voyageur n'avaient pas été abattus par les épreuves et les dangers de son long et périlleux voyage.

XXXV.

Une période émouvante dans la vie de Maximus.

La joie et le chagrin sont tour à tour le sort de l'homme. Cela a toujours été, et nul doute que ce ne soit ainsi jusqu'à la fin du monde. Est-ce que le grande Juge de la terre n'a pas été juste? Assurément oui. D'ailleurs, ne pouvons-nous regarder la joie comme la lumière, et le chagrin comme l'ombre, dans le tableau de la vie humaine? Et quels sont ceux qui peignent tout en lumière ou tout en ombre?

Maximus l'expérimenta. Les ombres du tableau de sa vie avaient été trop longtemps larges et sombres; mais un reflet de vivantes lumières l'illumina, lorsqu'il eut retrouvé sa fiancée. Puis, la lumière et l'ombre se fondirent, comme nous le verrons.

En quittant Moose, Maximus accomplit de jour le voyage le long de la côte; et la nuit, comme le temps était beau, il campa avec sa femme, la vieille Moggy et Chimo, sur le rivage de la mer libre. Là, ils se consultèrent sur ce qu'ils feraient. Aussi longtemps qu'ils seraient sur les rivages de la baie de Saint-James, ils seraient en danger de trouver les Indiens; mais une fois au delà du golfe de Richmond, ils seraient comparativement en sûreté sur la terre des Esquimaux. Après une mûre délibération, ils résolurent de voyager pendant la nuit, et de se reposer et faire leur cuisine pendant le jour, le feu attirant alors moins l'attention s'ils étaient dans des lieux suspects.

Ce plan réussit très-bien, et ils passèrent inaperçus le long de la côte où les Indiens, s'il y en avait, étaient absolument invisibles. Cependant, en approchant du camp de la tribu où Aneetka avait été élevée, Maximus fut d'avis de ramer au loin dans la mer, l'eau étant extrêmement calme, et de rester un jour et une nuit, autant qu'ils le pourraient, dans leur frêle embarcation. Maximus s'assit à l'arrière du canot et le dirigea. Sa femme, à l'avant, rama aussi vigoureusement que l'eût fait un homme. Quant à la pauvre vieille Moggy, elle s'assit au milieu et ramait de temps en temps, lorsqu'elle sentait le froid l'envahir. Elle dormit presque tout le temps du voyage. Chimo crut de son devoir de se réjouir et de se reposer, et le fit constamment de tout son cœur.

Durant ce long jour et cette longue nuit, et encore le lendemain, le bras du géant ne s'arrêta pas. Aneetka se reposa une ou deux fois, à la requête expresse de son mari; mais le léger esquif ne ralentit pas sa course rapide jusqu'à la seconde nuit. Alors la vieille Moggy se réveilla.

— Mais, dit Aneetka, qui servait d'interprète entre son mari et la vieille femme, nous avons besoin de dormir pendant une heure ou deux. Vous semblez être reposée, voulez-vous veiller et faire le guet?

La vieille femme bâilla, se frotta les yeux et y consentit, après que la question lui eut été répétée deux fois. Alors, posant leur tête sur le côté opposé du canot, sans changer leur position, le mari et la femme se reposèrent.

Deux heures après, la vieille femme indienne, qui était restée immobile comme une sombre statue, tout ce temps, murmura légèrement. Instantanément, les dormeurs se réveillèrent; car ceux qui vivent au milieu des dangers ont le sommeil léger.

— Il est temps de continuer, dit la vieille femme.

Et, retombant sur son banc, elle s'enroula comme un paquet et s'endormit profondément.

Maximus et sa femme reprirent leurs rames, et l'équipage glissa lestement dans sa route vers le Nord. Lorsque le soleil se leva, ils touchaient la terre, et bientôt après ils étaient assis, non loin d'une haute roche, mangeant leur déjeuner, à côté d'un petit feu qui envoyait dans l'air une colonne de fumée, aussitôt dissipée, lorsqu'elle atteignait la cime des arbres. Ils espéraient que, maintenant, les Indiens étaient hors de portée, et qu'ils n'avaient plus la crainte d'être surpris. Ils eurent cependant la précaution de charger leurs deux fusils à balles, et les appuyèrent contre un arbre, presque sous leurs mains. Lorsque le repas fut terminé, Maximus se retira à quelques pas du feu, et, se jetant tout de son long sur la mousse verte, au pied d'un arbre, il tomba dans le plus profond sommeil.

Il n'était pas là depuis plus d'un quart d'heure, lorsqu'il tressaillit par le bruit d'un fusil, suivi de cris sauvages et d'un chœur d'exclamations surnaturelles. Au même instant, et avant qu'il pût se lever, ses jambes et ses bras furent garrottés sur le sol par quatre vigoureux Indiens. Pendant un instant, Maximus fut paralysé; puis, la terrible réalité de sa position, le cri perçant d'Aneetka, et la vue de la corde avec laquelle ses ravisseurs allaient le lier, le firent bondir avec un tel degré de violence, qu'il reprit pour un moment toute sa force de géant. D'un geste furieux, l'Esquimau renversa ses gardiens, à droite et à gauche, et se dressa sur ses pieds. Les Indiens s'enfuirent; mais un d'eux, qui avait été plus longtemps à se relever que les autres, reçut un coup qui le foudroya immédiatement. Maximus jeta vivement un regard autour de lui, cherchant sa femme, et observa qu'elle était entraînée par deux Indiens. L'Esquimau s'élança à sa poursuite comme la flèche d'un carquois. Les Indiens le virent venir. Ils se préparèrent à fuir; car, ayant abandonné leurs fusils, ils étaient incapables de faire feu sur l'ennemi qui approchait. Mais il y avait d'autres Indiens dans les buissons, dont les armes étaient dirigées sur la poitrine de Maximus. L'instant suivant aurait été le dernier pour lui, lorsqu'une pierre lancée des rochers le frappa au front et le coucha sanglant sur le sol.

Lorsque Maximus reprit ses sens, il se trouva sur la terre froide, dans une obscurité totale, et fortement attaché. Il est impossible de décrire l'angoisse de cet esprit hardi, en se tordant sur le sol et en essayant vainement de rompre les liens qui le retenaient. Il songea à Aneetka et à son propre abandon, tandis que, sans aucun doute, elle avait besoin de son bras puissant pour la délivrer. Cette pensée le rendait fou. Essayant de nouveau de briser ses entraves, il poussa des cris violents. Les échos des rochers les répétèrent; puis tout resta silencieux. L'horrible pensée lui vint que les Indiens l'avaient enterré vivant, dans quelque sombre caverne, et, quelque brave qu'il fût, il frissonna de tous ses membres, à la pensée de son agonie.

Maximus resta ainsi jusqu'à ce que la lumière terne éclaira assez pour lui montrer qu'il se trouvait dans une crevasse. A peine avait-il noté ce fait, qu'un homme apparut à l'entrée de cette grotte et approcha de lui. Lorsque l'Indien se pencha sur son ennemi sans secours, il laissa voir les traits sauvages de Meestagoosh. Il jeta pendant un instant un regard de haine et de triomphe sur son ennemi; puis, tirant un couteau à scalper de sa ceinture, il coupa les courroies qui liaient ses pieds et lui fit signe de se lever; car il savait que Maximus ne comprenait pas l'indien. L'Esquimau obéit et fut mené par l'Indien à travers les bois vers le rocher où les aventures de la nuit précédente s'étaient passés. Là, il fut subitement en vue du camp indien.

Il n'y avait pas de tentes. Quelques couvertures neuves, étendues sur la mousse, sous les arbres, indiquaient que la bande était restée pendant la nuit. A une distance considérable de là était assise la vieille Moggy, le visage caché par ses mains ridées. A côté d'elle était Aneetka, calme, mais inquiète. Chimo était tenu en laisse par un Indien.

En voyant son mari, Aneetka poussa un cri de surprise et courut vers lui; mais l'Indien l'arrêta à deux pas, lui posant la main sur le bras, et la renvoya vers la vieille femme. Meestagoosh conduisit Maximus au même endroit, et, l'ayant confronté avec sa femme, il dit à cette dernière :

— Maintenant, ourse du Nord, sers d'interprète entre nous. Si je suppose que tu mentes, les chiens auront tes os à dévorer.

Aneetka répliqua froidement :

— Vous ne pouvez toucher à un seul de mes cheveux, à moins que le grand Esprit ne le permette.

— Nous verrons, riposta l'Indien avec un sourire railleur.

— Dis à l'ours polaire, continua Meestagoosh d'un ton sentimental, que je n'espérais pas l'attraper sitôt. J'ai été favorisé. Il a été gentil de venir sur mon chemin, et d'amener sa petite ourse avec lui. Dis-lui que moi et mes braves allons faire une visite à son peuple, afin de prendre quelques-unes de leurs chevelures avec le scalpel. Je lui laisse savoir ces bonnes nouvelles, parce qu'il ne les apprendrait jamais de ses amis. Bientôt, en effet, il servira de nourriture pour les chiens.

Lorsque ceci fut traduit, le visage de Maximus montra une expression de profonde gravité, mêlée de tristesse. Son esprit vola vers le

Nord. Il pensait au malheur qui allait s'abattre sur les femmes et les enfants de sa patrie. La nature de l'Esquimau était trop noble et trop généreuse pour être facilement abattue par le ton présomptueux d'un homme tel que Meestagoosh ; mais son cœur se fendait, lorsqu'il comprenait l'étendue du projet de l'Indien.

— Dis-lui, reprit Maximus, que je n'ai nulle envie de causer avec lui, et rappelle-lui que les Indiens ne sont pas des dieux, mais des hommes.

— Oui, il dit vrai, riposta Meestagoosh, les Indiens sont des hommes, mais les Esquimaux sont des chiens.

Tandis que cette conversation se prolongeait, la vieille Moggy, à laquelle on n'avait pas pris garde, s'armait sans bruit d'un couteau, et, sautant vivement vers Maximus avec une agilité dont on ne l'aurait pas crue capable, tentait de couper les courroies qui liaient ses bras. Sa main fut arrêtée à temps par Meestagoosh. Sans faire un mot de remarque, l'Indien la frappa d'un coup si vigoureux sur la joue, qu'il l'étourdit presque totalement. Elle trébucha et tomba sur le sol, en poussant un sourd gémissement.

La poitrine de Maximus se souleva avec fureur. Avant que personne eût pu le prévoir, il se leva sur ses pieds et poussa Meestagoosh si violemment, qu'il tomba comme si on l'eût tué. En une seconde, l'Indien se remit, tira son couteau, et, bondissant comme un tigre furieux, se jeta sur l'Esquimau. Heureusement, les bras de Maximus étaient attachés par-devant. En les élevant, il put préserver sa poitrine et recevoir le coup sur ses poignets. Le couteau effleura la partie charnue de son bras gauche et trancha involontairement une des cordes qui le liaient. La pensée est moins vive que la force puissante avec laquelle l'Esquimau brisa la corde qui restait encore et renversa son adversaire sur le sol.

Avant que les Indiens ébahis eussent pu prendre leurs fusils,

Maximus avait saisi Aneetka dans ses bras, et courait comme un fou vers le rocher, qui n'était qu'à cinquante mètres de distance.

Les fusils furent braqués sur les fuyards; mais la mousquetade dirigée sur eux ne les atteignit pas; car la rapidité de la course de Maximus rendait leur tir incertain. Un moment après, il était au delà de la pointe, derrière le rocher qui l'abritait. Les Indiens proféraient des cris de rage et bondissaient en avant à sa poursuite.

Le géant Esquimau défend sa caverne contre une bande d'Indiens.

A peu près à vingt pas au delà de la pointe du rocher qui le masquait à leur vue, se trouvait la caverne où Maximus avait passé la nuit. Aussi vif que l'éclair, il escalada l'étroit sentier qui y conduisait, et s'y enfonça. A peine y avait-il placé Aneetka, derrière une pointe qui formait un abri sûr, à l'ouverture de la caverne, que Chimo, qui s'était échappé des mains de ses gardiens, y sauta et vint s'abattre aux pieds de son maître. Les Indiens accouraient, et, suivant la piste du chien, ils grimpèrent le sentier. Le premier qui atteignit l'ouverture de la grotte, passa précipitamment par l'entrée. Il allait faire feu, lorsqu'il reçut un coup de fusil de l'Esquimau, qui lui fractura le crâne et le jeta à bas du sentier. En tombant, il fit dégringoler ses camarades. Cet insuccès subit blessa profondément les Indiens. En réalité, ils n'auraient jamais osé pénétrer dans la caverne, s'ils n'avaient su que Maximus était totalement sans armes.

Se retirant à une distance de quarante mètres environ, les Indiens reformèrent une seule ligne, et, chargeant leurs fusils, ils firent décharge sur décharge, en visant l'ouverture de la grotte; mais Maximus, sa femme et le chien, étaient couchés derrière le rocher et restaient en parfaite sûreté. Quelques minutes après, les Indiens cessèrent le feu. Un des leurs approcha prudemment, supposant, sans aucun doute, que la fusillade les avait blessés, sinon tués; mais, au moment où il dépassa l'entrée, le couteau en main, il fut saisi brusquement par les bras puissants de Maximus et renversé sur le talus.

Un cri d'indignation suivit cette défaite, et on tira une nouvelle décharge, mais sans effet, et les sauvages, voyant qu'il était impossible de vaincre par ce moyen leur ennemi, s'assemblèrent en groupe pour se concerter.

Pendant ce temps, la vieille Moggy avait profité de l'occasion qui lui était offerte et s'était échappée. Elle s'enfonça dans les buissons et se traîna sur le sol, derrière le campement. En marchant ainsi, elle passa près de l'arbre où ses deux amis avaient déposé leurs fusils; ils étaient restés inaperçus à la place même où on les avait mis avec le sac de poudre et les capsules. La vieille femme les saisit vivement, et grimpa sur les rochers avec une aisance qui eût pu faire envie à des femmes plus jeunes. En atteignant le coin du rocher qui dominait la caverne où Maximus était à l'abri, Moggy se demanda où en étaient les choses. Elle pouvait aussi voir de sa position élevée qu'un sentier ou plutôt le lit séché d'un petit torrent conduisait à travers les buissons jusqu'à la caverne ; elle le descendit ; mais, en arrivant près de la grotte, elle constata qu'il y avait un endroit découvert de vingt mètres à peu près, entre la limite des buissons et le lieu de refuge. Cette place ouverte était entièrement exposée aux yeux des indigènes, qui, à ce moment, faisaient feu sur la caverne.

En effet, après s'être consultés, ils avaient changé leur position et recommençaient la fusillade. Moggy était au désespoir; elle savait qu'il serait impossible de traverser cet endroit sans être tuée, et elle était certaine aussi que, lorsque les Indiens verraient leurs efforts infructueux, ils en tenteraient de nouveaux, ce qui la ferait sans aucun doute découvrir. Tandis qu'elle méditait ainsi, elle regardait fixement la caverne. Elle finit par apercevoir l'œil surpris de Maximus fixé sur elle ; car, de sa position derrière le rocher, il pouvait voir la vieille femme, sans s'exposer aux Indiens.

Pendant qu'ils se fixaient ainsi, une idée vint à la vieille Moggy. Elle fit une série de signes compliqués, qui, après avoir été répétés plusieurs fois, furent enfin compris par Maximus, et qui signifiaient qu'il devait se mettre en vue, pour attirer l'attention des Indiens.

Comprenant immédiatement cette ruse, l'Esquimau sortit hardiment de sa cachette et montra le poing avec fureur à ses ennemis. Une averse de balles et un cri de rage suivirent cet acte. C'était justement ce que la vieille Moggy espérait et attendait. Tous les fusils partirent à la fois, et avant que les Indiens eussent eu le temps de les recharger, elle passa vivement et bondit dans la caverne, où elle arriva, en tenant ses deux fusils et en poussant un cri de triomphe.

Les Indiens étaient si furieux, en se voyant jouer par une vieille femme, qu'ils oublièrent une minute leur prudence ordinaire, et coururent comme un seul homme sur la pente. Mais, avant de l'avoir escaladée, deux d'entre eux tombèrent pour ne plus se relever. Cela suffit pour ralentir leur course. Hurlant avec une rage féroce, et sans se donner le temps de ramasser leurs camarades tombés, ils se dispersèrent à gauche et à droite pour s'abriter dans les buissons; car ils ne pouvaient rester plus longtemps sur une terre découverte, maintenant que leurs ennemis étaient armés.

Une heure après, tout était silencieux. Maximus et ses compagnes ne pouvaient que former des conjectures sur les mouvements des Indiens; car nul d'entre eux ne restait visible. Néanmoins, comme ils n'avaient pas d'autres ressources que de rester dans la retraite jusqu'à la nuit, ils cherchèrent à rendre cet endroit aussi confortable que possible, et ils s'occupèrent à nettoyer leurs armes.

De l'embouchure de la caverne, ils pouvaient apercevoir leur canot, échoué sur la berge, où ils l'avaient laissé; et, tandis qu'ils l'examinaient, ils virent un Indien qui arrivait de son côté. Maximus avait un fusil chargé, et, au moment où l'Indien parut, il fut visé et tué. Un second Indien ne s'aventura pas vers la petite embarcation, quoiqu'elle ne fût qu'à quelques milles de la lisière de la forêt. Ils savaient que l'œil ouvert de l'Esquimau veillait sur eux. Le petit canot devint alors un objet d'intérêt profond pour les deux partis. D'un côté, les Indiens comprenaient que si leur ennemi parvenait à s'y rendre, il pourrait facilement s'échapper. Maximus n'oserait pas néanmoins tenter un départ tant qu'il ferait jour. D'un autre côté, ils n'oseraient pas s'aventurer près d'un canot tant qu'il ferait assez clair pour permettre à Maximus de les viser. En conséquence, les deux partis restèrent calmes et silencieux en apparence pendant tout le jour.

L'esprit actif des Indiens et des Esquimaux fut, durant cet intervalle de temps, employé à peser toutes les circonstances qui pouvaient les rendre victorieux les uns ou les autres. Lorsque les ombres de la nuit arrivèrent, ils s'épièrent tous de plus en plus. Une fois seulement, Maximus remua de son poste d'observation pour aller au fond de la caverne, où il avait mis en sûreté sa poudrière. Pendant qu'il le faisait, Chimo, qui était attaché à un rocher, essaya de le suivre. En voyant qu'il était enchaîné, il poussa un plaintif aboiement.

Ce cri jeta l'alarme dans le cœur de Maximus; il sentit de suite que toute tentative d'évasion serait immédiatement révélée par le chien. Prendre Chimo avec eux était impossible.

— Il faut que le chien meure, dit la vieille Moggy.

Maximus secoua tristement la tête.

— Je ne puis tuer Chimo, dit-il à Aneetka, c'est le chien d'Edith.

Aneetka ne répondit pas; car elle sentait toute la justesse de l'objection de son mari; mais elle comprenait aussi que ce cri les trahirait au moment du danger. On n'en parla plus à ce moment.

La vieille Moggy, qui avait aussi de tendres souvenirs de reconnaissance envers Chimo, se mit tranquillement à construire une espèce de muselière avec la forte courroie de cuir qui entourait sa taille et lui servait de ceinture. Pendant qu'elle s'occupait ainsi, les derniers rayons du soleil s'éteignirent, et l'obscurité de la nuit devint profonde autour d'eux. A la satisfaction de tous, le ciel était chargé d'épais nuages, et la nuit était fort sombre; cela était absolument essentiel non-seulement pour les Indiens, mais pour Maximus, qui avait formé un plan grâce auquel il espérait faire tourner les aboiements du chien à son profit.

Lorsque la nuit s'assombrit encore, il commença à mettre son plan à exécution. Se plaçant à l'entrée de la caverne, il visa longuement et sûrement le bord du canot, qu'il pouvait à peine distinguer dans l'obscurité. Ayant ajusté son fusil avec succès, il marqua exactement sa position sur le rocher, de façon à ce que, si le canot était absolument invisible, il pût toujours se rendre un compte exact de l'endroit où il était. Puis il ordonna à la vieille femme et à Aneetka d'aller et de venir constamment dans la grotte, afin d'exciter les aboiements de

Chimo, qui ne paraîtraient plus extraordinaires au moment où ils s'enfuiraient; et pour montrer qu'il était toujours aux aguets, il visa le canot, maintenant tout à fait invisible, et fit feu. Un cri mortel parcourant l'espace, se mêlant aux échos du tir, prouva qu'il avait atteint un Indien, qui avait tenté dans l'ombre de s'aventurer vers le canot.

Maximus continua alors de tirer constamment, quelquefois par série, quelquefois faisant feu à intervalles irréguliers de trois à dix minutes. Pendant ce temps, le chien ne cessait d'aboyer.

— Maintenant, Aneetka, dit Maximus, allez, et que le grand Esprit vous protége.

Les deux femmes, ne répondant pas un mot, se glissèrent furtivement comme des ombres dans l'épaisse obscurité. Deux minutes après leur départ, Maximus tira de nouveaux coups, en ayant soin de viser considérablement à droite du canot. Puis il s'arrêta trois minutes, et fit feu à intervalles irréguliers. Au dernier coup, il s'échappa de la caverne si lestement, que Chimo même y fut trompé. En moins de deux minutes, l'Esquimau avait glissé, avec l'allure légère d'une panthère, à l'endroit où était le canot. Là, il retrouva sa femme et la vieille Moggy rampant à côté du bord. L'eau était à dix mètres de là. Quelques secondes lui suffirent pour charger le léger canot et l'emporter dans ses bras puissants. Aneetka et la vieille Moggy, qui avaient déjà reçu toutes les instructions sur ce qu'elles devaient faire, se glissèrent, au moment où Maximus les toucha; car il faisait une telle obscurité, qu'on ne voyait pas à un mètre de distance. Les femmes restèrent alors les genoux dans l'eau, les rames à la main, prêtes à s'embarquer.

L'Esquimau, se baissant, saisit le canot; mais, au moment où il le touchait, il remarqua un objet noir à son côté : c'était un Indien.

Maximus, le saisissant aussitôt à la gorge, lui porta un rude coup qui eût assommé un bœuf. Cette action fut si leste et si prompte, qu'on n'entendit pas d'autre bruit que celui de l'Indien cherchant à grimper au canot. Aussi ses camarades ne furent-ils pas alarmés. Un moment après, l'embarcation était dans l'eau ; mais ce long silence, qui n'avait pas été interrompu depuis huit ou dix minutes, excepté par les aboiements de Chimo dans la caverne, éveilla les soupçons des hommes rouges ; ils sortirent furtivement des buissons dans toutes les directions. Au bout d'une seconde, ils découvrirent le corps de leur camarade tombé, et un cri de fureur traversa l'air (car il était inutile maintenant de se cacher), et ils se lancèrent dans l'eau à la poursuite du fugitif. L'obscurité permit aux femmes de s'embarquer ; mais au moment où Maximus se plaçait à l'arrière, Meestagoosh le saisit à la gorge.

Maximus, doué du sang-froid nécessaire aux guerriers, donna au canot une impulsion qui le lança sur la mer, et il leva la main pour attraper le bras invisible qui (il le savait) allait plonger un couteau meurtrier dans son cœur ; il ne reçut qu'une légère blessure sur l'épaule Avant d'en attendre une seconde, il frappa son adversaire au front. Meestagoosh coula au fond de l'eau.

L'Esquimau se glissa immédiatement sous les flots ; alors, pour la première fois de sa vie, il sentit grandement le désavantage de ne savoir pas nager ; il fut obligé de sortir son cou de l'eau, n'osant ni remuer, ni proférer aucun son, tandis que ses amis et ennemis le cherchaient en vain dans l'obscurité.

Pendant qu'il restait ainsi incertain de ce qu'il ferait, il sentit l'eau s'agiter autour de lui, et distingua la respiration entrecoupée d'un nageur ; puis il remarqua une tête qui arrivait droit vers lui. Un sourire sarcastique passa sur les lèvres du gigantesque Esquimau ; car il sentait combien il lui serait facile d'écraser cet ennemi qui approchait. Sa main était déjà levée pour frapper, lorsqu'il aperçut Chimo cherchant à le saisir par l'épaule.

Maximus pensa immédiatement qu'il pourrait utiliser la puissance de nageur du chien ; saisissant Chimo par les flancs avec ses deux mains, il lui dirigea la tête vers la pleine mer, et, le gardant dans cette position, il fut entraîné dans l'eau profonde. Lorsqu'il eut ainsi parcouru une centaine de mètres, il poussa un léger cri qui fut entendu aussi bien par les Indiens que par ceux qui étaient dans le canot; mais ces derniers étaient plus près de cet endroit, et quelques vigoureux coups de rames les envoyèrent le long de leur camarade, qui restait silencieux à l'arrière de leur barque. Les femmes tendirent leurs rames, l'Esquimau eut un cri de triomphe, et, à moitié hors de l'eau, fut entraîné loin du rivage. Un cri de colère, suivi bientôt après d'une vigoureuse décharge d'armes à feu, leur apprit que les Indiens continuaient leur poursuite.

Mais la question était maintenant de savoir comment entrerait Maximus dans le canot. La frêle embarcation était si étroite, qu'un poids beaucoup plus léger que celui du robuste Esquimau eût suffi pour le faire chavirer, et l'arrière était si fin, qu'il était impossible de l'escalader.

C'était un affreux moment d'angoisse; car l'eau était excessivement froide. Dans cette détresse, le canot frotta contre un rocher, et, dans l'obscurité, ils découvrirent qu'il avait touché à un petit cap qui s'avançait dans cette partie de la côte. Là, le chien et Maximus se mirent debout; et, tandis que l'un secouait son corps trempé, l'autre tordait l'eau de ses vêtements. Après ces opérations indispensables, il sauta avec son chien dans le canot et le poussa vers la pleine mer.

Lorsque le jour se leva, ils étaient loin de leurs ennemis indiens.

XXXVI.

Heureuses rencontres et joyeuses fêtes.
Amour. — Mariage. — Désertion. — Désolation et conclusion.

Après la fuite racontée dans le chapitre précédent, l'Esquimau et ses compagnes voyagèrent en sûreté; car ils avaient dépassé le pays des Indiens, et ils atteignaient les terres de leur peuple.

Mais si Maximus n'eut plus à se battre avec des hommes, il eut à lutter fortement contre les éléments de ces climats inhospitaliers.

Ils continuèrent leur voyage pendant le printemps, l'été et l'automne, vivant du produit de leurs chasses ou de leurs pêches.

A la fin de l'automne, les trois voyageurs approchèrent de la baie d'Ungava, et, en longeant la côte opposée à l'île où Edith avait passé l'hiver, ils emmenèrent avec eux Annatock et la tribu entière. Ils furent rejoints à l'embouchure de la baie par les Esquimaux de la fausse rivière qui apportaient des morceaux de phoque au fort, pour l'usage des chiens, et quelques peaux de rennes pour négocier.

Ce fut par une brillante et belle soirée d'automne (rare bienfait dans ces climats) qu'ils arrivèrent en vue du fort Chimo.

Une chasse exceptionnelle avait eu lieu ce jour-là, et on allait, suivant l'expression de Bryan, « servir un festin aux hommes, afin de réjouir leurs cœurs. » Une petite bande d'Indiens était arrivée aussi avec une riche provision de fourrures, parmi lesquelles se trouvaient deux renards argentés et un lot choisi de superbes martres. Tout cela avait réjoui Stanley.

Ce jour-là, un iceberg pittoresque s'étant approché du fort, Frank prit Edith dans le petit canot, pour naviguer le long de ses pics fantastiques.

— Vous serez le barreur, et vous allez vous asseoir au gouvernail, Edith, dit Frank en s'embarquant ; je serai à l'avant, et vous ferai éviter les langues de glace.

— Oh ! comme c'est magnifique ! s'écria l'enfant ravie.

Leur léger esquif glissa au milieu des massifs, dont quelques-uns dominaient leur tête, tandis qu'ils s'enfuyaient.

— N'entendez-vous pas un étrange bruit, Frank ?

En réalité, Frank entendait un bruit curieux, et il contemplait un spectacle inaccoutumé ; car, à ce moment, la flottille dépassait les détroits et entrait dans la baie, tandis que les indigènes, excités par leur nombre et le retour inattendu de Maximus, criaient, riaient, gesticulaient d'une façon qui défiait toute description.

— Il doit y avoir des étrangers avec eux, dit Frank en ramant vers le rivage ; ils sont trop nombreux pour que ce soient seulement nos amis de la fausse rivière.

— On dirait que c'est un canot indien qui arrive en avant, remarqua Stanley, accouru sur la berge avec sa femme et la plupart des hommes, en entendant les cris de la foule.

— Serait-ce possible ! s'écria Frank, lorsque le canot arriva. Ne ressemble-t-il pas à Maximus ?

— Oh ! c'est Chimo ! cria Edith, les yeux brillants de joie.

Le chien, dans son désir d'atteindre le rivage, sauta dans l'eau ; mais il avait mal calculé ses forces de nageur, et le canot le dépassa. Néanmoins, il fut sur les talons de Maximus.

— Poussez un cri de bienvenue, mes amis, dit Bryan en courant sur la berge, et en brandissant un lourd marteau au-dessus de sa tête. Allons, amis, hip, hip, hip, hurra !

L'appel fut entendu et répété avec énergie et enthousiasme par la colonie entière. Maximus sortit du canot, et, laissant sa femme se tirer seule d'affaire, il courut vers Stanley, et lui serra chaudement les mains, pendant que sa large figure tremblait d'émotion.

— Je suppose que c'est votre femme que vous avez amenée avec vous, Maximus, dit Stanley.

— Je puis répondre pour lui, dit Frank, car je reconnais bien sa gentille petite figure.

La joie manifestée par Chimo, en retrouvant sa jeune maîtresse, était si expansive, qu'il la renversa presque par ses caresses excessives.

— Qu'est-ce que vous amenez ici, Maximus? dit Bryan, qui avait fixé quelque temps avec surprise le visage de la vieille Moggy, pendant qu'insouciante du bruit et de l'excitation générale, elle déchargeait tranquillement les vivres et les menus objets du canot sur la berge. Bien sûr, vous avez retrouvé votre vieille grand'mère.

A ce moment, Massan alla vers Maximus, et le prit par le bras.

— Venez donc, mon ami ; il y a trop de monde ici pour une causerie commode. Amenez votre femme avec vous. Vous n'avez plus à sortir de la tribu maintenant, bien entendu ; venez donc à la maison ; je remplirai votre pipe et votre blague aussi. Regardez et veillez au canot, La Roche, et amenez la vieille femme, Bryan.

— Mêle-toi de ce qui te regarde et laisse passer tes supérieurs avant toi, dit Bryan d'un ton comique, en passant et en prenant le bras de la vieille Moggy sous le sien.

Pendant ce temps la troupe entière des Esquimaux avait débarqué ; le bruit et la confusion qui existaient sur le rivage étaient si grands, qu'on pouvait à peine distinguer un son intelligible.

Au milieu de cette cohue, et tandis qu'elle était encore occupée à caresser Chimo, Edith se sentit tirer par sa manche. En se retournant, elle vit les deux visages souriants de ses petites amies, Arnalooa et Okatook. A peine avait-elle pu leur souhaiter la bienvenue, qu'elle tressaillit ; un cri de joie aigu venait de partir à son oreille. A côté d'elle apparaissait la figure huileuse de Kaga, avec son bébé.

Edith n'était pas encore revenue de la surprise de cette rencontre, que Peetoot exécuta autour d'elle une danse violente, exprimant une joie indescriptible. Il finit par la saisir dans ses bras, puis se sauva terrifié de sa propre témérité.

Les négociants, pour échapper à cette scène de confusion, retournèrent au fort, après avoir dirigé les Esquimaux vers un endroit où ils devaient planter leurs tentes, puis ils s'assemblèrent dans la cour, dans le double but de converser et de recevoir des présents de tabac.

Cette nuit se passa en réjouissances pour les habitants du fort Chimo. Edith servit dans sa petite chambre un thé à ses amis, Arnalooa, Okatook, Peetoot, Chimo et le bébé.

Stanley eut dans la salle une vraie réception princière, qui dura la plus grande partie de la soirée ; dans la maison des hommes, un bal fut offert en l'honneur du retour du géant et de sa femme si longtemps perdue, Aneetka.

Aneetka avait depuis longtemps quitté son accoutrement natal, et portait le gracieux costume des femmes indiennes. Maximus avait la capote et les guêtres des voyageurs ; mais il ne manquait pas de messieurs ce soir-là dont les vêtements et les capuchons à poil, la chevelure et la barbe longue et épaisse firent honneur à la race des Esquimaux ; il y avait là aussi de belles dames du même pays, qui déployaient cette queue qui aurait fait l'envie et l'admiration de petites grenouilles, si de telles créatures avaient été là pour les voir. Elles portaient aussi des bottes, auprès desquelles, du moins pour la largeur, celles des pêcheurs ne sont rien.

Bryan fut sublime cette nuit-là. Il fut majestueux. Le violon qui se fit entendre produisit un effet magique sur tous. Les pieds se mettaient en mouvement d'eux-mêmes, et la danse fut générale. Bryan fut remarquable aussi comme linguiste, il exhiba ses ressources dans cet art avec une singulière vélocité.

L'allégresse et la bonne humeur régnèrent au fort, non-seulement ce jour-là, mais les jours suivants ; car les dangers, les peines, les angoisses de la première année étaient passées, l'espoir dans l'avenir était ferme, et, avec l'aide de Dieu, tous ceux qui formaient cette originale bande des *Enfants perdus* étaient réunis et fixés définitivement au fort Chimo.

Des années se sont écoulées depuis que les cris et les chansons des commerçants de fourrures éveillèrent pour la première fois les échos d'Ungava. Son aspect général est encore le même, car il n'y a pas de changement dans ces collines éternelles ; mais le fort Chimo a disparu ; un herbage vert près du rocher plat, au-dessus de la source, marque seul l'endroit où il a jadis existé.

En effet, les changements survenus dans l'organisation de la compagnie des fourrures nécessitèrent la présence de Stanley à une autre station, et il quitta Ungava avec sa femme et son enfant. Celui qui lui succéda était un entreprenant Ecossais des hautes terres, dont l'expérience dans le commerce des fourrures et l'énergie de caractère étaient une suffisante garantie pour les intérêts de la compagnie. Mais, quelque résolu que fût cet homme, il ne put créer des fourrures à la place de rochers, ni convertir une scène de désolation en une source de richesses. Il lutta et souffrit vigoureusement ; à la fin il fut réduit à abandonner cette station. Le gouverneur de la compagnie, homme d'une énergie extraordinaire, fut bien forcé d'admettre que le négoce d'Ungava ne produisait pas.

Les Esquimaux et les Indiens arrivèrent bientôt, et s'approprièrent les débris des constructions, les rares matériaux qui avaient été laissés au fort, et les restes qu'on avait trouvés sans valeur furent rapidement enlevés; toute trace en disparut bientôt, balayée par les violents ouragans qui dévastent continuellement ces montagnes désolées.

Et maintenant, il me reste à congédier les différents personnages qui ont joué un rôle dans ce récit. De quelques-uns d'eux, néanmoins, j'ai peu à dire ; ils sont tous encore vivants; ils habitent au loin et au large, à travers les vastes déserts de la terre de Rupert, chacun ayant une part active dans cette vie nouvelle ; car c'est le sort fréquent de ceux qui entrent dans ce service, d'être associés pendant peu de temps sous le même toit; bien vite ils sont dispersés sur les terres sans avoir quelquefois l'espoir de se retrouver réunis.

Georges Stanley, après un court séjour dans les bois, se retira du service et se rendit avec sa famille dans le Canada, où il acheta une petite ferme. Là, Edith, âgée de dix-sept ans, acquit la réputation d'être la plus belle et la plus modeste jeune fille de tout le comté de l'Ouest.

Un soir qu'elle était assise à l'ombre d'un bosquet, tout à coup elle aperçut, entrant dans l'avenue, un cheval qui galopait. Le cavalier avait l'air d'arriver en toute hâte. Peu de secondes après, une courbe de l'avenue le mit en vue. C'était un beau jeune homme, et son coursier eût transporté un lourd dragon comme une plume. Une roue de voiture avait été laissée en travers dans le chemin ; il la sauta avec une aisance trahissant une sûreté de main et une habileté particulières. Un léger sourire courut sur les lèvres du cavalier au teint bronzé. Au même instant, son chapeau de paille s'enleva et laissa flotter au vent ses cheveux bouclés.

Comme il passait près du berceau de feuillage, une exclamation de surprise d'Edith attira son attention. Le cheval fut arrêté sur place.

— Enfin, vous voilà! murmura Edith, tandis qu'un *flot* de rouge montait à sa jolie figure.

— Oh! Edith, comme mon cœur a longtemps désiré ce jour! Depuis combien de temps je souhaite d'entendre votre douce et bien-aimée voix! Dans les solitudes désolées du Nord, j'ai pensé à vous. Dans les ombres silencieuses des forêts, seul, endormi sur la couche de mousse ou sur mon lit de neige, je rêvais toujours à vous; je vous voyais telle que vous étiez, une blonde, charmante et heureuse enfant, lorsque nous errions ensemble dans les montagnes d'Ungava. Je pensais à ce que vous alliez devenir. Oui, bien-aimée Edith, mon cœur n'a gardé qu'une seule image depuis que vous êtes partie, depuis des années, des bords de la rivière de Caneapusca.

— Oh! oh! d'où vient ce cheval de bataille? cria une voix forte et élevée, tandis que Stanley s'avançait vers le bosquet. Qui va là? s'écria-t-il en saisissant l'étranger dans ses bras. Frank! Frank Morton!

Frank Morton et Georges Stanley étaient tous deux prompts et résolus. Ils décidèrent qu'un seul mois s'écoulerait pour les préparatifs du mariage. Edith, étant la fille la plus soumise que l'on pût trouver, n'y fit aucune opposition.

Un charmant cottage, situé au milieu d'un pays délicieux, à deux milles de la villa de Stanley, est habité par Frank Morton et sa famille. Les cris de joie que nous venons d'entendre dans la maisonnette sont poussés par le plus jeune des cinq enfants, et là-bas, ce petit garçon aux larges épaules, qui fourre ses mains dans ses poches d'un geste si hardi, et qui siffle vigoureusement en gambadant dans l'avenue, est M. Georges F. Morton, qui se rend à l'école.

La Roche et Bryan furent assez heureux pour résider au même

établissement, en quittant Ungava quelque temps, près de l'embouchure de la rivière de Mackenzie, dans une région perpétuellement couverte de neige et de gelée. Ils sont visités quelquefois par des Esquimaux, ce qui est une bonne fortune pour eux, comme le dit Bryan, puisque cela lui donne l'occasion d'étudier les règles particulières de leur langage.

Dick Prince est le seul qui ait perdu la vie au milieu des enfants perdus. Il fut noyé dans un canot pendant qu'il chassait seul. Un orage subit renversa son frêle esquif et le laissa se débattre dans l'eau. Prince était bon nageur, et il lutta longtemps pour sa vie; mais la glace engourdit ses membres robustes, et il s'enfonça sans jeter un cri, pour ne plus reparaître. C'était un noble spécimen de sa classe, brave, honnête, industrieux, fils de la forêt, aimé et respecté de ses compagnons. Lorsque son cœur chaud eut cessé de battre, on sentit qu'une étoile lumineuse avait disparu pour longtemps dans ce désert. Son corps fut trouvé le lendemain sur la berge et enterré par ses camarades en deuil, à une petite place de terre derrière le fort.

Longtemps après cet événement, Massan ne sourit plus, et, lorsque le fort fut complétement désert, il réalisa son intention si longtemps mûrie de devenir un chasseur isolé dans les Montagnes Rocheuses; il y est encore aujourd'hui, s'il a pu échapper aux griffes meurtrières de l'ours terrible et au scalpel des Indiens rouges.

Moses, ne trouvant pas la vie du commerçant de fourrures à son goût, rejoignit ses compatriotes et se remit à tuer les phoques. Les deux Indiens retournèrent aussi à la vie sauvage qu'ils avaient quittée pour un moment. Augustus et Oolibuck moururent, et ce dernier laissa un fils qui a déjà rendu de grands services comme interprète aux expéditions arctiques. François et Gaspard sont encore ensemble à l'un des postes de l'intérieur. Ils sont maintenant de vrais amis, et parlent souvent de leurs jours de querelles, lorsqu'ils étaient au fort Chimo.

Quant aux pauvres Esquimaux, ils furent pendant longtemps inconsolables du départ des commerçants de fourrures, et, avec la simplicité des enfants, ils restèrent près de la baie, espérant qu'ils pourraient peut-être après tout revenir. Puis, ils s'en allèrent en corps vers l'Ouest. La région d'Ungava, où ils n'étaient jamais venus qu'accidentellement, resta donc plongée dans la solitude.

Maximus accompagna ses compatriotes, suivi par Aneetka et la vieille Moggy, qui quitta bientôt le costume natal et s'assimila complétement aux coutumes des Esquimaux. Maximus était maintenant un grand homme parmi son peuple, qui regardait avec un profond respect celui qui, ayant voyagé à travers les terres des Indiens, avait lutté lui seul contre les hommes rouges et avait visité les commerçants de fourrures dans le Sud; mais l'Esquimau voyageur était en réalité un plus grand homme que ses compatriotes ne le supposaient. Il appréciait fortement les avantages d'un poste de négoce, près des terres glacées; il résolut donc, lorsque l'occasion s'en présenta, de mettre tout son pouvoir pour continuer les bonnes relations d'amitié qui existaient entre les Indiens et les Esquimaux d'Ungava; il conseilla même à ses compatriotes de se rendre au Sud, pour ouvrir des pourparlers avec les chefs de l'établissement de la baie de Saint-James. Il garda toujours cependant une affection cachée pour l'endroit où il avait passé ses premières journées, et, au bout d'une année, il entreprit un voyage solitaire pour les montagnes rugueuses qui entouraient le fort Chimo. Comme dans les anciens jours, avec son sac sur l'épaule et la lance à la main, le géant sauta de roc en roc le long des bords silencieux de la rivière de Caneapusca. Une fois encore, il s'assit sur la plate-forme rocheuse qui dominait la source, et jeta un regard de tristesse sur ces collines sauvages et majestueuses, fixant ses yeux sur l'endroit vert qui indiquait l'ancienne résidence du poste de négoce. Nulle trace n'en était plus visible, excepté la

www.ingramcontent.com/pod-product-compliance
Ingram Content Group UK Ltd.
Pitfield, Milton Keynes, MK11 3LW, UK
UKHW020057200726
13856UKWH00002B/263